水利工程建设管理信息化技术应用

赵宇飞　祝云宪　姜龙　杨峰　金雅芬　编著

中国水利水电出版社
www.waterpub.com.cn
·北京·

内 容 提 要

基于信息化的工程建设管理模式逐步在我国基础工程建设中得到了广泛的应用。本书在国家“十二五”科技支撑项目“重大水利工程建设信息数字化、标准化关键技术研究”的基础上，结合水库工程建设实例，系统总结了水利工程建设管理云平台的开发与应用，主要内容包括：水利工程建设管理信息化技术概况、水利工程建设管理云平台的建设与应用、水利工程施工过程信息采集技术、水利工程建设管理文档信息化技术及应用、水利工程施工过程管理物联网技术开发研究以及我国北斗定位技术在大坝填筑碾压施工过程中的应用。

本书适合水利工程设计、监理、建设、管理单位以及相关专业科研院所人员、高等院校师生参考借鉴。

图书在版编目（CIP）数据

水利工程建设管理信息化技术应用 / 赵宇飞等编著
. -- 北京 : 中国水利水电出版社, 2018.1(2025.7重印).
ISBN 978-7-5170-6273-8

Ⅰ. ①水… Ⅱ. ①赵… Ⅲ. ①信息技术－应用－水利工程管理 Ⅳ. ①TV6-39

中国版本图书馆CIP数据核字(2018)第013083号

书　　名	**水利工程建设管理信息化技术应用** SHUILI GONGCHENG JIANSHE GUANLI XINXIHUA JISHU YINGYONG
作　　者	赵宇飞　祝云宪　姜龙　杨峰　金雅芬　编著
出版发行	中国水利水电出版社 （北京市海淀区玉渊潭南路1号D座　100038） 网址：www.waterpub.com.cn E-mail：sales@mwr.gov.cn 电话：(010) 68545888（营销中心）
经　　售	北京科水图书销售有限公司 电话：(010) 68545874、63202643 全国各地新华书店和相关出版物销售网点
排　　版	中国水利水电出版社微机排版中心
印　　刷	北京市密东印刷有限公司
规　　格	184mm×260mm　16开本　14.75印张　350千字
版　　次	2018年1月第1版　2025年7月第5次印刷
印　　数	2501—4000册
定　　价	**55.00**元

前　言

众所周知，水利工程是一个复杂的系统工程。水利工程门类多，如水库工程、堤防工程、闸门工程、调水工程等；建设周期长，一般的水利工程建设期大概需要10余年；而且水利工程参与单位众多，包括设计单位、监理单位、建设单位、管理单位等。对于水利工程而言，影响其运行安全与效益发挥最大的是水利工程建设施工质量。因此，如何加强水利工程建设管理是水利工程施工质量及工程运行安全的重要保证。

多年来，水利工程建设管理水平低下，基本上还是处于传统的管理模式，对施工过程质量控制与管理，还是以纸质载体、人工管理的传统模式，所积累的工程建设信息难以发挥其应有的作用。随着信息化技术的发展，基于信息化的工程建设管理模式逐步在我国基础工程建设中得到了广泛的应用，但是在水利工程中仍然处于比较落后的地步。

在国家"十二五"科技支撑项目"重大水利工程建设信息数字化、标准化关键技术研究"中，开发了水利工程建设管理云平台，并将该系统进行了相关的推广和应用，目前已经在月亮湾水库、双峰寺水库以及出山店水库中得到了应用。本书主要内容就是在总结以往几年的信息化技术应用经验的基础上，结合出山店水库工程建设经验，对水利工程建设管理信息化技术的开发与应用进行了探讨。

本书主要内容有以下几个部分：水利工程建设管理信息化技术概况、水利工程建设管理云平台的建设与应用、水利工程施工过程信息采集技术、水利工程建设管理文档信息化技术及应用、水利工程施工过程管理物联网技术开发研究以及我国北斗定位技术在大坝填筑碾压施工过程中的应用等方面内容。

编者

2017年11月

目　录

第1章 水利工程建设管理信息化现状

1.1 概 述

水利工程是对自然界的水资源（包括地表水和地下水）进行控制、治理、调配、保护和开发利用，以达到除害兴利的目的而修建的工程，也称为水工程。由于自然界的水资源在时空分布上与社会生产生活对水资源需求的不协调，就需要修建一系列的水利工程，对水资源在空间上有效调配，以满足社会生活与生产对水资源的需要。水利工程的规划和建设与河流、湖泊等水资源的赋存形式有很大关系，需在一个流域内根据地区的水资源需求情况进行整体规划，因此水利工程具有很强的系统性和综合性；而且，水利工程一般规模较大、技术复杂、工期较长、投资较大，因此水利工程具有很强的系统性和综合性。

水利工程是我国重要的民生基础工程，水利工程建设与运行的安全可靠，关系到我国农业、工业以及第三产业的健康发展，是国家发展的重要基础条件。我国改革开放之后，相对于铁路交通、水电等其他国家基础工程，水利工程建设发展较为滞后。但是从2010年以来，我国加大了水利工程建设的投资力度，水利工程获得了较快的发展。

信息化时代的到来，也为完整、有效地处理、使用和保存这些重大基础工程建设的重要资料创造了条件。长江三峡、京沪高铁、糯扎渡水电站等重大工程已经相继开展了工程建设数据平台尝试，在大数据平台中已经将与工程建设质量、进度、投资、合同等方面重要数据进行了录入与整理分析，取得了较好的工程建设管理效果。但是在水利工程中，由于概算定额中没有相关的信息化建设经费概算项目，而且工程建设管理、施工等部门对信息化技术的应用不够重视，水利工程信息化技术的应用还处在一个较为落后的地步，尤其是中小型水利工程，基本上还是按照传统的管理方法进行日常生产管理。水利工程信息化的实施大多也仅落实在水利工程主要水工建筑物的安全监测方面。

水利工程与水电工程在信息化技术应用方面存在较大的区别。与水电工程相比，水利工程有以下几个方面的特点。

（1）水利工程建设一般是政府行为。水利工程是对自然界的水资源进行控制、治理、调配、保护和开发利用，以达到除害兴利的目的而修建的工程。水利工程类型很多，包括水库工程、排水灌溉工程、水土保持工程、防洪工程等，这些工程是工农业生产和人民生活的重要基础设施，具有明显的社会公益性。因此，水利工程一般都是政府相关水行政主管部门主导其规划、投资、建设及运行管理的。

（2）水利工程建设一般由国家出资，资金预算要严格按照国家水利工程预算定额编制。水利工程的建设资金，视其公益性大小，一部分来自于国家拨款，一部分来自于所在地区水行政主管部门的自筹。由于水利工程建设具有工程量较大、建设周期较长、涉及面较广等特点，投资资金估算的编制需要严格按照国家有关部门颁布的编制定额进行，以保证工程投资金额的合理、合规及有据可依。

(3) 与水电工程一样，水利工程建设涉及类别较多，有土石方工程、基础处理工程、混凝土工程、金属结构工程等，施工过程管理严格按照国家及行业内颁布的相关规程规范进行。但是与水电工程不同的是，水利工程在其建设施工过程中，根据其工程等级、建设规模等不同，其建设施工全过程要受到不同级别的水利部门建设管理与质量安全监管机构的监管，保证工程建设质量。

(4) 水利工程建设管理单位业务水平参差不齐，对水利工程建设中的质量管理、进度管理、检测管理等方面的控制有限。对于一些大型水利工程，其管理单位一般是由流域机构或省级行政管理机构进行组织的，其相关业务水平较高，对于工程建设过程中的相关质量与进度等问题能够进行有效地把控，但是对于一些中小型水利工程建设，其工程建设管理单位一般是由县级水利部门抽调县里相关水利工作人员组成的，业务水平与工程建设管理经验有限，难以全面把握工程建设中的进度、质量等问题，工程建设管理水平低下。

由上面几点分析可以看出，水利工程建设管理与水电工程建设管理最主要的区别就是水利工程建设管理是政府行为，其建设过程主要受到不同的水行政主管部门的监控与管理，对建设过程中所增加的投资要由水利部门进行严格的调查审核。而水电工程建设是企业行为，其在建设过程的管理相对就灵活得多，只要是能够提高施工质量、加快施工进度，尽快投入运行生产，采用相关的新技术、新方法而引起的投资增加的批复也较水利工程要宽松。因此，信息化技术在水电工程中的应用要较水利工程中宽广得多。水电工程建设管理信息化水平也要较水利工程高很多。

2003年，水利部正式发布了《全国水利信息化规划（“金水工程”规划）》（水规计〔2003〕456号）。经过多年的努力，初步形成了由基础设施、业务应用和环境保障组成的水利信息化综合体系，并且建立了全国的水利专网。经过多年的建设，完成了国家防汛指挥系统两期工程的建设，水资源管理、水环境保护、水文监控网络的建设以及水利行业的网络基础设施、电子政务系统和门户网站等的建设。但是对于水利工程建设管理信息化方面的内容涉及很少，工程项目资料的数字化、工程管理的信息化还处于初级发展阶段，特别是在水利工程建设项目管理方面没有发生根本性的改变，大部分管理工作还是采用传统方式，信息的交换与保存仍然还以纸质文件为主。

水利部在2012年颁布的《全国水利信息化发展“十二五”规划》（水规计〔2012〕190号）中，对水利工程的建设与管理信息化方面提出了规划：“依托水利工程建设与管理信息系统建设项目，收集和整理各类水利工程设施的基础资料、历史沿革、现状情况，存储和管理在建水利工程的设计方案、技术规范、移民方案以及建管过程，技术专家库，建设与管理的政策法规，建设、施工、监理、咨询等水利工程建设市场主体的资质资格等动态信息，提高水利基本建设、运行维护的管理水平和规范化程度”。其中，对于水利工程运行管理系统方面，主要的规划内容包括工程建设进度管理、工程建设质量与安全管理、工程造价管理、工程验收管理、工程建设稽查管理等方面。这几个方面仍是偏向于工程建设过程中宏观的信息采集与管理方面，对工程建设施工过程中产生的与工程建设质量等有重要关系的海量信息的采集、整理、分析、存储、管理等方面尚未涉及，这也是目前水利工程建设中亟待解决的问题之一。

1.2　水利工程建设管理现状

目前，我国水利工程处于一个高速发展的时期。从2011年中央下发1号文件以来，中央高度重视水利改革发展工作，投入加大，水利事业发展也比较快。2011—2013年，全国财政水利资金从3619亿元增加到5099亿元，年均增长19%，3年累计投入13261亿元，占同期全国财政支出的3%。2014年，国家发展和改革委员会审批通过一大批重大水利工程，如新疆阿尔塔什水利枢纽、河南省出山店水库等，为水利工程的发展提供了重要的资金支持。但同时，水利工程建设中的工程施工质量、运行安全及维护的高要求以及工程科学研究对基础资料的需求和依赖等对我国工程建设基本资料的高效管理提出了紧迫的要求。

结合近几年来的水利工程建设管理调研可知，我国水利工程建设信息化技术应用工作相对比较落后，目前还处在一个较低的层次。水利工程建设管理目前还主要以纸质文本的人工管理为主，水利工程建设管理现状主要有以下几个方面的特点。

（1）工程建设中设计、施工和检测资料数量庞大，管理方式落后。

我国基本建设施工管理中的各项检测和运行资料数量极为庞大，通过数据库有效地处理和保存这些数据，可以及时发现施工过程中存在的问题，确保施工质量。

尽管计算机已广泛地进入了工程设计、施工和管理各领域，但在我国目前工程建设中的勘测、设计和检测资料的保存与管理中仍然是纸质载体人工管理模式。资料的管理与保存不仅花费很大的人力和物力，其使用效率也很低。例如，在任何一个大型水利工程中，单就灌浆工程这一项，就有可能超过100万m，而每米耗水泥量可能达到1～10t。在任何一个承包商的营地，都可以看到数十人在管理着堆满了十几间房间的各种施工原始记录。这样大量的以纸质载体的工程管理资料事实上是无法很好利用的。它很难有效地起到检查工程质量、及时发现和解决问题的作用，它也无法发挥监督工程质量的震慑作用。即便像中国三峡建设管理有限公司和铁道部这样一些处于全国领先水平的数据库系统，在物流、财务等领域可以找到几乎全部的相关资料，而有关工程设计、施工、监理方面的图纸、现场记录和检测的电子信息也是寥寥无几。

（2）工程建设资料记录、分析和存档缺乏强制性标准，难以实现数字化和信息化。

目前我国工程建设中普遍存在的另一个问题是，存档的施工记录通常是不完整的。施工记录表格由承包商自行编制，缺乏完整性和科学性。例如，某堤防工程的基础处理单元工程中，长达十几公里的堤防灌浆记录从头到尾，几乎是千篇一律的几行字。其最终的竣工表格有几十项检测项目，一律写上“合格”两字。这样的施工记录形同虚设，没有一点用处。造成这一现象，固然与现场人员的技术水平有关，也不排除一些人员故意逃避责任的可能。但是，归根到底，是工程建设管理中没有建立强制性的工程建设资料记录、分析和存档标准。

在工程设计领域，应用常用办公软件来编写报告，进行简单的科学计算，已经是每一个设计人员的日常工作了，但是这些工作是在设计者各自设定的模板和计算表格基础上进行的，是一个从数字转为纸质载体的单向过程。例如，参加每一个大工程的初步设计或可行性报告审查，每位代表都会收到一箱子纸质报告。如果采用了标准化的办公软件，只需要一张光盘就可以了。但是，由于早先那些报告并不是在标准化的格式和模板下编写的，要将这些纸质文件再一次整编为数字信息输入数据库中存档，这一逆过程通常难以实现。又如，规范虽然对设计计算方法甚至计算公式做出了具体规定，不同的人还是可以按照自己的理解去做计算。经常参加工程设计审查的专家都有一个感觉，报告书上对某一大坝或边坡提供了几十个甚至几百个抗滑稳定安全系数。对于这些数据你是信还是不信？如果在提交每一个安全系数的计算成果的同时，也附上规定格式的相应的Excel表格，情况就好多了。

（3）目前，有些水利工程建立了自己的工程建设与运行管理平台，但是其基本元数据与数据结构缺乏标准依据，很难与其他水利工程的管理平台进行互联互通，数据孤岛现象严重。

在一些大中型的水利工程建设中，工程管理单位为了便于管理，建立了相关的工程建设管理平台，将日常工作中所涉及的质量、进度、投资等相关数据进行了自动或者人工维护，并作为重要的工程建设信息保存在了相应的数据库中。但是由于在建设管理平台建设中缺乏国家、行业性的标准与规范，平台中的元数据与数据结构不具备统一性，因此，不同水利工程建立的工程建设管理平台中的数据很难在平台间进行平滑的交互与共享，信息孤岛现象严重。工程建设中积累下来的许多宝贵数据与经验，很难直接为别的相似工程提供参考与借鉴。平台中水利工程建设信息知识库的作用难以得到有效发挥。

（4）建设工程建设管理平台的工作尚未纳入我国基本建设行政管理和质量认证体系，管理平台中的数据难以共享，平台的维护和更新缺乏长效机制。

将工程建设的数据以标准化的数字形式保存下来，不是国家规定的一项强制性工作，因此，也难以动用足够的人力和物力付诸实施。一些专业数据库难以获得后续资金的支持。以往各单位以及各项科研项目建设的许多数据库在项目鉴定之日，即是尘封之时，多年不见更新。这些经常遇到的问题，往往使目前各行各业开发的各种数据库在低水平重复，实际上很少真正发挥作用。相当一部分数据库仅仅是用于示范而已。

目前，信息化技术已经渗入到日常生活的方方面面，但是在水利工程建设管理中，重要的工程建设信息的采集、传输、整理、分析及存储的信息化水平还很低，还需要一段较长的路要走。

1.3　水利工程建设管理发展趋势

随着云计算技术、物联网技术、国产高精度定位技术等新技术的发展，数字化、信息化的工程管理系统已在许多基础建设工程中得到推广和应用。在重大工程建设中营建工程建设物联网、云计算与大数据环境是今后工程建设管理的一个重要发展趋势。

综合国内外工程建设管理系统的发展水平与发展趋势，今后水利工程建设管理的发展趋势有以下几个方面。

1.3.1　“互联网＋”将成为水利工程建设管理的重要方式

“互联网＋”是创新2.0下的互联网发展的新业态，是知识社会创新2.0推动下的互联网形态演进及其催生的经济社会发展新形态。“互联网＋”是互联网思维的进一步实践成果，推动经济形态不断地发生演变，从而带动社会经济实体的生命力，为改革、创新、发展提供广阔的网络平台。通俗地说，“互联网＋”就是“互联网＋各个传统行业”，但这并不是简单的两者相加，而是利用信息通信技术以及互联网平台，让互联网与传统行业进行深度融合，创造新的发展生态。

目前水利工程建设管理仍然采用传统的工程管理模式，管理水平较低，信息化技术应用较低。因此，在“互联网＋”的发展推动下，水利工程建设管理借助信息化大发展的力量，将会在很大程度上进行建设管理的革新，因此，“互联网＋”将成为水利工程建设管理的重要方式。

1.3.2　实时智能监控将成为水利工程施工过程管理的重要趋势

随着物联网技术的不断发展以及物联网技术应用成本的不断下降，物联网技术将越来越多地在水利工程建设管理中得到应用。目前，水利工程中利用传感器进行灌浆施工过程的实时智能化监控已经成为行业规范中规定的要求；利用高精度定位设备进行土石坝碾压施工过程实时监控越来越普遍，相关技术也越来越成熟。随着云计算技术、物联网技术以及大数据技术的进一步发展，实时智能监控技术将为水利工程施工过程的精细化管理提供重要的技术支撑。

1.3.3　大数据分析方法将为水利工程建设质量评价与动态决策提供重要支撑

信息化技术在水利工程中的应用不断深入，则越来越多的施工信息以标准化、数字化的形式维护到系统中来，不断积累的工程建设信息不仅仅为工程质量评价提供了更多真实有效的数据。另外，对这些施工数据进行深入挖掘，可以为工程建设过程中的动态调整与决策提供重要的信息支撑。因此，信息化技术手段进入水利工程建设管理之后，随着工程建设信息的不断积累，数据挖掘与深入分析将成为水利工程建设中不可或缺的技术手段。

1.3.4　移动远程管理与多维共享将成为水利工程建设管理的发展趋势

随着国内网络环境的不断完善，越来越多的实时视频监控设备、基于物联网的工程施工过程实时监控设备、基于射频技术的施工机械识别设备等都接入了进来，不同方面的工程施工过程监控信息实时接入，为水利工程建设过程的实时全面监控带来了巨大的便利，也使得利用网络技术对工程建设过程进行移动远程的管理变成了现实。因此，在今后的几年中，随着“互联网＋”技术的不断深入，水利工程建设的移动远程管理将成为工程管理发展的趋势。

另外，随着不同方面的施工信息以标准化、数字化的形式出现，将使得不同类型数据之间开展相关分析成为可能。因此，在以往的工程管理中，看似风马牛不相及的数据，可以通过相关的数据分析，开展异构多源数据挖掘与分析技术进行深入分析，如开展大坝碾压施工过程实时数据与大坝变形监测数据之间的联合分析、开展混凝土坝温度控制信息与大坝变形及裂缝分布信息之间的联合分析等，使系统中的数据能够进行深入挖掘，数据分析结果将为工程质量管理、工程建设进度控制、工程建设投资分析等动态调整与优化提供重要的基础数据。所以从上述分析可以看出，移动远程与多维共享的水利工程建设管理模式将成为今后一段时间内水利工程建设管理的发展趋势。

(1) 数据库与 Web 技术的结合，管理体系要能够容纳多种数据类型。

早期的数据库系统存储与处理的数据基本上都是数字类型和文字类型的数据，对数据的处理也是一些比较简单的查询与计算操作，但是随着网络与 Web 技术的发展，现在数据库要存储的不仅是静态数据，而且还要存储大量动态产生和变化的信息。数据类型也产生了一些新的变化，数据种类很多，也越来越复杂。除了简单的数字、文字，还有图像、图形与音、视频文件等，包含了更多可供工程质量管理所利用的数据类型。

因此，在基于多数据自动采集与传输技术的基础上，要求建立的工程信息管理系统要能够容纳更多类型的信息格式，实现多模、多维的全面工程建设质量管理，确保工程建设质量。

(2) 实时工程建设信息管理系统架构的建立与发展。

多数据采集与传输的自动化，使工程建设信息能够及时、有效地进入工程管理系统内，这就要求在此基础上建设的工程建设信息管理系统能够具有实时处理这些进入系统的数据。因此，建立实时的工程建设信息管理系统是今后数据管理系统的一个发展趋势。

实时的工程建设信息管理系统，能够对进入工程建设信息管理系统的各类型数据进行及时有效的甄别、归类、统计、分析，对工程建设过程中可能出现的各种问题及时发现、及时处理，有效控制工程施工质量，为有效降低工程风险以及为工程设计优化等重大工程决策提供强有力的支持。

目前，在我国的一些服务业中所应用的数据管理体系具有较好的实时性，如在图书馆、文献中心以及航空、铁路、旅游等公共服务行业，普通数据库已不能满足快速响应的要求，因此引出了一系列有关实时数据库的研究与发展。随着计算机硬件性能的提高、数据组织与查询优化等方面研究的深入，实时数据库在通信、交通控制、雷达跟踪、空中交通管制、电力调度、电子数据交换与电子商务、证券与股票交易应用领域都得到了很好的应用，发挥了关键的作用，也取得比较好的应用效果。

(3) 工程建设信息管理的网络管理平台的建设。

早期建立的数据管理系统基本上都是单机版的数据库，不同的系统之间很少能够进行数据的交换与共享。随着互联网与 Web 技术的出现与飞速的发展，单机数据库系统无法满足远程用户访问数据库的要求。用户期望能够通过网络对数据库进行访问，几乎所有的应用系统都经历了从单机数据库到网络数据库的转变，数据库的网络化是历史发展的必然结果。

网络环境下数据库的应用，在数据采集传输自动化、数据交换、跨平台的数据共享等方面都会有很大程度的发展，但是随之而来对信息保密与安全控制等方面也提出了许多新的挑战。因此，在物联网快速发展的基础上，建立能够高效、可靠地进行数据传输、处理、共享的网络数据库是支持工程建设健康发展的重要保障。

(4) 对异构数据进行分析也是工程建设信息管理系统的关键技术。

工程建设信息管理系统是一个面向主题的、集成的、相对稳定的、反映历史变化的数据集合，用于支持管理决策。不同于现有的操作型数据库，它是面向分析型数据处理的，其次是数据仓库要能够对多个异构的数据源按照主题进行有效地集成与重组。为了能够更好地提供在线数据分析与处理服务，通常是要把关系数据库中的数据经过数据抽取、转换与清洗等操作，提取汇总到数据仓库中，用于支持各种数据分析事务。

"网络化、智能化、普适化"是数据库技术发展的重要趋势，研究互联网环境下的信息管理，要建立新一代统一数据管理模型与系统架构。数据库智能化技术包含智能用户接口、智能数据分析技术等内容，而数据库的普适化包括嵌入式数据库、移动数据库及感知数据库等技术。

(5) 支持多个应用对象的信息管理系统。

数据管理系统随着计算机的主机、个人计算机到机群的发展与变化，也出现了集中式、分散式数据库系统再到集中式数据库系统的过程。由于设计开发与应用维护数据库系统是一项比较复杂的工作，数据往往又是一个机构组织核心的资源，因此对数据库系统安全性有很高的要求。出于安全因素与提高管理水平、降低运行维护成本的考虑，许多银行、证券公司、大型企业和一些部委都开始建设本系统的数据中心，采取数据集中与系统管理集中与分布式应用的模式，由数据中心统一提供信息交换与共享的服务，承担安全管理的任务。

1.4 本书主要内容

众所周知，水利工程是一项复杂的系统工程。水利工程不仅门类多，建设周期长，一般的水利工程建设期大概需要10余年，而且水利工程参与单位众多，包括设计单位、监理单位、建设单位、管理单位等。但是对于水利工程来说，影响其运行安全与效益发挥最大的影响因素，是水利工程建设施工质量，因此，如何加强水利工程建设过程有效的监管是水利投资安全、工程建设安全以及工程运行安全的重要保证。

多年来，水利工程中的建设管理水平低下，基本上还是处于传统的管理模式，对施工过程质量控制与管理，基本上还是采用纸质载体、人工管理的方式。该管理方式效率低下，所积累的工程建设信息难以发挥其应有的作用。随着信息化技术的发展，基于信息化的工程建设管理模式逐步在我国基础工程建设中得到了广泛的应用，但是在水利工程中仍然处于发展比较缓慢的地步。

在国家"十二五"科技支撑项目——"重大水利工程建设信息数字化、标准化关键技术研究"中，开发了水利工程建设管理云平台，并将该系统进行了相关的推广和应用，目前已经在月亮湾水库、双峰寺水库以及出山店水库中得到了应用。本书主要内容就是在总结以往几年的信息化技术应用经验基础上，结合出山店水库工程建设情况，开展了水利工程建设管理信息化技术概况、水利工程建设管理云平台的建设与应用、水利工程施工过程信息采集技术、水利工程建设管理文档信息化技术应用、水利工程施工过程管理物联网技术开发研究以及我国北斗定位技术在大坝填筑碾压施工过程中的应用等方面的应用进行探讨。

第2章 水利工程建设管理信息化技术

2.1 信息化技术

2.1.1 概述

21世纪是信息化、数字化、网络化和知识化的时代，随着信息技术、计算机技术、网络技术的飞速发展，整个社会进入了一个飞速发展的阶段，信息产业逐步成为国家的支柱产业，成为国民经济发展新的增长点，信息化程度已经成为各国综合国力竞争的焦点，成为了评价综合国力的重要标志。“信息化”一词最初起源于日本，是相对于“工业化”概念而提出的。20世纪60年代，世界经济呈现出快速发展态势，但这样的快速发展是以资本的高投入和资源的高消耗为代价的，70年代，在世界范围内爆发了大规模的石油危机，这次危机推进了由可触摸的物质产品起主导作用向信息产业起主导作用的根本性转变。

各国学者对“信息化”的内涵和外延也进行了深入而细致的研究，从不同的角度进行了概括和阐释，其中也不乏真知灼见，但由于人们的认识角度不同，对“信息化”的理解也不尽一致，但总体对“信息化”内涵的认识基本趋近一致。信息化就是在国家的统一规划和领导下，在国民经济和社会发展的方方面面广泛应用信息、技术，大力开发信息资源，全面提高社会生产力，实现社会形态从工业化社会向信息化社会转化的发展过程。

信息化是综合国力较量的重要因素，是振兴经济、提高工业竞争力、提高人类生活质量的有力手段；信息产业的竞争，以及对开发、利用、占有、控制信息资源的争夺，是国家、跨国公司地位和实力竞争的核心。

信息技术（Information Technology，IT）是主要用于管理和处理信息所采用的各种技术的总称。它主要是应用计算机科学和通信技术来设计、开发、安装以及实施信息系统及应用软件。它也常被称为信息和通信技术（Information and Communications Technology，ICT）。

水利信息技术包括水利信息生产、信息交换、信息传输、信息处理等技术。广义的水利信息活动包括信息的生产、传输、处理等直接的信息活动。首先，水利信息化为一个过程，即“向信息活动转化的过程，向信息技术、信息产业的发展过程和信息基础设施的形成过程”；其次，水利信息化为信息活动能力所具备的一定水平，即水利信息活动的“量”和“质”；第三，水利信息化为水利信息活动能力发挥的效果，信息技术水平、信息工业规模和信息基础设施能力为信息活动服务、为水利现代化建设服务的效果。

现代信息技术的发展为水利工程管理信息化建设提供了强有力的支持。从系统开发技术角度看，水利工程信息化系统（Hydraulic Engineering Information System，HEIS）技术构架的基本特征如下。

1. 支持软件能力成熟度模型

软件能力成熟度模型（Capability Maturity Model，CMM）是目前国际公认的评估软件能力成熟度的行业标准，可适用于各种规模的软件系统。CMM 软件开发组织按照不同开发水平划分为 Initial（初始化）、Repeatable（可重复）、Defined（已定义）、Managed（已管理）和 Optimizing（优化中）5 个级别。CMM 的每一级是按完全相同的结构组成的，每一级包含了实现这一级目标的若干关键过程域（Key Procedure Area，KPA）。这些 KPA 指出了系统需要集中力量改进的软件过程。可指导软件开发的整个过程，大幅度地提高软件的质量和开发人员的工作效率，满足客户的需求。

2. 跨平台

HEIS 系统支持如 Windows、Window NT、Linux、Solaris、HP－UX、JBMAIX 等平台。对于使用多个不同平台开发的 HEIS 来说，一个统一、支持多平台的 HEIS 系统是最理想的。

3. 开发并行和串行的版本控制

HEIS 系统支持多用户并行开发，支持基于 Copy－Modify－Merge（复制-修改-合并）的并行开发模式和基于 Lock－Unlock－Lock（锁定-解锁-锁定）的串行开发模式。

4. 支持异地开发

HEIS 系统能够通过同步不同开发地点的存储库支持异地开发，提供多种同步方式，如直连网络同步、存储介质同步、文件传输同步（FTP、E－mail 附件）等。

5. 备份恢复功能

HEIS 系统自带备份恢复功能，无需采用第三方的工具，也无需数据库维护人员开发备份程序。

6. 基于浏览器用户界面

HEIS 系统通过浏览器用户界面浏览所有的项目信息，如项目的基本信息、项目的历史、项目中的文件、文件不同版本的对比、文件的历史记录、变更请求问题报告的状态等。

7. 图形化用户界面

HEIS 系统提供浏览器用户界面和基于命令行的使用界面，同时也提供图形化的用户界面。

8. 处理二进制文件

HEIS 系统能够处理文本文件，还可以管理二进制文件，而且对于二进制文件也能够实现增量传输、增量存储、节省存储空间、降低对网络环境的要求。

9. 基于 TCP/IP 协议支持不同的 LAN 或 WAN

HEIS 系统的客户端和服务器端的程序通过协议通信，能在任何局域网（LAN）或广域网（WAN）中正常工作。一旦将文件从服务器上复制到用户自己的机器上，普通的用户操作无需访问网络，如编译、删除、移动等。现代的系统应支持脱机工作、移动办公，无论在什么样的网络环境、操作系统下，所有客户端程序和服务器端程序都是兼容的。

10. 高效率

HEIS 系统具有一个良好的体系结构，使得它的运行速度很快，把传输的数据量控制到最小，从而节省网络带宽、提高速度。

11. 高可伸缩性

HEIS 系统具有良好的可伸缩性（Scalability）。随着水利工程建设规模的扩大，HEIS 系统依然能正常工作，HEIS 系统的工作性能不会因为数据的增加而受影响。

12. 高安全性

HEIS 系统能有效防止病毒攻击和网络非法复制，支持身份验证和访问控制，能对项目的权限进行配置。

2.1.2　信息化建设架构

水利是指人类社会为了生存和发展的需要，采取各种措施，对自然界的水和水域进行控制和调配，以防治水旱灾害，开发、利用和保护水资源。其中，用于控制和调配自然界的地表水和地下水，以达到兴利除害目的而修建的工程，称为水利工程。

水利工程按目的或服务对象可分为以下几种。

（1）减免洪水灾害、提高土地利用效率的防洪工程。

（2）防治旱、涝、渍灾，为农业生产服务的农田水利工程，或称灌溉和排水工程。

（3）为工业和生活用水服务，并处理和排除污水和雨水的调水、城镇供水和排水工程。

（4）防治水土流失和水质污染，维护生态平衡的水土保持工程和环境水利工程。

（5）围海造田，满足工农业生产或交通运输需要的海涂围垦工程。

（6）同时为防洪、供水、灌溉、发电、航运等多种目标服务的综合利用水利工程。

水利工程具有以下特点：工作条件复杂、规模大、技术复杂、工期长、投资多；有很强的系统性和综合性，对环境有很大影响；水利工程的效益具有随机性等。上述特点决定了水利工程管理对于水利工程效益的发挥至关重要。

水利工程管理就是在水利工程项目发展周期中，对水利工程所涉及的各项工作进行的计划、组织、指挥、协调和控制，以达到确保水利工程质量和安全，节省时间和成本，充分发挥水利工程效益的目的。

我国的水利工程信息化建设还处于起步阶段，各工程管理信息系统的建设独立且分散，缺乏整体规范的指导。因此，当前的水利工程管理信息化建设应达到信息系统内部结构的完善与稳定，使信息化建设能满足工程管理业务信息化正常运行的需要。

水利工程信息化建设的直接目标就是实现水利工程的信息化管理。而水利工程信息化管理就是运用信息理论，采用信息工具，对各种水利工程信息进行获取、存储、分析和应用，进而得到所需的新信息，为水利决策目标服务。

图 2-1　水利工程信息化总体框架

水利工程信息化的总体框架内容包括数据采集管理、数据管理、业务处理和数据输出方案，如图 2-1 所示。数据采集手段中，有原始数据采集和地图数据采集，数据采集成果有空间数据、关系型数据和非关系型数据。数据管理包括对空间数据管理和属性数据管理的方法。业务管理包括水利资源管理和监测、工程项目建设管理以及工程信息社会经济环境服务管理等方面。

1. 数据采集

数据采集包括原始数据采集和地图数据采集。原始数据采集主要有：基于数字全站仪、电子经纬仪和电磁波测距仪等地面仪器的野外数据采集；基于GIS的数据采集；基于卫星遥感（RS）和数字摄影测量（DPS）等先进技术的数据采集。地图数据采集主要有地图数字化，包括扫描和手绘跟踪数字化。

2. 数据管理

计算机及相关领域技术的发展和融合，为水利空间数据库系统的发展创造了前所未有的条件，以新技术、新方法构造的先进数据库系统正在或将要为水利信息数据库系统带来革命性的变化。

针对不同系统（GIS或DBMS），根据系统需求和建设目标，采取不同的数据管理模式。

在数据管理模式实现的基础上，实现数据模型的研制问题，选取合适的数据模型以方便数据的管理。

尽可能采用成熟的数据库技术，并注意采用先进的技术和手段来解决水利工程信息化过程中的数据管理问题。应用面向对象数据模型使水利空间数据库系统具有更丰富的语义表达能力，并具有模拟和操纵复杂水利空间对象的能力，应用多媒体技术拓宽水利空间数据库系统的应用领域。

在数据库建立的基础上，实现数据挖掘、知识提取、数据应用和系统集成。

数据库主要数据管理模式包括以下几种。

（1）独立系统模式。

（2）附加系统模式。

（3）扩展系统模式。

（4）完整系统模式。

3. 业务处理

水利工程项目管理信息化是指将水利工程项目实施过程所发生的情况，如数据、图像、声音等采用有序的、及时的和成批采集的方式加工储存处理，使它们具有可追溯性、可公示性和可传递性的管理方式。以计算机、网络通信、数据库作为技术支撑，对项目整个生命周期中所产生的各种数据进行及时、正确、高效地管理，为项目所涉及的各类人员提供必要的高质量的信息服务。

针对水利工程项目信息化系统在数据、管理、功能等方面的特殊性要求，并结合一般项目管理内容，其业务主要包括以下几项。

（1）项目进度管理。

（2）项目质量管理。

（3）项目资金管理。

（4）项目计划管理。

（5）项目档案管理。

（6）项目组织管理。

（7）项目采购招标管理。

（8）项目监测管理。

（9）项目效益评价。

4．数据输出

将实现对信息数据淋漓尽致的表达，使用户从多角度、多层次、实时地感受和理解对虚拟世界的分析和模拟。其数据输出主要包括以下内容。

（1）图件输出。

（2）表册输出。

（3）文档输出。

（4）多媒体输出。

2.1.3　信息化技术模式

水利工程管理信息化建设技术架构基本模式分为 4 个层次，即网络平台层次、系统结构层次、信息处理层次和业务管理层次，如图 2－2 所示。

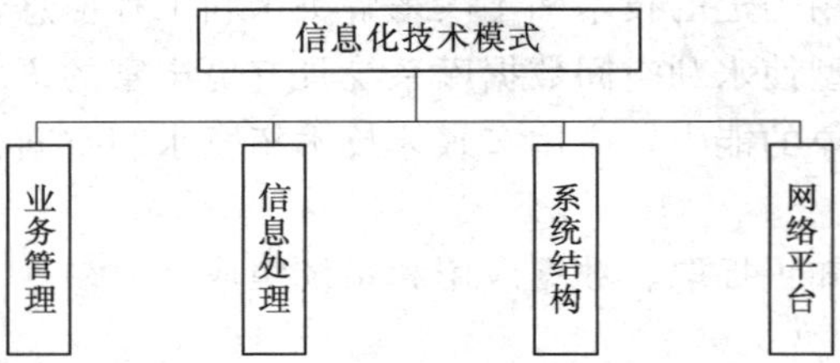

图 2－2　水利工程管理信息化建设技术架构基本模式

1．网络平台层

网络平台层是保证信息无障碍传输的硬件设施基础。其中 Intranet 是实现水利工程管理信息化内涵发展的信息传递通道，此 Intranet/Extranet 是保证水利工程管理信息化外延发展的信息传递通道。

2．系统结构层

根据水利工程管理信息化的信息管理功能侧重点的不同，将水利工程管理信息化系统结构层次上的技术架构分为 HESCM 模式（Hydraulic Engineering Supply Chain Management）、HECRM 模式（Hydraulic Engineering Customer Relationship Management）、HEERP 模式（Hydraulic Engineering Enterprise Resource Planning）以及三者结合的 HEERP＋HECRM＋HESCM 混合模式。

3．信息处理层

任何信息都必须经过输入、处理、输出的过程。水利工程管理信息作为水利工程信息化的核心内容，从水利信息所经不同的处理阶段来划分有：基于空间数据采集管理的 HE3S 模式；基于资源、环境、经济数据处理的 HEMIS 模式；基于水利资源环境经济信息进行知识发现、挖掘以支持科学决策的 HEDSS 模式；以及以这三者结合 HE（3S＋MIS＋DSS）的综合模式。

4．业务管理层

水利工程管理信息化建设的业务管理层则是实现工程建设和水利资源管理与监测业务的数字化。从其内容来看，主要包括资源利用、管理和监测以及工程建设项目管理等。

2.1.4 信息化技术理论

水利工程管理信息化理论体系是对水利工程管理信息化本质的认识和反映，是认识水利工程信息化的基本出发点。对水利工程信息化理论体系的探索有助于认识水利工程信息基本规律、信息属性、信息功能、信息模式和信息行为。

1. 水利工程3S技术

3S技术通常指地理信息系统（GIS）、全球定位系统（GPS）和遥测技术（RS）的统称，是空间技术、传感器技术、卫星定位与导航技术和计算机技术、通信技术相结合，多学科高度集成的对空间信息进行采集、处理、管理、分析、表达、传播和应用的现代信息技术，在水利行业中有着广泛的应用。

2. 网络技术

网络技术是从20世纪90年代中期发展起来的新技术。它把互联网上分散的资源融为有机整体，包括高性能计算机、存储资源、数据资源、信息资源、知识资源、专家资源、大型数据库、网络和传感器等。

网络技术具有很大的应用潜力，能同时调动数百万台计算机完成某一个计算任务，能汇集数千科学家之力共同完成同一项科学试验，还可以让分布在各地的人们在虚拟环境中实现面对面交流。

计算机网络技术的广泛运用，使得水利等诸多行业向高科技化、高智能化转变，涉及水利工程的各项管理工作，如水文测报、大坝监测、河道管理、水质化验、流量监测、闸门监控等方面的计算机运用得到了快速、有效的发展。

水利工程管理单位将所有的信息收集到网络管理中心的服务器之后，通过网络数据库管理软件进行分析、处理，对其合理性进行判断，并根据计算处理以后的成果进行运行方案的制订、指令执行情况反馈等，最后网络中心所产生的信息成果通过网络向主管机关或相关部门发布，充分发挥网络技术在水利工程管理单位运用中所带来的社会效益。

3. 数据库技术

数据库是数据的集合，数据库技术研究如何存储、使用和管理数据，主要目的是有效地管理和存取大量的数据资源。新一代数据库技术的特点提出对象模型与多学科技术有机结合，如面向对象技术、分布处理技术、并行处理技术、人工智能技术、多媒体技术、模糊技术、移动通信技术和GIS技术等。

数据库管理系统（Database Management System，DBMS）是辅助用户管理和利用大数据集的软件，对它的需求和使用正快速增长。常见的数据库有以下几种：

（1）水利工程基础数据库。

（2）水质基础数据库。

（3）水土保持数据库。

（4）地图数据库。

（5）地形地貌数字高程模型。

（6）地物、地貌数字正射影像数据库。

（7）遥感影像和测量资料数据库。

4. 中间件技术

中间件（Middleware）是处于操作系统和应用程序之间的软件，是一种独立的系统软件或服务程序，也有人认为它应该属于操作系统的一部分。分布式应用软件借助这种软件在不同的技术之间共享资源。中间件位于客户机/服务器的操作系统之上，管理计算机资源和网络通信，是连接两个独立应用程序或独立系统的软件。相连接的系统，即使它们具有不同的接口，但通过中间件相互之间仍能交换信息。

中间件技术是为适应复杂的分布式大规模软件集成而产生的支撑软件开发的技术。其发展迅速且应用愈来愈广，已成为构建分布式异构信息系统不可缺少的关键技术。执行中间件的一个关键途径是信息传递，通过中间件应用程序可以工作于多平台或 OS 环境。

将中间件技术与水利工程管理系统相结合，搭建中间件平台，合理、高效、充分地利用水利信息，充分吸收交叉学科的研究精华，是水利信息化应用领域的一个创新和跨越式的发展。针对水利行业特点，建立起一个面向水利信息化的中间件服务平台，该平台由数据集成中间件、应用开发框架平台、水利组件开发平台、水利信息门户等组成，将水雨情、水量、水质、气象社会信息等数据综合起来进行分析处理，会在水利工程管理中发挥重要作用。

中间件的作用如下：

（1）远程过程调用。

（2）面向消息的中间件。

（3）对象请求代理。

（4）事务处理监控。

2.2　云计算技术

2.2.1　概述

云计算的出现并非偶然，早在 20 世纪 60 年代，约翰·麦卡锡就提出了把计算能力作为一种像水和电一样的公用事业提供给用户的理念，这成为云计算思想的起源。云计算是继个人计算机变革、互联网变革之后的第三次 IT 浪潮。

云计算的产生是 IT 技术进步的必然产物，是分布式计算（Distributed Computing）、并行计算（Parallel Computing）、效用计算（Utility Computing）、网络存储（Network Storage Technologies）、虚拟化（Virtualization）、负载均衡（Load Balance）等传统计算机和网络技术发展融合后产生的“新一代的信息服务模式”。

云计算是一种“新一代的信息技术服务模式”，是整合了集群计算、网格计算、虚拟化、并行处理和分布式计算的新一代信息技术。云计算最早的概念来自于 Chellappa & Gupta。

目前对云计算的概念还没有一个统一的认识。从 IBM、Google、Microsoft、Amazon 到 Wikipedia 以及各个领域的专家，都从各自不同的视角给出了超过 20 种以上的云计算概念。下面列举出其中的几个概念。

(1) IBM。云计算是一种计算模式，在这种模式中，应用、数据和资源以服务的方式通过网络提供给用户使用。云计算也是一种基础架构管理的方法论，大量的计算资源组成资源池，用于动态创建高度虚拟化的资源提供给用户使用。

(2) 加州大学伯克利分校云计算白皮书。云计算包含 Internet 上的应用服务以及在数据中心提供这些服务的软硬件设施，互联网上的应用服务一直被称为软件即服务（Sofrware as a Service，SaaS)，而数据中心的软、硬件设施就称为云（Cloud)。

(3) Markus Klems。云计算是一个囊括了开发、负载均衡、商业模式以及架构的流行词，是软件业的未来模式，或者简单地讲，云计算就是以 Internet 为中心的软件。

从狭义的观点来看，云计算是指通过网络以按需使用和可快速扩展和收缩的方式来使用远程的由云计算服务提供商所提供的基础设施，如计算设备、存储设备和网络带宽，用户不用了解这些设施实现的细节和存放位置，而只需为所使用的资源付费即可。

从广义的观点来看，可以将任何可以集成到云中的服务通过云来交付给用户，即用户通过网络以按需使用和可快速扩展和收缩的方式来使用远程的由云计算服务提供商所提供的服务，服务内容可以是 IT 基础设施，也可以是软件、应用和其他任何与之相关的服务类型，用户从云中获得的是一种广义的服务，而服务的实现对用户来说则是透明的。

2.2.2 云计算的体系结构

1983 年，Sun 公司提出了“网络即是电脑”。这是最初的概念构想，然而受限于当时的技术，这个概念一直没有得到很好实现。

2006 年，亚马逊提出了弹性计算云，即 EC2。这标志着云存储概念得到了实现。同年，在推出 EC2 服务之后不久，谷歌首先提出了 Cloud Computing（云计算）的概念。

2007 年，谷歌和 IBM 开始在美国一些著名高校推广云计算计划，希望这项计划可以降低分布式计算的研究费用。

2008 年，惠普、雅虎和英特尔联合宣布将建立 Open Cirrus，这是一个全球性的开源云计算研究测试平台，从而鼓励人们对云计算的服务等各方面领域进行研究。

一直到 2010 年 10 月，Open Stack 的第一个版本 Austin 发布，标志着云计算平台的研发开始逐步走上正轨。

计算是一个拥有超级计算资源的“云”，用户只要连接到网络中的“云”就可以获得计算资源，并根据需要动态地增加或减少使用资源的数量，用户只需要为所使用的资源付费即可。但从云计算的内部来看，云计算有自己的结构和组成。

云用户端：为用户提供请求云计算服务的交互界面，它也是用户使用云计算的入口，用户通过 Web 浏览器等简单的程序进行注册、登录，并进行定制服务、配置和管理用户等操作。用户在使用云计算服务时的感觉和使用在本地操作的桌面系统一样。

服务目录：通过访问服务目录，云用户在取得相应权限通过付费或其他机制后，就可以对服务列表进行选择、定制或退订等操作，操作的结果在云用户端界面生成相应的图表来进行表示。

管理系统和部署工具：提供用户管理和服务，对用户进行授权、认证、登录等管理，对云计算中的计算资源进行管理，接收用户端发送过来的请求，分析用户请求，并将其转发到相应的程序，然后智能地对资源和应用进行部署，并且在应用执行的过程中动态地部署、配置和回收计算资源。

监控：对云系统中资源的使用情况进行监控和计量，并据此做出快速的反应，完成对云计算中节点同步配置、负载均衡配置以及资源监控，以确保资源能及时、有效地分配给用户。

服务器集群：由大量虚拟的或物理的服务器构成，由管理系统进行管理，负责实际运行用户的应用、数据存储以及对用户的高并发量请求进行处理。

用户首先通过云用户端从服务目录列表中选择所需的服务，用户的请求通过管理系统调度相应的计算资源，并通过部署工具分发请求到服务器集群中，配置相应的应用程序来执行。

根据服务集合所提供服务的类型，整个云计算服务集合可以划分成 3 个层次，即应用层、平台层和基础设施层。其划分的顺序是由下而上，按照服务的层次而分的。它们分别是面向底层硬件的设施即服务（IaaS)、面向平台的平台即服务（PaaS）以及面向软件的软件即服务（SaaS)，如图 2－3 所示。

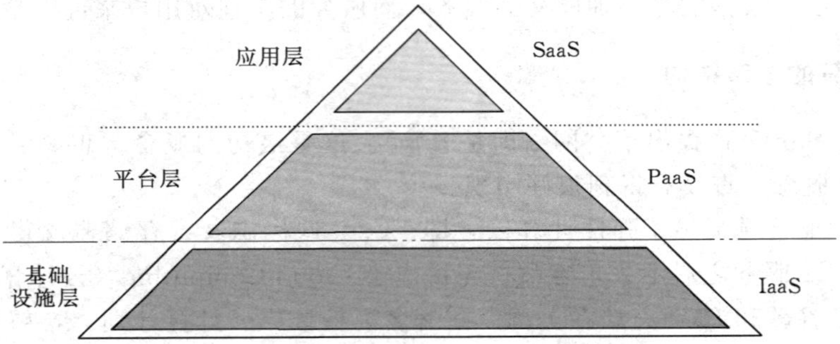

图 2－3　云计算服务集合类型

IaaS 是指将底层的物理设备网络连接等基础设置资源集成为资源池。每当用户需要资源时，会发送请求。系统在收到请求后会为其分配相应的资源，满足用户的需求。通常而言，IaaS 是利用虚拟化技术抽象化底层的基础设备资源，来达到组织现有系统中的 CPU、内存和存储空间等资源的目的。这样，就可以在这些方面做到高可定制性、易扩展性和健壮性。而在系统中真正对这些进行控制管理的是系统管理员，整个系统对用户而言是完全透明的。

PaaS 是指一个向用户提供在基础设备之上的系统软件平台。它为用户提供支持多平台的软件开发，并提供对应的库文件、服务以及与之相关的工具。用户无需管理底层实现。通常，PaaS 是建立在 IaaS 之上的，而主要用户群体是软件开发者而非普通用户。PaaS 的主要作用是让用户无需顾虑底层的物理实现，而专注于平台上的软件开发。

SaaS 是指为用户提供使用运行在 IaaS 上的应用软件的能力。用户可以通过各种终端上搭载的应用，如网页浏览器，来访问这些软件。无需控制管理硬件设备和网络设备，一切都由系统分配部署完毕，软件即连即用。

不仅可以按运行所在的层次进行分类，还可以通过服务对象来划分，可分为公有云

（Public Cloud）、私有云（Private Cloud）以及混合云（Hybrid Cloud）。

公有云提供给互联网上用户的云服务，一般而言都是收费性质的。其用户群体一般是中、小型企业或者广大用户。其云服务器一般位于远端。

私有云其目标用户群体是企业内部员工，或者某些特定用户所使用。其云服务器一般位于本地。

混合云是由上述两种同时使用的云服务类型。一般是由于本地的私有云服务因为某些条件限制，不能完全满足用户的需求。从而借助外部的公有云为其资源池进行补充，以满足用户的使用需求。

将 SaaS、PaaS、IaaS 这 3 个词组的首字母组合起来的缩写是 SPI。这也就是 SPI 金字塔模型。

2.2.3 云计算的关键技术

如何通过网络更好地共享数据资源和计算资源一直是产业界和学术界重要的研究课题。当前兴起的云计算技术使用相对集中的计算资源为各种分布式应用提供服务，可以极大地提高计算资源的利用率，使用户以简单和低成本的方式来按需使用计算资源，从而为用户提供更优质的服务。云计算是一种新的计算资源提供方式，已经成为学术界和产业界的研究热点。

网格是经过较长时间发展起来的一种重要的计算资源提供技术。网格是指利用互联网把地理上广泛分布的各种资源包括计算资源、存储资源、带宽资源、软件资源、数据资源、信息资源、知识资源等连成一个逻辑整体，就像一台超级计算机一样，为用户提供一体化的信息和应用服务计算、存储、访问等。

云计算（Cloud Computing）被看成是对分布式处理（Distributed Computing）、并行处理（Parallel Computing）和网格计算（Grid Computing）的发展和商业实现，而且云计算和网格都强调将大量分布式的计算资源组合成一个巨大的资源池，并将计算资源作为一种效用提供给用户使用，而不管计算资源是如何和在何处实现的。

由于网格计算目前不能作为一种提供普遍计算资源的工具，而云计算技术使用相对集中的计算资源为各种分布式应用提供服务，实际上承认了资源的异构性，资源由一个云计算平台内同构的计算资源来构成，同时将计算资源服务的对象扩大为各种普适的应用，在当前的技术条件下成为一种可行的计算资源提供方式。

数据中心是现在被大规模采用的主流计算资源提供模式。数据中心可以被分为 IDC 和 DC，数据中心通过网络向网络企业和传统企业提供大规模、高质量、安全可靠的专业化服务器托管、空间租用、网络带宽服务以及各种数据处理业务。但传统数据中心里面的计算资源利用率很低，按照现有统计大概只有 15%左右。

而采用云计算技术后，用户只需要一台很简单的网络访问终端就可以即时获得高性能的计算能力、海量的存储和高速的带宽，而当用户对计算资源的需求减少或不再需要时，即可快速取消对资源的占用。

云计算技术具有可以大幅度降低用户使用 IT 资源的成本，提供强大的计算资源和优质低价的服务等优势。此外，云计算技术还具有以下优势。

(1) 虚拟化技术。现阶段云计算平台的最大特点是利用软件来实现硬件资源的虚拟化管理、调度及应用。用户通过虚拟平台使用网络资源、计算资源、数据库资源、硬件资源、存储资源等服务，与在自己的本地计算机上使用的感受并没有什么不同，而在云计算中利用虚拟化技术可极大地降低维护成本和提高资源的利用率。

(2) 灵活定制。在云计算平台中，用户可以根据自己的需要或喜好定制相应的服务、应用及资源，云计算平台可以按照用户的需求来部署相应的资源、计算能力、服务及应用。

(3) 动态可扩展性。在云计算平台中，可以根据用户需求的增长将服务器实时加入到现有服务器群中，提高“云”的处理能力，如果某个计算节点出现故障，则可以根据相应策略抛弃该节点，并将运行在其上的任务交给别的节点运行，而节点在故障排除后，又可以实时加入现有的服务器集群中。

(4) 高可靠性和安全性。在云计算中，用户数据被存储在云中，而应用程序也在云中运行，数据的处理交由云来执行。云提供数据备份和自动故障恢复功能，如果云中的一个节点出现故障，云会自动启动另一个节点来运行程序，这保证了云中应用和计算的正常进行，用户端可以不对数据进行备份，数据可以在任意点恢复。而且为了提供可靠和安全的云计算服务，其本身具有专业的管理团队，以提供良好的数据安全服务。

(5) 高性价比。云计算对用户端的硬件设备要求很低，用户端只需要具有简单访问网络的功能和数据处理能力。和云的强大计算能力以及将来高速的网络速度相比，云计算中用户端的处理能力看起来更像一个输入和输出设备。而用户端的软件也不用购买和升级，只需要从云中定制就可以，服务器端则可以用价格低廉的组成云，计算能力却可超过高性能的计算机，用户在软、硬件维护和升级上的投入大为减少。

(6) 数据、软件在云端。在云计算平台中，用户的所有数据直接存储在云服务器端，在需要的时候直接从云端下载使用用户所需要的软件并统一部署在云端运行，软件维护由服务商来完成，当用户端出现故障或崩溃时，用户对软件的使用并不受影响，用户只需要换个用户端就可以继续自己的工作。

(7) 超强的计算和存储能力。云计算用户可以在任何时间、任意地点、采用任何可以访问网络的设备登录到云计算系统，就可以便捷地使用云计算服务。云端由成千上万台甚至更多的服务器组成服务器集群，提供海量的存储空间和高性能的计算能力。

云计算具有以下关键技术。

1. 能源管理技术

在大、中型数据中心中，不仅需要在服务器等计算机设备上消耗电量，而且还要在降温等辅助设备上消耗电量。一般而言，在计算设备上所消耗的电量和在其他辅助设备上消耗的电量是差不多的。也就是说，如果一个数据中心的计算设备耗电量是1，那么整个数据中心的耗电量就是2。而对一些非常出色的数据中心，利用一些先进技术，耗电量最多也就能达到1.7，但是谷歌公司通过一些有效的设计，使部分数据中心到达了业界领先的1.2，在这些设计中，其中最有特色的是数据中心高温化，也就是让数据中心内的计算设备运行在偏高的温度下。但是在提高数据中心的温度方面会有两个常见的限制条件：一种是服务器设备的崩溃点；另一种是精确的温度控制。只要能保证这两点，系统就有能力在高温下工作。云计算界的顶级专家James Hamilton认为，虽然计算机的处理器单元十分惧怕高温，不过与硬盘和内存比起来还是强得多，他希望在将来能够使得数据中心在40℃以下运行，这样不仅可以节省温控的成本，并且对保护环境也非常有利。

2. 虚拟化技术

虚拟化技术是实现云计算的最基础的技术，其实现了物理资源的逻辑抽象和统一。利用该技术可以提高物理硬件资源的使用效率，根据用户的需求，对资源进行灵活快速的配置和部署。

在云计算中，通过在物理主机中同时运行多个虚拟机从而实现虚拟化。在云计算平台中，平台始终保持着多台虚拟机的监视以及资源的分配部署。

为了使用户可以"透明"地使用云计算平台，通常使用虚拟化技术来实现分割硬件物理资源的实体。通过切割不同的硬件资源，将这些资源再组合成所需要的虚拟机实例，这样，就通过虚拟化技术在平台上为用户提供了不同的云计算服务。由于以上的解决方法使得一个物理硬件资源不断地被复用，因此也让虚拟化技术成为提高服务效率的最佳解决方案。

一般而言，虚拟化平台可分为三层结构：最底层是虚拟化层，提供最基本的虚拟化能力支持；中间层则为控制执行层，所有对虚拟机进行的操作指令由该层发出；顶层是管理层，对控制层进行策略管理、控制。平台包含虚拟资源管理、虚拟机监视器、动态资源管理、动态负载均衡、虚拟机迁移等功能实体。

3. 海量数据管理技术

云计算系统需要高效率地进行数据处理和分析，并且同时还要为用户提供高性能的服务。因此，在数据管理技术中，如何在规模如此巨大的数据中找到需要的数值就成为核心问题。数据管理系统必须同时具有高容错性、高效率以及能够在异构环境下运行的特点。而在传统的IT系统中普遍采用的是索引、数据缓存和数据分区等技术。而在云计算系统中，由于数据量大大超过了传统系统所拥有的数据量，所以传统系统所使用的技术是难以胜任的。

目前，在云平台系统中被广泛使用的是由谷歌公司针对应用程序中数据读操作占比高的特点所开发的Big Table数据管理技术。有了Big Table技术，并结合基于列存储的分布式数据管理模式，就为海量数据管理提供了可靠的解决方案。

4. 分布式存储技术

云计算系统由大量服务器组成，同时为大量用户服务，为了能够保证数据的可靠性，采用冗余存储的方式存储海量数据。分布式文件系统就是一种采用冗余存储方式进行数据存放的系统。它是在文件系统上发展起来的适用于云平台的分布式文件系统。对于数据存储技术来说，高可靠性、I/O吞吐能力和负载均衡能力是它最核心的技术指标。在存储可靠性方面，平台系统支持节点间保存多个数据副本的功能，用以提高数据的可靠性。在I/O吞吐能力方面，根据数据的重要性和访问频率，系统会将数据分级进行多副本存储，而热点数据并行读写，从而提高了I/O吞吐能力。在负载均衡方面，系统依据当前系统负荷将节点数据迁移到新增或者负载较低的节点上。云平台提供了一种利用简单冗余方法实现海量数据存储的解决方案。该方案不仅满足了存储可靠性的要求，还有效提升了读操作的性能。

2.3　物联网及相关技术

2.3.1　概述

物联网（Internet of Things，IoT）是新一代信息技术的重要组成部分。物联网字面层次上的意思是物物相连的互联网。有两层含义：一是物联网的基础和核心是 Internet，是在 Internet 基础上的扩展和延伸的网络；二是用户端扩展和延伸到了任何物品之间进行信息交换与互联。物联网通过感知、识别等技术以及普适计算、云计算等技术融合应用，被称为继计算机、互联网之后信息产业发展的又一次浪潮。

在美国，奥巴马政府希望借助物联网刺激经济，使美国走出经济低谷。所以，奥巴马一上任便将 IBM“智慧地球”的战略构想上升为国家战略的高度。“智慧地球”具体来说就是把传感器嵌入到电网、铁路、公路、桥梁、隧道、油气管道、供水系统、大坝、建筑等各种物体中，并且将其普遍联系起来，形成物联网。奥巴马政府认为物联网是化解危机、振兴经济、确立全球竞争优势的关键战略。

其实，在政府行动之前，美国很多高校已经在无线传感器网络方面开展了大量研究工作，如加州大学洛杉矶分校的嵌入式网络感知中心实验室、无线集成网络传感器实验室、网络嵌入系统实验室等。另外，麻省理工学院、奥本大学、宾汉顿大学、克利夫兰州立大学都一直进行着物联网相关领域的研究工作。

除了高校和科研单位之外，美国的很多大型知名企事业单位也都先后展开物联网领域的研究和实践。例如，早在 2003 年，美国最大的零售商沃尔玛即要求其最大的 100 家供应商于 2005 年 1 月之前在所有的货箱和托盘上安装 RFID 电子标签；Crossbow 公司在国际上率先研究无线传感器网络，迄今为止已经为全球 2000 多所高校和上千家大型公司提供了无线传感器解决方案，与传感设备供应商霍尼韦尔、软件巨头微软、硬件设备供应商英特尔、著名的加州大学伯克利分校建立了紧密的合作关系。

欧盟委员会一直希望能够主导未来物联网的发展，所以近几年致力于鼓励和促进内部物联网产业的发展。2009 年，欧盟委员会提出了“欧盟物联网行动计划”，目的就是确保欧洲在构建物联网社会的过程中起主导作用。该行动计划描绘了物联网技术的未来应用前景，提出欧盟政府要加强对物联网的管理、完善隐私和个人数据保护，提高物联网的可信度、接受度、安全性。同时，为保证计划顺利进行，他们计划投资 4 亿欧元用于 ICT 研发设计，启动 90 多个研发项目以提升网络智能化水平，计划将在 2011—2013 年每年增加 2 亿欧元以加强研发力度，同时设立 3 亿欧元专款支持物联网公私合作短期项目。

2010 年 5 月，欧盟委员会新提出“欧洲数字计划”，该计划的重要平台就是物联网。这两项计划充分表明欧盟已将物联网建设提到议事日程上，希望通过构建新型物联网管理框架来引领世界物联网的发展。

从 20 世纪 90 年代以来，日本政府连续提出了 E - Japan、U - Japan、I - Japan 的国家信息化发展战略，大规模推动国家信息基础设施建设，希望通过信息技术推动国家经济社会发展。其中，U-Japan、I-Japan两项战略也就是有关物联网的战略。

2004年，日本政府提出了2006—2010年的发展IT规划“U-Japan”战略。该战略的目标是到2010年将日本建成一个“泛在网络社会”——任何人、任何物体可以在任何时候、任何地点互联，实现人与人、人与物、物与物之间的连接，即4U——Ubiquitous、Universal、User-oriented、Unique。该战略的重点在于提高居民的生活水平。

2008年，日本政府将U-Japan重心转移，从过去重点关注提高居民生活水平拓展到促进地区及产业的发展，即通过ICT的广泛应用变革原有产业、开发新应用；通过ICT用电子方式联系各产业、各地区和个人，促进地区经济发展，通过它的广泛应用变革生活方式，实现“泛在网络社会”。

2009年，日本政府提出新一代的国家信息化发展战略——“I-Japan”，该战略的目的是让信息技术融入每个领域，重点聚焦三大领域的改革电子政务管理、医疗健康服务、教育人才培育。提出到2015年，通过信息技术实现政府行政改革，使行政流程简单化、标准化、效率化和透明化，同时推进电子病历、远程医疗和远程教育等应用领域的发展。此外，他们还投入大量资金进行研发。

在我国，物联网行业的发展也进入“应用启动”阶段，政府高度重视物联网的发展。2009年11月3日，温家宝总理发表题为“科技引领中国可持续发展”的重要讲话，其中将物联网列为中国五大信息产业战略之一。2010年3月5日，温家宝总理在“两会”工作报告中指出，要加快物联网的研发和应用，物联网被首次写进政府工作报告，它的发展进入国家层面的视野，中国计划在2020年之前投入资金3.86万亿元用于物联网的研发。

国家“十二五”期间科技部的“863”计划第二批专项课题包括了与物联网紧密相关的7个课题，包括超高频RFID空中接口安全机制及其应用、超高频读写器芯片的研发与产业化等。工信部确定了“将物联网发展成2010年我国的信息产业”的发展目标，而且与国标委成立了物联网标准联合工作组；铁道部的射频识别（RFID）应用也已经覆盖了其铁道运输的全部业务。到2008年年底，我国铁路的1.7万台机车、70.8万辆货车均安装了电子标签；卫生部的RFID主要用在卫生监督管理、食品检验检疫、医保卡等方面，此外，卫生部在食品药品安全监管、医院在对病人、药品、医疗器械的实时动态、可追溯管理、电子病历和健康档案管理等方面都开展了试点工作。

未来物联网产业链包括芯片制造、传感器制造、设备制造、网络运营、网络服务、软件开发、解决方案提供商等一系列的环节。尽管目前物联网产业链中的各项技术还不成熟，在短期内也很难实现大规模产业化、在生产和生活中全面普及。但是我国所拥有的从原材料、技术、器件、系统到网络的完整的产业链，使我国成为全球少数几个能够实现完整物联网产业链的国家之一。

2.3.2 物联网体系架构

物联网通过射频识别（RFID）、红外感应器、全球定位系统、激光扫描器等信息传感设备，按约定的协议，把任何物品与互联网相连接，进行信息交换和通信，以实现对物品的智能化识别、定位、跟踪、监控和管理的一种网络。

物联网体系架构主要包括3层，即终端及感知延伸层、网络层和应用层。其中终端及感知延伸层作为物联网的信息获取源，主要包括通信终端或网关，以及传感器等泛在网感知设备及网络。它主要实现两个方面的功能：一个是感知功能，通过传感器网络或其他短距离通信网络及技术实现对环境的感知，并上传应用数据，使网络获知物理世界的更多状况和变化，以提高应对和掌控能力，同时接受上传业务的控制指令；另一个是通信功能，提供与远程业务应用的通信能力和一些业务的处理能力。

本着高性能、高可靠性、低成本、技术实现简捷、通用性强及可扩展性好的目标，物联网体系可实现以下功能。

(1) 使用 4G、WiFi 和北斗通信技术相结合的无线通信技术方案实现无线数据通信。在特定区域内使用 WiFi 技术，满足用户高速数据传输的需求。而 4G 技术覆盖范围大、快速移动时仍能保持 144kbit/s 的数据速率，在没有 WiFi 信号或进行快速移动时使用 4G 技术。而在没有移动网络覆盖的地方，使用北斗通信技术能够提供及时、可靠的数据通信服务。

(2) 硬件平台采用本国自主品牌的微处理器进行二次开发，提供多种接口实现，包括实现 RS232 串行接口、USB、SDIO、CMOS 摄像头等接口实现。

(3) 软件平台设计基于 Android 系统，采用模块化设计方案，从而达到灵活增减各种应用功能的目的。

多功能物联网移动终端能够完成物联网业务的以下基本功能：①通过摄像头模块采集图片、一维二维码信息。②通过 RFID 模块采集电子标签信息。③通过 ZigBee 网关模块采集无线传感器数据。④通过加速度传感器模块采集加速度值。⑤通过北斗定位模块获取位置信息。⑥通过 4G 模块、WiFi 模块以及北斗通信模块，在多通信网络下实现与后台服务终端或其他终端的数据通信。

根据目前对物联网移动的功能需求及研究热点，以及多功能物联网移动终端在现有数据感知技术和无线通信技术的水平，通过软、硬件的密切配合能够实现精确导航指向、多通信网络自适应切换、即时分组通信。

精确导航指向：利用北斗定位系统、加速度传感器和摄像头 3 种设备的采集数据，给出了一种新导航指向方案。

多通信网络自适切换：在 4G、WiFi 和北斗这 3 种现有并可用的通信技术的基础上，给出了多功能物联网移动终端的多通信网络自适应切换解决方案，可随时随地为用户提供经济、可靠、实时的网络通信数据服务。

即时分组通信：在移动通信网和北斗通信网的基础上，给出了即时分组通信的技术方案，实现即时群组通信、共同完成作业的功能。

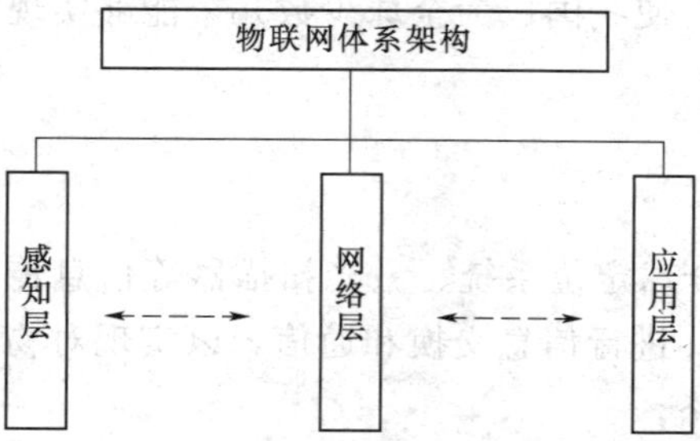

图 2-4　物联网体系架构

物联网从宏观上来看，包含 3 个层次：分别是感知层，用来感知世界；网络层，用来传输数据；应用层，用来处理数据，如图 2-4 所示。

1. 感知层

感知层的作用是感知和采集信息。从仿生学角度来看，感知层为“感觉器官”，可以感知自然界的各种信息。感知层包含传感器、RFID 标签与读写器、激光扫描器、摄像头、M2M终端、红外感应器等各种设备和技术。传感器及相关设备装置位于物联网的底层，是整个产业链中最基础的环节，解决人类世界与物理世界数据获取问题，首先通过传感器、RFID等设备采集外部物理世界的数据，然后通过蓝牙、红外、工业总线、条码等短距离传输技术进行传输。

在2009年温家宝提出“感知中国”后，国家对传感器的研发投入加大。江苏省无锡市建成了我国首个传感中心，通过国家高层次海外人才引进，纳米传感器在医学上已经应用到临床。传感器是一门多学科交叉的工程技术，涉及信息处理、开发、制造、评价等许多方面，制造微型、低价、高精度、稳定可靠的传感器是科研人员与生产单位的目标。RFID应用广泛，如身份证、电子收费、物流管理、公交卡、高校一卡通等，且RFID标签可以印刷，成本低廉，得到广泛的应用与普及。

2. 网络层

网络层的任务是将感知层的数据进行传输，将感知层获取的数据通过移动通信网、卫星通信网、各类专网、企业内部网、小型局域网、各种无线网络进行传输，尤其是互联网、有线电视网、电信网进行三网融合后，有线电视网也能提供低价的宽带数据传输服务，促进了物联网的发展。

网络层的研究开发主要由高校和大企业主导。在学术界，随着IPv6的诞生与实际应用，我国的科技工作者做出了很多贡献，如为了解决多网融合问题，北京邮电大学教授张平所在的泛在网络研究中心已经对网络的异构问题进行了大量的研究，完成了相关的“973”和“863”计划项目。在企业界，华为、中国移动、大唐电信等已经加入3GPP长期演进（Long Term Evolution，LTE）项目，LTE是以频分多路复用频分多址连接（FDM/FDMA）及多输入多输出（MIMO）为核心的4G技术，在速率、功耗、延迟、高速移动性等性能指标方面取得了突破性进展。

3. 应用层

应用层的任务是对网络层传输来的数据进行处理，并与人通过终端设备进行交互，包括数据存储、挖掘、处理、计算以及信息的显示。物联网的应用层涵盖医疗、环保、物流、银行、交通、农业、工业等领域，物联网虽然是物物相连的网络，但最终需要以人为本，需要人的操作与控制。应用层的实现涉及软件的各种处理技术、智能控制技术和云计算技术等。

2.3.3 物联网的关键技术

物联网应用涉及的领域很广，从简单的个人生活应用到工业现代化，再到城市建设、军事、金融等领域。物联网的应用涉及由传感器技术推动的各个产业领域，包括智能家居、智能农业、智能环保、智能医疗、智能物流、智能安防、智能旅游、智能交通等。物联网的发展最终将现有各种产业应用聚集成为一个新型的跨领域的应用领域。

1. 智能家居

智能家居（Smart Home）利用物联网平台，以家居生活环境为场景，将网络家电、安全防卫、照明节能等子系统融合在一起，为人们提供智能、宜居、安全、舒适的家居环境。与传统家居相比较，智能家居为人们提供宜居、舒适的生活场景，安全、高效利用能源，生活、工作方式得到优化，家居环境变成智慧、能动的生活工作工具，从而达到环保、低碳、节能的效果。

我国的智能家居经过市场发展培养，智能家居发展迅速，从 2012 年开始，随着 4G 技术、云计算技术的应用推广，手机、平板等智能终端设备的普及，价格下降迅速，以及各物联网相关技术的发展，智能家居进入快速发展通道。

2. 智能农业

传统农业主要依靠自然资源和劳动力，成本低廉、效率低下、劳动强度大、难度高，已不能满足现代农业的高产、高效、优质、安全的需要。随着物联网技术被引入农业中，农业信息化程度得到明显的提高。智能农业通过实时采集温湿度、二氧化碳浓度、光照强度、土壤温湿度、pH 值等参数，自动开启或者关闭控制设备，使农作物处于最优生长环境中。同时通过追踪农产品的生长监控信息，探索最适宜农产品生长的环境，为农业的自动控制与智能管理提供科学依据。传统农业中的灌溉、打药、施肥等，农民都是靠感觉、凭经验，在智能农业中，这些都可通过相关设备自动控制，实施精确管理。

3. 智能环保

随着社会的进步发展，环境污染变得更加严重，且出现了一些新情况，同时伴随着人们生活水平的提高，环保意识在不断增强。我国的环境保护方面的信息化程度较低，实现环保工作的自动化、智能化是未来工作的重点。

4. 智能医疗

人们可利用物联网技术实时感知各种医疗信息，实现全面互联互通的智能化医疗。通过智能医疗系统，对病人和药品进行智能化管理，比如病人佩戴 RFID 设备，实时跟踪病人的活动范围；病人佩戴各种传感器，对重症病人进行全方位实时监控，特殊情况及时报警，节省了人力开支，提高了信息的准确性和及时性。智能医疗还能通过家庭医疗传感设备，实时监控家中老人或者病人的各项健康指标，并将各项指标数据传输给健康专家，并给出保健或护理建议。但是也存在标准不统一、成本高、隐私保护难度大以及国内医疗相关企业竞争力弱等问题。

5. 智能物流

物联网在物流行业已得到广泛应用，智能物流运用传感器技术、RFID、GPS 等技术，对物品的运输、配送、仓储等环境进行跟踪管理，达到配送物品的高效、智能，减少了人力资源的浪费。智能物流实现了物流配载、电子商务、运输调度等多种功能的一体化，成为运用物联网技术较成熟的行业。

6. 智能安防

我国的安防体系存在安防设备智能化不足、功能单一、可靠性差以及服务范围窄等问题。物联网技术的快速发展，给安防行业带来了技术创新，通过把物联网的快速感应、高效传输等特点应用到安防领域，实现安防系统的智能化，提高安防系统的自适应能力、自学习能力，最终实现能针对不同的应急情况自动采取各种针对性的措施来保证安全。例如，上海世博会的各种安防系统，车辆安全监控系统实现对世博会园区十余万辆汽车的安检；智能火灾监控系统，在发现烟雾时能及时采取有效措施并报警。

物联网是以应用为核心的网络，应用创新是物联网发展的核心，强调用户体验为核心的创新是物联网发展的灵魂。其应用的关键技术如下。

(1) 传感器技术。物联网能做到物物相连，进行感知识别离不开传感器技术。目前通常采用无线传感器技术，大量传感器节点部署在感知区域内，构成无线传感器网络。无线传感器网络作为感知域中的重要组成部分，有很多关键技术需要研究，如路由技术、拓扑管理技术等。

(2) RFID 标签。RFID 本质上来说也是一种传感器技术，融合了无线射频技术和嵌入式技术，在物流管理、自动识别、电子车票等领域有广阔的应用前景。

(3) 嵌入式技术。综合了集成电路技术、电子应用技术、传感器技术以及计算机软硬件技术，经过多年的发展，基于嵌入式技术的智能终端产品随处可见，从普通遥控器到航天卫星，从电子手表到飞机上的各种控制系统。嵌入式系统已经完全融入到人们的生活中，也改变着人们的生活，推动工业生产以及国防技术的发展。

(4) 应用软件技术。通过各种各样的应用软件技术提供不同的服务，满足不同的需求。应充分利用丰富的应用软件提供的各种功能，将物联网 Wed 化，物联网应用融合到 Wed 中，借助 Internet 物联网，为用户提供各式各样的服务。

虽然当前国内外在物联网领域已经取得了大量理论研究成果和部分应用示范，但问题仍较为突出。例如：封闭的内部尝试，缺乏开放性、示范性与可复制性；不能互联互通，存在严重的地区和行业壁垒，大量示范工程重复建设；产品、解决方案互不兼容，缺乏统一的概念，导致大量碎片化的框架和应用等。针对这些问题，在分析物联网系统各部分功能与特点的基础上，从基于 Wed 的物联网业务环境的基本原则出发，将物联网系统架构分为感知域和业务域，提出了基于 Wed 的物联网体系结构，将物联网 Wed 化。

构建基于 Wed 的物联网系统服务平台，汇聚产业链上的设备和平台，引进国内外先进的技术和理念，形成物联网应用设备商店，为用户提供全方位的体验与服务，最终形成物联网应用服务云，构建物联网生态系统。

2.4 大数据挖掘与分析技术

2.4.1 概述

随着信息技术尤其是网络技术的快速发展，人们收集、存储和传输数据的能力不断提高，导致数据出现了爆炸性增长。与此形成鲜明对比的是，对人们决策有价值的知识却非常匮乏。如何从海量数据中获取有价值的知识以指导人们的决策，是当前数据分析领域所面临的主要热点和难点问题。

近十几年来，随着信息技术和数据库技术的快速发展，各行各业均存储了海量数据，而且仍然会以惊人的速度不断产生数据。数据的积累速度已经远远超过人们处理数据的能力，出现“数据丰富但信息和知识贫乏”的现象。在现今信息爆炸的时代，针对“数据丰富但信息和知识贫乏”的现象，如何有效地处理和利用大规模数据成为当前所面临的挑战。如何才能不被数据的汪洋大海所淹没，使数据真正成为有效的资源，从中及时发现有用的知识，充分利用它为自身的业务决策和战略发展服务才行，于是数据挖掘和知识发现技术应运而生，并得以蓬勃发展，越来越显示出其强大的生命力。

1989 年 8 月，在美国底特律召开的第 11 届国际人工智能联合会议的专题讨论会上首次出现数据库知识发现（Knowledge Diseovery in Database，KDD）这一术语。它泛指所有从源数据中发掘模式或联系的方法，人们接受了这个术语，并用 KDD 来描述整个数据发掘的过程，包括最开始的制定业务目标到最终的结果分析，而用数据挖掘来描述使用挖掘算法进行数据挖掘的子过程。

随后在 1991 年、1993 年和 1994 年举行了 KDD 专题讨论会，这些会议都汇集了来自各个领域的研究人员和应用开发者，集中讨论数据统计、海量数据分析算法、知识表示、知识运用等问题。随着参与人员的不断增多，KDD 国际会议发展成为年会，并成为该领域的顶级会议。1998 年在美国纽约举行的知识发现与数据挖掘国际学术会议不仅进行了学术讨论，并且有多家软件公司展示了他们的数据挖掘软件产品，此后不少软件已在北美、欧洲各地区得到很好的商业应用。

1993 年国家自然科学基金首次对该领域的研究项目予以支持。从此，国内的许多科研院所对该领域投入了大量的精力，也取得很多高质量的研究成果。南京大学的周志华所领导的机器学习与数据挖掘研究组（Learning And Mining from Data，LAMDA）在该领域的很多方面都做出了很好的研究工作，特别是周志华本人在“多示例多标记学习及其在场景分类中的应用”研究中所提出的框架具有很好的研究示范作用。复旦大学在生物信息学、时间序列分析、数据流挖掘等各个方面都进行了深入的研究，其数据挖掘讨论组对数据挖掘技术的推介和讨论以及对该技术在国内的研究和应用起到了很好的促进作用。中国人民大学信息学院与 NCR 共建的数据仓库与商务智能实验室在数据仓库、OLAP、商务智能方面做了很好的研究，同时和国外的研究联系也比较紧密。此外，清华大学、北京大学、中国科学院计算所和数学所、国防科技大学、郑州大学、北方交通大学、武汉大学、上海大学、西北工业大学等很多国内科研院所在数据挖掘的多个领域都做了很多出色的研究工作。

经过十几年的研究和实践，数据挖掘技术已经吸收了许多学科的最新研究成果而形成独具特色的研究分支。毋庸置疑，数据挖掘研究和应用具有很大的挑战性。像其他新技术的发展历程一样，数据挖掘也必须经过概念提出、概念接受、广泛研究和探索、逐步应用和大量应用等阶段。从目前的现状看，大部分学者认为数据挖掘的研究仍然处于广泛研究和探索阶段。当前数据挖掘领域研究的前沿问题包括以下几个。

1. 模式挖掘、模式应用及模式理解

在模式挖掘方面，除了关注如何挖掘序列模式及图模式之外，还需要研究巨大模式挖掘、大的网络或图的近似结构挖掘及压缩模式挖掘。在模式应用方面，需要研究如何利用频繁模式更有效地进行分类和图标注及相似图结构的搜索等。在模式理解方面，主要研究从冗余模式中进行提取和频繁模式的语义注释。

2. 信息网络分析

其主要包括连接分析、社会关系网分析、生物信息网分析和异构网分析等。

3. 数据流挖掘

数据流挖掘需要处理不同模式的数据，在分类、聚类、序列模式、趋势分析、噪声数据、概念漂移等各个方面都有很多问题值得研究。

4. 挖掘移动对象数据、RFID数据及传感器网络的数据

其主要包括挖掘移动对象数据发现孤立点、RFID数据的数据仓库建立与挖掘、传感器网络数据的分类与聚类等。

5. 时间空间数据及多媒体数据的挖掘

其主要包括空间数据的数据仓库建立和空间数据的在线分析、空间和多媒体数据的频繁模糊及相关性分析、空间数据分类以及聚类及孤立点分析。

6. 生物信息数据的挖掘

其主要包括挖掘DNA、RNA及蛋白质数据；挖掘基因表达数据；挖掘大的质谱分析数据；挖掘生物医学文献；挖掘生物信息网等。

7. 文本及Web数据的挖掘

其主要包括文本表示、特征选择与属性约减、文本聚类、文本分类等文本挖掘内容，还包括Web建模、Web分类与聚类、结构化数据分析、多维Web数据分析、语义Web、Web应用挖掘及个性化网站等。

8. 用于软件系统工程及计算机系统分析的数据挖掘

复杂系统如软件系统的建立、维护和改进是非常复杂的，数据挖掘技术可以用于发现程序的孤立点，实现系统诊断、维护和改进的自动化。

9. 基于数据立方体的多维数据在线分析

其主要包括衰减立方体、预测立方体、立方体合成、高维立方体在线分析等。

数据挖掘（Data Mining，DM），简言之就是从大量的数据中挖掘出有用信息的过程。展开来说，数据挖掘是从大量的、不完全的、有噪声的、模糊的、随机的实际应用数据中发现和提取隐含在其中的、人们事先未知的但又是潜在有用的信息和知识的过程。这里的知识是指概念、规则、模式、规律和约束等，它们具有特定前提和约束条件，并且在特定领域中具有实际应用价值，同时还易于被用户所理解。

数据挖掘是一个多学科交叉的研究领域，融合了数据库（Database）、人工智能（Artificial Intelligence）、机器学习（Machine Learning）、统计学（Statistics）、知识工程（Knowledge Engineering）、信息检索（Information Retrieval）、高性能计算（High－Performance Computing）和数据可视化（Data Visualization）等多个学科领域。其中数据库、人工智能和数理统计是数据挖掘研究的3个主要理论支柱。

2.4.2 数据挖掘理论基础

谈到知识发现和数据挖掘，必须进一步阐述其研究的理论基础。虽然是关于数据挖掘的理论基础问题，仍然没有到完全成熟的地步，但是分析它的发展，可以对数据挖掘的概念更清楚。系统的理论是研究、开发、评价数据挖掘方法的基石。经过十几年的探索，一些重要的理论框架已经形成，并且吸引着众多的研究和开发者为此进一步工作，向着更深入的方向发展。

数据挖掘方法可以是基于数学理论的，也可以是非数学的；可以是演绎的，也可以是归纳的。

1. 模式发现（Pattern Discovery）架构

在这种理论框架下，数据挖掘技术被认为是从源数据集中发现知识模式的过程。这是对机器学习方法的继承和发展，是目前比较流行的数据挖掘研究与系统开发架构。按照这种架构，可以针对不同的知识模式的发现过程进行研究。目前，在关联规则、分类聚类模型、序列模式（Sequence Model）以及决策树（Decision Tree）归纳等模式发现的技术与方法上取得了丰硕的成果。近几年，也已经开始对多模式知识发现的研究。

2. 规则发现（Rule Discovery）架构

Agrawal等综合机器学习与数据库技术，将三类数据挖掘目标（即分类、关联及序列）作为一个统一的规则发现问题来处理，它们给出了统一的挖掘模型和规则发现过程中的几个基本运算，解决了数据挖掘问题如何映射到模型和通过基本运算发现规则的问题，这种基于规则发现的数据挖掘构架，也是目前数据挖掘研究的常用方法。

3. 基于概率和统计理论

在这种理论框架下，数据挖掘技术被看作是从大量源数据集中发现随机变量的概率分布情况的过程，如贝叶斯置信网络模型等。目前，这种方法在数据挖掘的分类和聚类研究及应用中取得了很好的成果，这些技术和方法可以看作是概率理论在机器学习中应用的发展和提高。统计学作为一个古老的学科，已经在数据挖掘中得到广泛的应用。例如，传统的统计回归法在数据挖掘中的应用，特别是最近10年，统计学已经成为支撑数据仓库、数据挖掘技术的重要理论基础。

4. 微观经济学观点（Microeconomic View）

在这种理论框架下，数据挖掘技术被看作是一个问题的优化过程。1998年，Kleinberg等人建立了在微观经济学框架里判断模式价值的理论体系。他们认为，如果一个知识模式对一个企业是有效的话，那么它就是有趣的。有趣的模式发现是一个新的优化问题，可以根据基本的目标函数，对“被挖掘的数据”的价值提供一个特殊的算法视角，导出优化的企业决策。

5. 基于数据压缩（Data Compression）理论

在这种理论框架下，数据挖掘技术被看作是对数据的压缩过程。按照这种观点，关联规则、决策树、聚类等算法实际上都是对大型数据集的不断概念化或抽象的压缩过程。按Chakrabarti等人的描述，最小描述长度（Minimum Description Length，MDL）原理可以评价一个压缩方法的优劣，即最好的压缩方法应该是概念本身的描述和把它作为预测器的编码长度都最小。

6. 基于归纳数据库（Inductive Database）理论

在这种理论框架下，数据挖掘技术被看作是对数据库的归纳问题。一个数据挖掘系统必须具有原始数据库和模式库，数据挖掘的过程就是归纳的数据查询过程，这种构架也是目前研究者和系统研制者倾向的理论框架。

7. 可视化数据挖掘（Visual Data Mining）

1997年，Kelm等对可视化数据挖掘的相关技术给出了综述。虽然可视化数据挖掘必须结合其他技术和方法才有意义，但是以可视化数据处理为中心来实现数据挖掘的交互式过程以及更好地展示挖掘结果等，已经成为数据挖掘中的一个重要方面。

当然，上面所述的理论框架不是孤立的，更不是互斥的，对于特定的研究和开发领域来说，它们是相互交叉并有所侧重的。

2.4.3 数据挖掘分类方法

数据挖掘涉及的学科领域和方法很多，故有多种分类方法。

根据挖掘任务不同可以分为分类或预测模型发现、数据总结与聚类发现、关联规则发现、序列模式发现、相似模式发现、混沌模式发现、依赖关系或依赖模型发现以及异常和趋势发现等。

根据挖掘对象可以分为关系数据库、面向对象数据库（Object - Oriented Database）、空间数据库、时态数据库、文本数据源、多媒体数据库、异质数据库以及遗产数据库等对象的挖掘。

根据挖掘方法不同可以分为机器学习方法、统计方法、聚类分析方法、探索性分析方法、神经网络（Neural Network）方法、遗传算法（Genetic Algorithm）、数据库方法、近似推理和不确定性推理方法、基于证据理论和元模式的方法、现代数学分析方法、粗糙集（Rough Set）方法及集成方法等。

根据数据挖掘所能发现的知识不同可以分为广义型知识挖掘、差异型知识挖掘、关联型知识挖掘、预测型知识挖掘、偏离型异常知识挖掘和不确定性知识等。

当然，这些分类方法都从不同角度刻画了数据挖掘研究的策略和范畴，它们是互相交叉又相互补充的。

2.4.4 数据挖掘分析方法

1. 广义知识挖掘

广义知识（Generalization）是指描述类别特征的概括性知识。众所周知，在源数据（如数据库）中存放的一般是细节性数据，而人们有时希望能从较高层次的视图上处理或观察这些数据，通过数据进行不同层次的泛化来寻找数据所蕴含的概念或逻辑，以适应数据分析的要求。数据挖掘的目的之一就是根据这些数据的微观特性发现有普遍性的、更高层次概念的中观和宏观的知识。因此，这类数据挖掘系统是对数据所蕴含的概念特征信息、汇总信息和比较信息等概括、精炼和抽象的过程。被挖掘出的广义知识，可以结合可视化技术，以直观的图表（如饼图、柱状图、曲线图、立方体等）形式展示给用户，也可以作为其他应用（如分类、预测）的基础知识。

2. 关联知识挖掘

关联知识（Association）反映一个事件和其他事件之间的依赖或关联。数据库中的数据关联是现实世界中事物联系的表现。数据库作为一种结构化的数据组织形式，利用其依附的数据模型可能刻画了数据间的关联，如关系数据库的主键和外键。但是，数据之间的关联是复杂的，不仅是上面所说的依附在数据模型中的关联，大部分是隐藏的。关联知识挖掘的目的就是找出数据库中隐藏的关联信息。关联可分为简单关联、时序（Time Series）关联、因果关联、数量关联等，这些关联并不总是事先知道的，而是通过数据库中数据的关联分析获得的，因而对商业决策具有新价值。

3. 类知识挖掘

类知识（Class）刻画了一类事物，这类事物具有某种意义上的共同特征，并明显和不同类事物相区别。和其他的文献相对应，这里的类知识是指数据挖掘的分类和聚类两类数据挖掘应用所对应的知识。

（1）分类方法有以下几种。

1）决策树。决策树方法，在许多的机器学习书或论文中可以找到，这类方法中的ID3算法是最典型的决策树分类算法，之后的改进算法包括ID4、ID5、C4.5、C5.0等。这些算法都是从机器学习角度研究和发展起来的，对于大训练样本集很难适应。这是决策树应用向数据挖掘方向发展必须面对和解决的关键问题。在这方面的尝试有很多，比较有代表性的研究有Agrawal等人提出的SLIQ、SPRINT算法，它们强调了决策树对大训练集的适应性。1998年，Michalski等对决策树与数据挖掘的结合方法和应用进行了归纳。另一个比较著名的研究是Gehrke等人提出了一个称为雨林（Rainforest）的在大型数据集中构建决策树的挖掘构架，并在1999年提出这个模型的改进算法BOAT。另外的一些研究，集中在针对数据挖掘特点所进行的高效决策树、裁剪决策树中规则的提取技术与算法等方面。

2）贝叶斯分类。贝叶斯分类（Bayesian Classification）来源于概率统计学，并且在机器学习中被很好地研究。近几年，作为数据挖掘的重要方法备受瞩目。朴素贝叶斯分类（Naïve Bayesian Classification）具有坚实的理论基础，和其他分类方法相比，其理论上具有较小的出错率。但是，由于受其对应用假设的准确性设定的限制，因此需要在提高和验证它的适应性等方面做进一步工作。Jone提出连续属性值的内核稠密估计的朴素贝叶斯分类方法，提高了基于普遍使用的高斯估计的准确性，Domingos等对于类条件独立性假设应用假设不成立时朴素贝叶斯分类的适应性进行了分析，贝叶斯信念网络（Bayesian Belief Network）是基于贝叶斯分类技术的学习框架，集中在贝叶斯信念网络本身架构以及它的推理算法研究上，其中比较有代表性的工作有Russell的布尔变量简单信念网、训练贝叶斯信念网络的梯度下降法、Buntine等建立的训练信念网络的基本操作以及Lauritzen等的具有蕴藏数据学习的信念网络及其推理算法EM等。

3）神经网络。神经网络作为一个相对独立的研究分支已经很早被提出，有许多著作和文献详细介绍了它的原理。由于神经网络需要较长的训练时间及其可解释性较差，为它的应用带来了困难。但是，由于神经网络具有高度的抗干扰能力和可以对未训练数据进行分类等优点，又使得它具有极大的诱惑力。因此，在数据挖掘中使用神经网络技术是一件有意义但仍需要艰苦探索的工作。在神经网络和数据挖掘技术的结合方面，一些利用神经网络挖掘知识的算法被提出，如Lu和Setiono等人提出的数据库中提取规则的方法、Widrow等系统介绍了神经网络在商业等方面的应用技术。

4）遗传算法。遗传算法是基于进化理论的机器学习方法，它采用遗传结合、遗传交叉变异以及自然选择等操作，实现规则的生成。有许多著作和文献详细介绍了它的原理，这里不再赘述。

5）类比学习和案例学习。最典型的类比学习（Analogy Learning）方法是k-最邻近分类（k-Nearest Neighbor）方法，它属于懒散学习法，与决策树等急切学习法相比，具有训练时间短、分类时间长的特点。k-最邻近方法可以用于分类和聚类中，基于案例的学习（Case-Based Learning）方法可以应用到数据挖掘的分类中。基于案例学习的分类技术的基本思想是，当一个新案例进行分类时，通过检查已有的训练案例找出相同的或最接近的案例，然后根据这些案例提出这个新案例的可能解。利用案例学习来进行数据挖掘的分类必须要解决案例的相似度、度量训练案例的选取以及利用相似案例生成新案例的组合解等关键问题，并且它们也正是目前研究的主要问题。

6）其他方法。如粗糙集和模糊集（Fuzzy Set）方法等。

另外需要强调的是，任何一种分类技术与算法都不是万能的，不同的商业问题需要用不同的方法去解决，即使对于同一个商业问题可能有多种分类算法。分类的效果一般和数据的特点有关。有些数据噪声大、有缺值、分布稀疏，有些属性是离散的，而有些是连续的，所以目前普遍认为不存在某种方法能适合所有特点的数据。因此，对于一个特定问题和一类特定数据，需要评估具体算法的适应性。

（2）聚类方法有以下几种。

1）基于划分的聚类方法。k-平均算法是统计学中的一个经典聚类方法，但是它只有在簇平均值被预先定义好的情况下才能使用，加之对噪声数据的敏感性等，使得对数据挖掘的适应性较差。因此，出现了一些改进算法。主要有 Kaufman 等人提出的 k-中心点算法、PAM 和 Clare 算法、Huang 等人提出的 k-模和 k-原型方法、Bradley 和 Fayyad 等建立的基于 k-平均的可扩展聚类算法。其他的具代表性的方法有 EM 算法、Clarans 算法等。基于划分的聚类方法得到了广泛研究和应用，但是对于大数据集的聚类仍需要进一步的研究和扩展。

2）基于层次的聚类方法。通过对源数据库中的数据进行层次分解，达到目标簇的逐步生成。有两种基本的方法，即凝聚（Agglomeration）和分裂（Division）。凝聚聚类是指由小到大开始，可能是每个元组为一组逐步合并，直到每个簇满足特征性条件。分裂聚类是指由大到小开始，可能为一组逐步分裂，直到每个簇满足特征性条件。Kaufman 等人详细介绍了凝聚聚类和分裂聚类的基本方法，Zhang 等人提出了利用 CF 树进行层次聚类的 Birth 算法，Guha 等人提出了 Cure 算法、Rock 算法，Karypis 和 Han 等人提出了 Chameleon 算法。基于层次的聚类方法计算相对简单，但是操作后不易撤销，因而对于迭代中的重定义等问题仍需做进一步工作。

3）基于密度的聚类方法。基于密度的聚类方法是通过度量区域所包含的对象数目来形成最终目标的。如果一个区域的密度超过指定的值，那么它就需要进一步分解成更细的组，直至得到用户可以接受的结果。这种聚类方法相比基于划分的聚类方法，可以发现球形以外的任意形状的簇，而且可以很好地过滤孤立点（Outlier）数据，对大型数据集和空间数据库的适应性较好。比较有代表性的工作有 1996 年 Ester 等人提出的 DBSCAN 方法、1998 年 Hinneburg 等人提出的基于密度分布函数的 DENCLUE 聚类算法、1999 年 Ankerst 等人提出的 OPTICS 聚类排序方法。基于密度的聚类算法，大多还是把最终结果的决定权参数值交给用户决定，这些参数的设置以经验为主。而且对参数设定的敏感性较高，即较小的参数差别可能导致区别很大的结果。因此，这是这类方法有待进一步解决的问题。

4）基于网格的聚类方法。这种方法是把对象空间离散化成有限的网格单元，聚类工作在这种网格结构上进行。1997 年，Wang 等人提出的 String 方法是一个多层聚类技术。它把对象空间划分成多个级别的矩形单元，高层的矩形单元是多个低层矩形单元的综合，每个矩形单元的网格收集对应层次的统计信息值。该方法具有聚类速度快、支持并行处理和易于扩展等优点，受到广泛关注。另一些有代表性的研究包括 Sheikholeslami 等人提出的通过小波变换进行多分辨率聚类方法 Wave Cluster、Agrawal 等人提出的把基于网格和密度结合的高维数据聚类算法 CLIQUE 等。

5）基于模型的聚类方法。这种方法为每个簇假定一个模型，寻找数据对给定模型的最佳拟和。目前研究主要集中在利用概率统计模型进行概念聚类和利用神经网络技术进行自组织聚类等方面，它需要解决的主要问题之一仍然是如何适用于大型数据库的聚类应用。

最近的研究倾向于利用多种技术的综合性聚类方法探索，以解决大型数据库或高维数据库等聚类挖掘问题。一些焦点问题也包括孤立点检测、一致性验证、异常情况处理等。

4. 预测型知识挖掘

预测型知识（prediction）是指由历史的和当前的数据产生的并能推测未来数据趋势的知识。这类知识可以被认为是以时间为关键属性的关联知识，应用到以时间为关键属性的源数据挖掘中。从预测的主要功能上看，主要是对未来数据的概念分类和趋势输出。可以用于产生具有对未来数据进行归类的预测型知识，统计学中的回归方法等可以通过历史数据直接产生对未来数据预测的连续值，因而，这些预测型知识已经蕴藏在诸如趋势曲线等输出形式中。利用历史数据生成具有预测功能的知识挖掘工作归为分类问题，而把利用历史数据产生并输出连续趋势曲线等问题作为预测型知识挖掘的主要工作。分类型的知识也应该有两种基本用途：一是通过样本子集挖掘出的知识可能目的只是用于对现有源数据库的所有数据进行归类，以使现有的庞大源数据在概念或类别上被“物以类聚”；二是有些源数据尽管它们是已经发生的历史事件的记录，但是存在对未来有指导意义的规律性东西，如总是“老年人的癌症发病率高”。因此，这类分类知识也是预测型知识。

（1）趋势预测模式。主要是针对那些具有时序（time series）属性的数据，如股票价格等，或者是序列项目（sequence items）的数据，如年龄和薪水对照等、发现长期的趋势变化等。有许多来自于统计学的方法，经过改造可以用于数据挖掘中，如基于 n 阶移动平均值（moving average of ordern）、n 阶加权移动平均值、最小二乘法、徒手法（free－hand）等的回归预测技术。另一些研究较早的数据挖掘分支，如分类、关联规则等技术，也被应用到趋势预测中。

（2）周期分析模式。其主要是针对那些数据分布和时间依赖性很强的数据进行周期模式的挖掘，如服装在某季节或所有季节的销售周期。近年来，这方面的研究备受瞩目，除了传统的快速傅里叶变换等统计方法及其改造算法外，也从数据挖掘研究角度进行了有针对性的研究，如 1999 年 Han 等人提出的挖掘局部周期的最大自模式匹配集方法。

（3）序列模式。其主要是针对历史事件发生次序的分析形成预测模式来对未来行为进行预测，如预测“三年前购买计算机的客户有很大概率会买数字相机”。主要工作包括

1998年Zaki等人提出的序列模式挖掘方法、2000年Han等人提出的称为Free Span的高效序列模式挖掘算法等。

(4) 神经网络。在预测型知识挖掘中，神经网络也是很有用的模式结构，但是由于大量的时间序列是非平稳的，其特征参数和数据分布随着时间的推移而发生变化。因此，仅仅通过对某段历史数据的训练来建立单一的神经网络预测模型，还无法完成准确的预测任务。为此，人们提出了基于统计学等的再训练方法。当发现现存预测模型不再适用于当前数据时，对模型重新训练，获得新的权重参数，建立新的模型。

此外，也有许多系统借助并行算法的计算优势等进行时间序列预测。总之，数据挖掘的目标之一，就是自动在大型数据库中寻找预测型信息，并形成对应的知识模式或趋势输出来指导未来的行为。

5. 特异型知识挖掘

特异型知识（exception）是源数据中所蕴含的极端特例，或明显区别于其他数据的知识描述，它揭示了事物偏离常规的异常规律。数据库中的数据常有一些异常记录，从数据库中检测出这些数据所蕴含的特异知识是很有意义的，如在站点发现那些区别于正常登录行为的用户特点，可以防止非法入侵。特异型知识可以和其他数据挖掘技术结合起来，在挖掘普通知识的同时进一步获得特异型知识，如分类中的反常实例、不满足普通规则的特例、观测结果与模型预测值的偏差、数据聚类外的离群值等。

6. 数据仓库中的数据挖掘

数据仓库中的数据是按照主题来组织的。存储的数据可以从历史的观点提供信息。面对多数据源，经过清洗和转换后的数据仓库可以为数据挖掘提供理想的发现知识的环境。假如一个数据仓库模型具有多维数据模型或多维数据立方体模型支撑的话，那么基于多维数据立方体的操作算子可以达到高效率的计算和快速存取。虽然目前的一些数据仓库辅助工具可以帮助完成数据分析，但是发现蕴藏在数据内部的知识模式及其按知识工程方法来完成高层次的工作仍需要新技术。因此，研究数据仓库中的数据挖掘技术是必要的。

数据挖掘不仅伴随数据仓库而产生，而且随着应用的深入，产生了许多新的课题。如果把数据挖掘作为高级数据分析手段来看，那么它是伴随数据仓库技术提出并发展起来的。随着数据仓库技术的出现，出现了联机分析处理应用。OLAP尽管在许多方面和数据挖掘是有区别的，但是它们在应用目标上有很大的重合度，那就是它们都不满足于传统数据库的仅用于联机查询的简单应用，而是追求基于大型数据集的高级分析应用。客观地讲，数据挖掘更看中数据分析后所形成的知识表示模式，而OLAP更注重利用多维等高级数据模型实现数据的聚合。

7. Web数据源中的数据挖掘

面向Web的数据挖掘，比面向数据库和数据仓库的数据挖掘要复杂得多，因为它的数据是复杂的，有些是无结构的（如Web页），通常都是用长的句子或短语来表达文档类信息，有些可能是半结构的（如E-mail、HTML页），当然有些具有很好的结构（如电子表格）。揭开这些复合对象蕴含的一般性描述特征，成为数据挖掘的不可推卸的责任。

目前，Web挖掘的研究主要有3种流派，即Web结构挖掘（Web Structure Mining）、Web使用挖掘（Web Usage Mining）和Web内容挖掘（Web Content Mining）。

（1）Web 结构挖掘。Web 结构挖掘主要是指挖掘 Web 上的链接结构，它有广泛的应用价值。例如，通过 Web 页面间的链接信息可以识别出权威页面（Authoritative Page）、安全隐患（非法链接）等。1999 年，Chakrabarti 等人提出利用挖掘 Web 上的链接结构来识别权威页面的思想。1999 年，Kleinberg 等人提出了一个较有影响的称为 HITS 的算法。HITS 算法使用 HUB 概念，HUB 是指一系列的相关某一聚焦点（Focus）的 Web 页面收集。

（2）Web 使用挖掘。Web 使用挖掘主要是指对 Web 上的日志记录的挖掘。Web 上的 Log 日志记录包括 URL 请求、IP 地址以及时间等的访问信息。分析和发现 Log 日志中蕴藏的规律可以帮助我们识别潜在客户、跟踪服务质量以及侦探非法访问隐患等。发现得最早，对 WebLog 日志挖掘有较为系统化研究的是 Tauscher 和 Greenberg 两位，比较著名的原型系统有 Zaiane 和 Han 等研制的 WebLog Mining。

（3）Web 内容挖掘。实际上 Web 的链接结构也是 Web 的重要内容。除了链接信息外，Web 的内容主要是包含文本、声音、图片等的文档信息。很显然，这些信息是深入理解站点的页面关联的关键所在。同时，这类挖掘也具有更大的挑战性。Web 的内容是丰富的，而且构成成分是复杂的（无结构的、半结构的等），对内容的分析又离不开具体的词句等细节的、语义上的刻画。基于关键词的内容分析技术是研究较早的、最直观的方法，已经在文本挖掘（Text Mining）和 Web 搜索引擎（Search Engine）等相关领域得到广泛的研究和应用。目前对于 Web 内容挖掘技术更深入的研究是在页面的文档分类、多层次概念归纳等问题上。

以下是最常用的机器学习算法，大部分数据问题都可以通过它们解决：线性回归（Linear Regression）、逻辑回归（Logistic Regression）、决策树（Decision Tree）、支持向量机（SVM）、朴素贝叶斯（Naive Bayes）、k-邻近算法（k-NN）、k-均值算法（k-Means）、随机森林（Random Forest）、降低维度算法（Dimensionality Reduction Algorithms）和 Gradient Boosting 和 Adaboost 算法等。

（1）线性回归。线性回归是利用连续性变量来估计实际数值。通过线性回归算法找出自变量和因变量间的最佳线性关系，图形上可以确定一条最佳直线。这条最佳直线就是回归线。

这个回归关系可以用下式来表示。

$$Y=aX+b$$

式中　Y——因变量；

a——斜率；

X——自变量；

b——截距。

（2）逻辑回归。逻辑回归其实是一个分类算法而不是回归算法。通常是利用已知的自变量来预测一个离散型因变量的值（像二进制值 0/1、是/否、真/假）。简单来说，它就是通过拟合一个逻辑函数（Logic Function）来预测一个事件发生的概率。所以它预测的是一个概率值，自然，它的输出值应该在 0～1。

（3）决策树。它属于监督式学习，常用来解决分类问题。令人惊讶的是，它既可以运用于类别变量（Categorical Variables），也可以运用于连续变量。这个算法可以让我们把一个总体分为两个或多个群组。分组根据能够区分总体的最重要的特征变量/自变量进行。

(4) 支持向量机。这是一个分类算法。在这个算法中将每一个数据作为一个点在一个 n 维空间上作图（n 是特征数），每一个特征值就代表对应坐标值的大小。比如有两个特征，即一个人的身高和发长。可以将这两个变量在一个二维空间上作图，图上的每个点都有两个坐标值（这些坐标轴也叫做支持向量）。

(5) 朴素贝叶斯。这个算法是建立在贝叶斯理论上的分类方法。它的假设条件是自变量之间相互独立。简言之，朴素贝叶斯假定某一特征的出现与其他特征无关。比如说，如果一个水果是红色的、圆状的，直径大概 7cm 左右，可能猜测它为苹果。即使这些特征之间存在一定关系，在朴素贝叶斯算法中都认为红色、圆状和直径在判断一个水果是苹果的可能性上是相互独立的。

朴素贝叶斯的模型易于建造，并且在分析大量数据问题时效率很高。虽然模型简单，但很多情况下工作的比非常复杂的分类方法还要好。

贝叶斯理论从先验概率 $P(c)$、$P(x)$ 和条件概率 $P(x|c)$ 中计算后验概率 $P(c|x)$。算法如下。

$P(c|x)$ 是已知特征 x 而分类为 c 的后验概率。

$P(c)$ 是种类 c 的先验概率。

$P(x|c)$ 是种类 c 具有特征 x 的可能性。

$P(x)$ 是特征 x 的先验概率。

(6) k - NN（k -邻近算法）。这个算法既可以解决分类问题，也可以用于回归问题，但工业上用于分类的情况更多。k - NN 先记录所有已知数据，再利用一个距离函数，找出已知数据中距离未知事件最近的 k 组数据，最后按照这 k 组数据里最常见的类别预测该事件。

距离函数可以是欧式距离、曼哈顿距离、闵氏距离（Minkowski Distance）和汉明距离（Hamming Distance）。前 3 种用于连续变量，汉明距离用于分类变量。如果 $k=1$，那问题就简化为根据最近的数据分类。k 值的选取时常是 k - NN 建模的关键。

(7) k -均值算法。这是一种解决聚类问题的非监督式学习算法。这个方法简单地利用了一定数量的集群（假设 k 个集群）对给定数据进行分类。同一集群内的数据点是同类的，不同集群的数据点不同类。

k 均值算法划分集群的方法如下。

1) 从每个集群中选取 k 个数据点作为质心（Centroids）。

2) 将每一个数据点与距离自己最近的质心划分在同一集群，即生成 k 个新集群。

3) 找出新集群的质心，这样就有了新的质心。

4) 重复 2) 和 3)，直到结果收敛，即不再有新的质心出现。

确定 k 值的方法如下。

如果在每个集群中计算集群中所有点到质心的距离平方和，再将不同集群的距离平方和相加，就得到了这个集群方案的总平方和。

随着集群数量的增加，总平方和会减少。但是如果用总平方和对 k 作图，就会发现在

某个 k 值之前总平方和急速减少，但在这个 k 值之后减少的幅度大大降低，这个值就是最佳的集群数。

(8) 随机森林。随机森林是对决策树集合的一个特有名称。随机森林里有多个决策树（所以叫“森林”）。为了给一个新的观察值分类，根据它的特征，每一个决策树都会给出一个分类。随机森林算法选出投票最多的分类作为分类结果。

生成决策树的方法如下。

1) 如果训练集中有 N 种类别，则重复地随机选取 N 个样本。这些样本将组成培养决策树的训练集。

2) 如果有 M 个特征变量，那么选取数 $m \ll M$，从而在每个节点上随机选取 m 个特征变量来分割该节点。m 在整个森林养成中保持不变。

3) 每个决策树都最大程度上进行分割，没有剪枝。

(9) 降低维度算法。在过去的 4～5 年里，可获取的数据几乎以指数形式增长。公司、政府机构、研究组织不仅有了更多的数据来源，也获得了更多维度的数据信息。

当数据有非常多的特征时，可建立更强大精准的模型，但它们也是建模中的一大难题。怎样才能从 1000 或 2000 个变量里找到最重要的变量呢？这种情况下，降维算法及其他算法，如决策树、随机森林、PCA、因子分析、相关矩阵和缺省值比例等，就能解决难题。

(10) Gradient Boosting 和 AdaBoost。Gradient Boosting 和 AdaBoost 都是在有大量数据时提高预测准确度的 Boosting 算法。Boosting 是一种集成学习方法。它通过有序结合多个较弱的分类器/估测器的估计结果来提高预测准确度。

2.5　信息化技术发展与工程应用

2.5.1　发展现状及趋势

1. 国外水利工程管理信息化建设研究现状

1998 年，美国副总统戈尔提出了“数字地球”，“数字水利”的概念也应运而生。它是在数字地球的概念下局部的、更新专业化的数字系统。广义地说，数字水利就是综合运用遥感（RS）、地理信息系统（GIS）、全球定位系统（GPS）、虚拟现实（VR）、网络和超媒体等现代高新技术，对全流域的地理环境、基础设施、自然资源、人文景观、生态环境、人口分布、社会和经济状态等各种信息进行数字化采集与存储、动态监测与处理、深层融合与挖掘、综合管理与传输分发，构建全流域可视化的基础信息平台和三维立体模型，建立适合于全流域各不同水利职能部门的专业应用模型库和规则库及其相应的应用系统。从狭义上讲，数字水利是以地理空间数据为基础，具有多维显示和表达水利状况的虚拟平台，是数字地球的重要组成部分。

由于国外 GIS 发展比较早，在 GIS 与水利的结合应用方面已经取得了一些成果。在水资源评价和规划应用方面，Gupta 等人早在 1997 年就实现了将栅格型数据管理工具用于流域规划。随后欧洲一些研究机构也联合开发了具有水文过程模拟、水污染控制、水资源规划等功能的流域规划决策支持系统 WATERWARE。在此基础上，Bhuyan 等综合运用 GIS 及美国农业部开发的农业非点源污染模型 AGNPS，可很好地在小流域尺度上进行水资源和水环境评价。日本的 Kenji Suzuki 等也运用技术通过对高分辨率的卫星数据进行处理，实现了雨养农业区域水土资源的评价。近年来，Carlo 等在 GIS 平台上开发了 Ag-PIE 模型，评价由于农业生产造成的地表和地下水水质下降的程度。

在防洪减灾应用方面，Davis 将 HEC21、HEC22 与 GIS 结合对洪水、水质和土坡侵蚀进行了模拟，可很好地用于洪灾损失评估。德国 Goamer 公司研制了基于 GIS 的水动力学模型 Floodarea，用于界定洪水淹没范围，能够预警可能的洪水风险。Joy Sanyal 等针对发生在印度 Gangetic West Bengal 的一次特大洪水，运用遥感和 GIS 强大的空间分析功能，对易受洪水淹没的居民点区域进行了预测和分析。Overton 结合 GIS 建立了泛洪区洪水淹没模型，并在澳大利亚南部的 Murray 河进行了验证。在美国，突发事件管理委员会（FE2MA）已利用 GIS 技术用于淹没灾害管理，在灾害期间可以辅助预测水灾危害，如洪水峰值时间、洪水高度、为保证城市安全进行水量调配等，在灾后可以辅助政府部门和保险公司进行损失评估和灾后重建。

在水环境监测和水资源保护应用方面，美国国家环保局基于技术和地调局水文数据开发了全美河段文件。Debarry 在一个污染评价系统中利用 DLG 地形数据及土壤和地表覆盖多边形信息，计算了从每个流域输出的污染物的估计值，可用于水质监测和模拟。He 等人将 AGNPS、GRASS 与 GRASS Water Works 模型集成在一起，综合评价了非点源污染对美国密歇根州 Gass 河水质的影响。近年来，Boyle 等建立的 IDOR2D 系统将水污染模型与 GIS 集成；Lee 等在 Mokhyun 流域建立了基于 GIS 的水质管理系统 WQMS，利用水污染模型计算污染排放、预测水质。

2. 国内水利工程管理信息化建设研究现状

我国水利工程管理信息化建设起步于 20 世纪 80 年代，水利系统开始大量引进当时国际上先进的计算机设备和软件，如 IBM 的 PC 微机、VAX 系列超级小型机、APOLLO 工作站、SUP5 分析计算软件包等。与此同时，各设计院、研究所和高校也研制了一大批应用软件，这些都推动了水利系统计算机应用水平的迅速提高。水文、防汛等部门在信息化方面同样做了大量工作，他们积累了大量基础资料和工程资料。进入 90 年代以来，国民经济的飞速发展给防洪减灾和水资源利用等提出了更高的要求，水利信息工作更加受到重视。国际社会信息化的浪潮也给水利系统带来了信息现代化的冲击。我国对信息化的进程十分重视，也促进了水利系统的信息化进程的发展，水利部有关部门相继制定了“国家防汛指挥系统”“水利部行政首脑办公决策支持服务系统”等信息化建设工程规划。进入新世纪以后，水利工程信息化建设的研究得到了深入发展。

1997 年，结合全国水利信息化建设的条件，从软件工程学的原理、开发方法和技术入手，结合全国水利信息化建设的任务，论述了水利信息化应用系统的初步开发设想。

1998 年，从国际信息化的发展现状、发达国家在信息化方面的举措、我国信息化的现状与发展趋势入手，对水利系统信息化现状进行了分析，指出我国水利信息化建设虽然取得了巨大的进步，但仍然在信息基础设施落后和老化、各部门信息化工作的进展极不平衡、缺乏统一的信息标准、缺乏信息或信息工作覆盖面不广、缺乏高水平的专业人才、缺乏有效的管理、政策导向不够完善等 9 个方面存在不足，并从统一规划统一标准、拓宽信息的应用领域、依托水利部门内部具有人才和技术优势的科研院所和大专院校开展信息化关键技术的研究和攻关、加强对外联系向国外先进水平看齐等方面提出了我国进一步进行水利信息化建设的建议。

2004 年，结合长江科学院近几年所开展的主要相关科研项目与技术成果，根据空间信息技术的发展趋势和对流域管理现代化的认识，展望了“数据仓库”技术在长江水利信息化事业中的应用前景。

2006 年，对数据仓库技术在水利信息化中的应用进行了系统的研究，同时指出要在水利行业更好地应用和发展数据仓库技术，必须在进一步加强标准化、规范化的基础上，大力开展基础数据库的建设，尤其是富有水利行业特色的数据库，如蓄滞洪区空间展布式社会经济数据库、雨情和水情数据库、水旱灾情数据库等。

2007 年，通过对空间信息技术发展现状的讨论，结合对水利部门信息化建设需求的调研结果，尝试将新的空间信息技术引入到水利信息化管理建设中来，以解决其现有的需求和问题。根据需求分析，结合数据库技术、网络技术等新技术，设计了一套与结构相结合的综合性的水利信息管理系统方案，并加以实现。系统主要包括二维信息管理、三维信息显示和洪水淹没分析系统三大部分，除了具有常规的信息管理功能外，还提供了强大的空间数据分析功能，本系统的设计改变了以往信息管理系统功能单一、效率低下的缺点，为水利信息化建设提供了新的发展思路。

2008 年，结合水利工程建设实例，分析了微波技术在现代水利信息化建设中的优势，不断满足水利对通信新的需求。为适应新的发展要求，利用微波技术组建了微波通信网，为数字集群系统和机房视频监控系统提供了稳定、可靠的传输链路，并在防汛演习等应急通信中发挥了明显的作用。

我国政府和各合作项目方（如世界银行）都积极地投入水利工程项目信息化建设，开发了为数不少的管理信息系统，但这些系统仍存在不少问题。首先，从单个项目管理信息系统来看，目前的信息系统设计一般是按照水利资源管理信息系统的思路，以中国三峡集团公司与加拿大公司合作开发的大型集成化工程项目管理系统——三峡工程管理信息系统为例，该系统包括编码结构管理、岗位管理、资金与成本控制、计划与进度管理、合同管理、质量管理、工程设计管理、物资与设备管理、工程财务与会计管理、坝区管理、文档管理等各模块。而一般项目管理信息系统包括进度管理、造价管理、设备管理、合同管理、财务管理、档案管理、材料管理、质量管理几个模块。当然由于水利工程项目本身的特殊性，二者很难完全一致，但从中不难发现二者的设计思路是不尽相同的。其次，从整体看，该领域存在问题主要有缺乏通用的信息系统，相似系统和相近系统不得不重复开发系统设计规划，没有前瞻性，造成系统升级能力和更新扩展能力较差，数据的格式和标准不统一，系统之间的数据转换和互操作性较差，各系统之间缺乏标准化和规范化接口系统，很难实现系统集成等。归根究底，缺乏统一的信息化标准是出现这些问题的关键，应该指出的是，目前有些大型系统在设计开发时已考虑到标准化的工作，但由于整个信息化建设没有统一的通用标准，造成不同系统遵循的标准各不相同，系统间的数据共享更侧重于与外部信息资源的交流。

2.5.2 工程应用

1. GIS在水利系统中的应用

地理信息系统（Geographic Information System，GIS）是以地理空间数据库为基础，在计算机硬、软件环境的支持下，运用系统工程和信息科学的理论，科学管理和综合分析具有空间内涵的地理数据，以提供对规划、管理、决策和研究所需信息的空间信息系统，对空间相关数据进行采集、管理、操作、分析、模拟和显示，并采用地理模型分析方法，适时提供多种空间和动态的地理信息，为地理研究、综合评价、管理、定量分析和决策服务而建立起来的一类计算机应用系统。

（1）GIS在水利工程管理工作中的应用。水利工程建设与管理是一项信息量极大的工作，涉及水利工程前期工作审查审批状况、投资计划情况、建设进度动态管理、工程质量、位置地图检索、项目简介、照片、图纸等一系列材料的存储、管理和分析，利用GIS技术可以把工程项目的建设与管理系统化，把水利工程建设情况进行实时记录，使工程动态变化能够及时反映给各级水行政主管部门。还可以对河道变化进行动态监测，预测河道发展趋势，可为水利规划、航道开发以及防灾减灾等提供依据，创造显著的经济效益。

利用GIS技术、三维可视化技术构建三维工程模型中，建筑物之间的空间位置关系与实地完全对应，而且任意点的空间三维坐标可以测量，是真实三维景观的再现，这项技术的应用将使工程的设计和模型建立等方面更加科学、准确。

（2）GIS水利工程管理应用效益。应用地理信息系统之后，完成各项任务与传统的方法相比，显示出许多优越性。具体说来，水利的优越性可以概括如下。

1）可以存储多种性质的数据，包括图形的、影像的、调查统计等，同时易于读取、确保安全。

2）允许使用数学、逻辑方法，借助计算机指令编写各种程序，易于实现各种分析处理，系统具有判断能力和辅助决策能力。

3）提供了多种造型能力，如覆盖分析、网络分析、地形分析，可以用来进行土地评价、土壤侵蚀估计、土地合理利用规划等模式研究，以及用来编制各种专题图、综合图等。

4）数据库可以做到及时更新，确保实时性。用户在使用时具有安全感，保证不读漏数据，处理结果令人信服。

5）易于改变比例尺和地图投影，易于进行坐标变换、平移或旋转、地图接边、制表和绘图等工作。

6）在短时间内，可以反复检验结果，开展多种方案的比较，从而可以减少错误，确保质量，减少数据处理和图形化成本。

2. GPS系统在水利工程系统中的应用

全球定位系统（Global Positioning Systems，GPS）是一种结合卫星及通信发展起来的技术，利用导航卫星进行测时和测距，具有海陆空全方位实时三维导航与定位能力的新一代卫星导航与定位系统。GPS是美国国防部在1973年开始筹建的高精度卫星导航、授时与定位系统，截至1994年年底，用于定位的28颗GPS卫星全部发射完成并开始正常工作，历时 20 余年，耗资 200 亿美元。系统由空间部分、地面控制部分和用户部分组成。由于定位的高精度性，并具有全天候、连续性、速度快、费用低、方法灵活和操作简便等特点，使其在水利工程领域获得了极其广泛的应用。经过近 10 年我国测绘等部门的使用表明，全球卫星定位系统以全天候、高精度、自动化、高效益等特点，成功地应用于大地测量、工程测量、航空摄影、运载工具导航和管制、地壳运动测量、工程变形测量、资源勘察、地球动力学等多种学科，取得了好的经济效益和社会效益。

(1) 地形测绘。传统的地形测绘，基于测绘仪等基本测绘工具和测绘人员艰辛而繁重的工作，其实际效果常因测量工具误差、天气情况变化等诸多影响因素而不甚令人满意。特别是在水利工程中，相关的地形勘测是进一步设计论证的重要前提，但常常因地势地形因素，给实际工作带来相当大的麻烦。目前，一个较为先进的方法是采用航空测绘，即通过航空器材从空中摄影绘图，进而完成地形测绘，但此方法的显著缺点是大大增加了测绘成本，因此在实际工程中远未得到推广，GPS 全球卫星定位系统打开了解决该问题的新思路。

测绘的关键问题是找到特定区域的重要三维坐标纬度、经度和海拔高度。而这 3 个数据均可直接从一部 GPS 信号接收机上直接读出。GPS 测绘方法还具有成本低廉、操作方便、实用性强等优点，并且与计算机 CAD 测绘软件、数据库等技术相结合，可实现更高程度的自动测绘。

(2) 截流施工。截流的工期一般都比较紧张，其中最难的是水下地形测量。水下地形复杂，作业条件差，水下地形资料的准确性对水利工程建设十分重要。传统测量使用人工采集数据，精度不高、测区范围有限、工作量大、时间上不能满足要求，而 GPS 技术能大大提高数据精度、测区范围等，保证施工生产的效率，保证顺利进行。利用静态测量系统进行施工控制测量，选点主要考虑控制点能方便施工放样，其次是精度问题，尽量构成等边三角形，不必考虑点和点之间的通视问题。另外，用实时差分法 GPS 测量系统可实施水下地形测量，系统自动采集水深和定位数据，采集完成后，利用后处理软件，可数字化成图。在三峡工程二期围堰大江截流施工中，运用技术实施围堰控制测量及水下地形测量，并取得了成功。

(3) 工程质量监测。水利设施的工程质量监测是水利建设及使用时必须贯彻实施的关键措施。传统的监管方法包括目测、测绘仪定位、激光聚焦扫描等，而基于 GPS 技术的质量监测是一种完全意义上的高科技监测方法。专门用于该功能的信号接收机，实际上为一微小的 GPS 信号接收芯片，将其置于相关工程设施待检测处，如水坝的表面、防洪堤坝的表面、山体岩壁的接缝处等，一旦出现微小的裂缝、开口，乃至过度的压力，相关的物理变化促使高精度信号接收芯片的记录信息发生变化，进而将问题反映出来。若将该套 GPS 监测系统与相关工程监测体系软件、报警系统相结合，即可实现更加严密而完善的工程质量监测。

3. 遥感技术在水利系统中的应用

遥感技术（Remote Sensing，RS）是一门综合性的技术，它是利用一定的技术设备系统，在远离被测目标处，测量和记录这些目标的空间状态和物理特性。从广义上来讲，可以把一切非接触的检测和识别技术都归入遥感技术。如航空摄影及相片判读就是早期的遥感手段之一。现代空间技术光学和电子学的飞速发展，促进了遥感技术的迅速发展，扩大了人们的视野，提高了应用水平。

(1) 遥感技术在水利规划方面的运用。水利规划的基础是调查研究，遥感技术作为一种新的调查手段与传统的手段综合运用，能为现状调查及其变化预测提供有价值的资料。现行水利规划的现状调查主要依靠地形图资料及野外调查，如果地形图资料陈旧，则需要耗费大量人力、物力和时间重新测绘。卫星遥感资料具有周期短、现实性强的特点，北方受气候条件影响较小，很容易获得近期的卫星图像，即使在南方一般每年也可以得到几个较好的图像。根据卫星相片可以分析判断已有地形图的可利用程度，如果仅仅是增加了若干公路和建筑物，就可以只作相应的修测、补测或直接利用卫星相片作为地形图的替代品或补充。

水资源及水环境保护是水利规划的一项重要内容，可利用卫星遥感资料对水资源现状及其变化作出评价。首先，利用可见光和红外线波段的资料探测某些严重污染河段及其污染源，可见光探查煤矿开采和造纸厂排废造成的污染红外波段探查热废水排放造成的污染。其次，结合水质监测数据进行水环境容量评价，确定允许河道的水容量，再根据污染物的组成及含量测定值确定不同季节的允许排放量。利用卫星遥感资料及其处理技术，可以确定不同时期的水陆边界及水域面积，因而可以把地形测量工作简化为断面测量，从而节省工作量与经费。此项技术已在珠江三角洲河网地区及河口获得成功应用。

(2) RS 技术在水库工程方面的运用。水库工程是水利建设的一项重要内容，不论防洪、发电、灌溉、供水都离不开水库工程建设。水库工程论证一般包括问题识别、方案拟订、影响评价、方案论证等几部分。论证的重点一般包括水库任务、工程安全、泥沙问题、库区淹没、生态环境评价、工程效益分析评价等。卫星遥感技术在水库淹没调查和移民安置规划方面，尤其具有应用价值和开发潜力。规划阶段的水库淹没损失研究一般利用小比例尺地形图作本底，比较粗略，且由于地形图的更新周期长，一般需要进行相当规模的现场调查进行补充修改。如果利用计算机分类统计等技术，可以显著提高工作效率和成果的宏观可靠性。在规划以后阶段的工作中，利用红外线或正影射航空相片制作正影射影像图进行水库淹没损失调查，避免了人为因素的干扰，使成果具有最高的权威性，已得到越来越广泛的使用。

(3) RS 技术在河口治理方面的运用。河口治理的目标一般是稳定河床和岸滩，顺利排洪、排涝、排沙，保护生态，改善水环境等。多河口的河流要求能合理分水分沙，通航河流还要求能稳定和改善航道，有效治理拦门沙，这就需要大量的、全面的与区域性的包括水域和陆地，水上和水下地形、地质、地貌、水文、泥沙、水质、环境及社会经济调查工作，而卫星遥感技术可为自然和社会经济调查提供大量信息。

河口卫星遥感的基本手段是以悬浮泥作为直接或间接标志。通常选择合适的波段进行图像复合，经过计算机和光学图像处理和增强，突出浮泥沙信息，抑制背景信息和其他次要信息，以获得某一水情下的泥沙和水的动力信息。经过处理的图像上悬浮泥沙显得非常清晰、直观、真实，通过研究河流的悬浮泥沙与滩涂现状、演变、发展，为治理河口提供比较真实的资料。

4. 水利信息数据仓库在水利信息化管理中的应用

水利信息数据仓库在水利信息化管理中的应用，主要体现在以下几个方面。

（1）水利工程基础数据仓库，主要包括以下信息。

1）河道概况。河道特征、河道断面及冲淤情况、桥梁等。

2）水沙概况。水沙特征值、较大洪水特征值、水位统计及洪水位比较、控制站设计水位流量关系等。

3）堤防工程。堤防长度、堤防标准、堤防作用、堤防横断面、加固情况、涵闸虹吸穿堤建筑物、险点隐患、护堤坝工程等。

4）河道整治工程。干流险工控导工程状况、支流险工控导工程状况、工程靠溜情况、险情抢险等。

5）分滞洪工程。特性指标、水位面积容积、堤防、分洪退水技术指标、滞洪区经济状况、淹没损失估算、运用情况等。

6）水库工程。枢纽工程、水库特征、主要技术指标、泄流能力、水位库容及淹没情况等。

（2）水质基础数据仓库。完成数据库表结构的设计，在整编基础上，逐步形成包括基本监测、自动监测和移动监测等水质数据内容的水环境基础数据仓库，开发数据库接口程序和账务软件，为水资源优化配置、水资源监督管理、水资源规划和科学研究提供水环境基础信息服务。

（3）水土保持数据仓库。规范数据格式，完成数据库表结构设计，逐步建立包括自然地理、社会经济、土壤侵蚀、水土保持监测、水土流失防治等信息的水土保持数据仓库。

（4）地图数据仓库。采用地理信息系统基础软件平台，对数字地形图进行数据入库，建立地图数据仓库。要求地图数据仓库具有各种比例尺地形图之间图形无缝拼接、图幅漫游、分层、分要素显示、输出等 GIS 基本功能。

（5）地形地貌数字高程模型。利用地形图地貌要素或采用全数字摄影测量的方法，生成区域数字高程模型，直观表示地形地貌特征，并利用 DEM 进行各种分析计算，如冲淤量计算、工程量计算、库容计算、断面生成以及洪水风险模拟、严密范围分析等。

（6）地物、地貌数字正影射影像。对重点区域、重点河段进行航空摄影成像，采用全数字摄影测量系统，编制数字正影射影像图，清晰、直观地表示各种地物、地貌要素。

（7）遥感影像和测量资料数据仓库。收集卫星遥感影像，编制区域遥感影像地图，并建立遥感影像数据仓库。根据不同时期的遥感影像，反映全区域治理开发成果，实现对本地区的动态监测。测量资料数据仓库包括各等级控制点、GPS 点、水准点资料，表示出点名、点号、等级、坐标、高程及施测单位、施测日期等。

5. 虚拟现实技术应用

虚拟现实技术（VR）是利用计算机技术生成逼真的三维虚拟环境。虚拟现实技术最重要的特点就是“逼真感”与“交互性”。虚拟现实技术可以创造形形色色的人造现实环境，其形象逼真，令人有身临其境的感觉，并且与虚拟的环境可进行交互作用。

现在虚拟现实技术在水利信息化建设中的应用日渐广泛。

（1）构建水利工程的三维虚拟模型，如大坝、堤防、水闸等三维虚拟模型，实现了水利工程三维空间示景。

（2）洪水流动和淹没的三维动态模拟，实现了三维空间场景中的洪水演进动画过程，三维场景中洪水淹没情况的虚拟展示。

（3）水利工程规划中枢纽布置三维虚拟模型，包括大坝、泄洪洞、发电厂、变电站等，为工程规划提供直观三维视觉效果场景。

（4）云层和降雨效果渲染三维虚拟模型，模拟云层流动、降雨过程等动态效果。

（5）土石坝、碾压混凝土坝等坝料开采、运输、摊铺、填筑碾压及施工进度和形象的虚拟展示。

（6）防渗体系（防渗墙、防渗帷幕、灌浆）灌浆效果检验及三维动态模拟效果场景。

（7）安全监测布设、效应量三维虚拟模拟，三维场景演化的虚拟展示等。

第3章　水利工程建设管理云平台的建立

3.1　概　　述

水利工程建设管理云的设计原则，首先是要有先进性和前瞻性，其次方便易用、安全可靠、成熟稳定也都是在云平台和中间件的设计选型时应该充分考虑和注意的问题，使云管理平台和系统具有良好的可扩展性和兼容性。水利工程建设管理云平台的设计原则如图3－1所示。

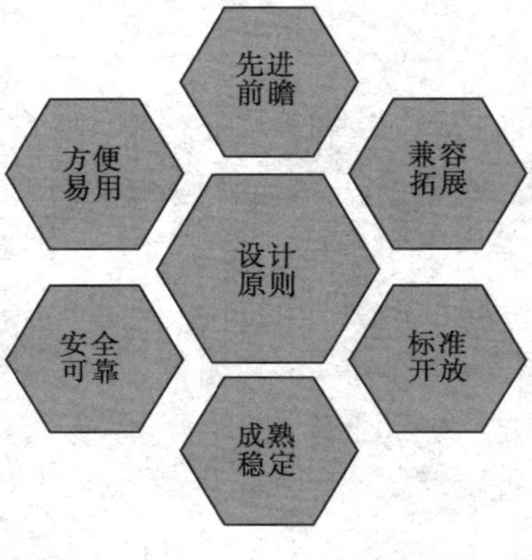

图3－1　水利工程建设管理云平台的设计原则

简要地说，通过建立水利工程云管理平台和云管理系统要实现4个转变、5个创新、两个突破与两个提升。下面将逐一介绍水利工程建设管理云要实现的主要目标。

1. 实现水利工程建设管理的4个转变（表3－1）

（1）方法转变。从手工管理到信息化管理。

（2）从传统的建设、应用、运行维护管理模式转变为云计算模式。研制出符合我国水利工程管理需求的具有国际先进水平的创新模式和系统。

（3）模式转变。从分散模式到区域云中心模式。

（4）方式转变。从低效率、高能耗方式转向规模化、高效能、集约化方式，从单一功能管理到多功能与实现水利工程建设全过程覆盖的管理。

表3－1　水利工程建设管理模式转变的几个方面

传统模式		云计算模式
水利工程建设的手工管理方法		水利工程建设信息化管理方法
水利工程建设的分散管理模式		水利工程建设的云管理模式
低效率、高能耗的传统管理方式		规模化、高效能集约化的云方式
从单一功能管理		多功能与实现工程建设全过程覆盖的管理

2. 水利工程建设的5个创新

原来没有一个云平台是为包括业主、承包商、工程监理、检测方、监督单位几方设计的工程建设云管理平台，现在利用云计算技术构建了一个为多主体协同管理提供综合信息服务的云平台。

通过建立水利工程建设云管理平台和云管理系统将实现5个方面的创新，即模式创新、体制机制创新、管理创新、技术创新与服务创新。

（1）模式创新。水利工程建设云管理模式的创新，这个创新的意义在于，它可以加快水利工程建设信息化管理的进程。

（2）体制机制创新。为了管理一个水利工程建设项目多个责任主体使用一个云管理平台，多个单位为实现一个共同的目标——建设优质工程，进行密切合作与协同管理，云管理平台可使法人负责制、工程项目监理制、招投标制、第三方监督制在同一个云平台上得以实现。

（3）管理创新。管理创新主要表现在以下几个方面：从无信息管理系统到有水利工程云管理系统；以水利工程建设相关规范为基础，建立网络信息时代的工程管理程序；从单个环节的管理到全生命周期的管理；水利工程建设项目电子文件与电子档案一体化的管理。

（4）技术创新。利用目前已有的GPS技术与GIS技术及互联网技术，结合水利工程建设管理现状，构建水利工程管理云平台和系统集成使用了最新信息技术，包括：使用云计算技术将水利工程建设管理需要的硬件与软件资源进行整合，能够同时管理多个水利工程，实现资源共享以及信息化应用与管理模式的转变；通过虚拟化技术实现资源可动态扩展，并提高资源的利用率；使用物联网技术实现水利工程灌浆与碾压数据的实时自动采集；多租户数据隔离与信息安全管理技术；利用智能感知与处理和可视化技术实现智慧管理。

3. 实现水利工程管理的重要突破

建立创新的云管理模式，通过对多个工程长时间的管理，形成大数据环境，为开展数据分析和数据挖掘工作奠定了基础，建立支持水利工程建设项目全生命周期的文档一体化管理系统。希望通过构建水利工程管理云平台和系统，积极研究探索水利工程建设管理创新的云模式，实现水利工程建设电子文件与档案的一体化管理方法。

4. 水利工程管理水平的两个提升

使用云管理系统实现水利工程建设从手工管理到信息化管理与智能化管理的跨越式发展，中小水利工程建设信息化管理的整体水平得到提升；通过信息化管理研究探索提高水利工程建设质量管理水平与效果的新方法；使中、小水利工程建设的管理效率与效益有大幅度提升。

3.2 水利工程建设管理云平台建设目的与规划

在2009年2月18日水利部发布的《关于进一步加强水利工程建设管理的指导意见》（水建管〔2009〕115号），提出落实项目法人责任。项目法人是项目建设的责任主体，对项目建设的全过程负责，对项目建设的质量、安全、进度和资金管理负总责。该文件还提出要“创新建设管理模式”，因此，全新的水利工程建设管理模式，需要借助目前飞速发展的信息化技术进行深入探索。

2006年，开始尝试信息化技术在岩土工程中应用；2011年，陈祖煜院士通过中国科学院上报给国务院的《建设我国重要基础工程数据库的建议》经国务院总理温家宝的批示，在2012年科技部通过了国家“十二五”科技支撑项目，开展了我国重大水利工程的建设信息管理系统研究，并开展了云计算技术与物联网技术的应用研究。

在进行基于云计算与物联网技术的水利工程建设管理系统研究之前，首先需要结合我国水利工程的建设管理特点，进行新型的水利工程建设管理云平台的规划。首先可以明确的是，建设开发基于云计算与物联网技术的水利工程建设管理云平台，就是创造一种新的水利工程建设管理的模式与多个责任主体协同管理的业务流程。

1. 建立一个面向多个责任主体和不同层次的协同管理工作平台

我国水利工程建设管理单位较多，因此，需要一个方便、简洁的协同工作平台为不同的工程建设参建单位提供工程管理便利。建立水利工程建设管理云平台是要建立一个面向所有参建单位的信息化管理云平台。多个责任主体为了建设一个水利工程建设项目，使用一个云平台协同管理水利工程的建设提供重要的管理平台。

在“十二五”科技支撑项目“我国重大水利工程建设管理信息标准化、数字化专项技术研究”项目中，结合飞速发展的云计算与物联网技术，建立了一个为多个责任主体搭建一个水利工程建设的协同管理平台，主要包括以下几个方面。

(1) 水利工程建设管理所涉及的各个用户。水利工程建设管理云平台的用户中，应该包括目前水利工程建设过程中的各个参建单位，包括工程建设管理单位（业主）、勘察设计单位、监理单位、施工单位、检测单位、监督单位、上级政府主管机构（包括国家水利部、省水利厅、地市和县的水务管理局）等单位（表 3-2）。

表 3-2　水利工程管理云平台与云管理系统的用户

序号	用户	序号	用户
1	建设单位	10	科研单位
2	勘查单位	11	水利部（规计司、建管司等）
3	设计单位	12	省水利厅
4	咨询单位	13	地市水利局
5	承包施工单位	14	工程上级主管部门县水利局
6	监理单位	15	属地政府
7	检测单位	16	流域管理机构
8	供应商（原材料、设备）	17	其他
9	监督单位		

水利工程建设管理云平台为工程业主、监理、施工、检测、监督和政府主管部门协同完成水利工程建设管理任务，提供综合信息管理与办公平台服务。为多个责任主体一个协同管理与信息处理及交互提供重要的工作平台，工程管理单位和各个参建单位可以使用云平台，共享所管理工程的信息，对水利工程的进度、质量与经费进行实时控制，确保工程建设质量与工程施工安全，保证项目进行能够满足预先制定的进度要求。

(2) 明确水利工程中各建设管理单位的责任。明确水利工程建设中不同参建单位的责任，就是要实现在水利工程建设过程中各单位依据自己不同职责，进行工程建设中相关部分内容实施与工程管理，保证工程建设的有序管理，保证工程建设能够满足设计要求。

根据 2013 年 1 月 8 日水利部网站消息，水利部近日印发《贯彻质量发展纲要提升水利工程质量的实施意见》(以下简称《实施意见》),要求到2015年,大、中型水利工程项目一次验收合格率达到100%,其他水利工程项目一次验收合格率达到98%以上。根据《实施意见》要求,并结合目前水利工程建设管理相关规定,完善质量管理体制,加大政府对水利工程质量监督管理的力度,完善水利工程建设项目法人对水利工程质量负总责,勘察、设计、施工、监理及质量检测等单位依法各负其责的质量管理体系,构建政府监管、市场调节、企业主体、行业自律、社会参与的质量工作格局。因此,要真正使《实施意见》要求落地,其中最重要的就是完善工程管理体系,保证参建单位各司其职,认真完成自己所承担的工程建设任务。

因此,明确水利工程中各参建单位的职责,对水利工程建设管理的顺利进行有重要的影响。另外,通过认真落实不同建设单位对水利工程建设的主体责任,对于水利工程建设管理云平台的设计与开发也有重要的影响。

(3)为不同层次的用户提供他们需要的功能与信息。水利工程建设管理云平台有3个层次的用户,即决策层、管理层和作业层。决策层包括各级水行政主管部门,如水利部各司局、省水利厅下属相关主管机构等;管理层包括项目主管机构,建设、设计、施工、监理等单位的领导与管理者;作业层包括设计人员、施工人员、监理人员、检测人员和监督人员等不同使用者。

根据不同层次不同角色的云平台用户的不同功能与信息服务的需要(表3-3),水利工程云管理系统为不同层次的用户提供他们需要的功能与信息服务。了解不同层次的用户所关心的信息以及对平台模块划分及对平台功能的需求,是水利工程建设管理云平台开发与编制的重点,也是系统编制与开发的重要基础。

表3-3　水利工程不同层次用户需求

用户	项目管理	进度管理	质量管理	合同管理	经费管理	材料管理	设备管理	检测检验	工程文档	日常工作	工作台集	知识管理	信息查询
决策层	√	√	√	√	√				√	√	√	√	√
管理层	√	√	√	√	√	√	√	√	√	√	√	√	√
执行层	√	√	√	√	√	√	√	√	√	√	√	√	√

水利工程建设管理云平台的设计开发是针对不同层次的用户需求进行的,其针对不同用户所开发的不同功能,具有3个方面的主要特点:为不同层次的用户提供相适应的信息服务;每个层级的用户可以访问的数据是与其管理职责相符合的,并能快速进入工作程序;每类用户能够处理的业务和操作是与其工作岗位和职责相符合的原则下对系统进行设计与开发。

2. 多个责任主体协同管理的工作流程

目前,常见的水利工程建设管理中,不同参建单位的相互沟通还需要相关的联系单进行来往交互,并且联系单的签收、批示与转发都需要相关单位的办事人员在不同的部门之间进行来回传递。因此,在这种管理模型下,水利工程建设管理水平较低,管理效率低下。随着信息化的发展,水利工程中有的参建单位使用了一些为自己业务便利而编制的相关工程管理系统，另外也有一些工程是管理人员使用自己的计算机应用电子表格等来管理工程的数据与进度、设计工程图等，具备了一定的信息化水平，但是还不能形成一个面向多个责任主体的能全面管理的综合系统。当多个责任主体在同一个综合的工程管理平台上进行工程建设管理时，绝大部分的业务流程可以在平台上进行，不同业务的流程需要结合不同的工作部门特点进行制定。与常规的工程建设管理工程流程相比，有些业务流程是会发生变化的。例如，下面列举了几个重要的协同管理的业务流程。

（1）合同项目监督备案申请流程。

（2）项目开工申请审批流程。

（3）项目划分审批流程。

（4）工程项目变更审批流程。

（5）工程量核准与支付流程。

（6）单位、分部、单元工程质量评定和等级核定流程。

（7）工程质量问题与事故处理流程。

（8）单位、分部、重要隐蔽工程与合同项目竣工验收审批流程。

下面以合同项目办理开工申请的业务流程为例来说明多个责任主体协同管理的业务流程。业务流程图如图3-2所示。

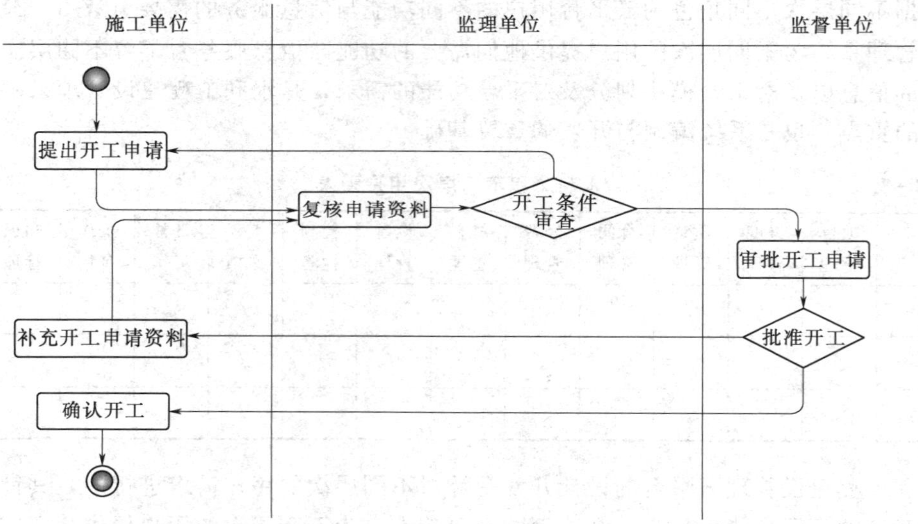

图3-2　合同项目开工申请审批流程

依据工程监督管理规范的规定，在开工前要先做以下工作。

（1）施工单位在线填写合同项目开工申请表。

（2）监理单位负责复核合同项目开工申请文件，如符合要求则同意施工单位发出的开工申请；如果资料不全则退回要求补充完善申请资料。

（3）法人单位向监督单位递交合同项目开工申请表。

（4）监督单位审查收到的合同项目监督申请与备案表，如果满足开工条件就发出可以开工的通知。如果不符合开工的条件则驳回申请。

3. 水利工程建设管理云平台

在目前常规的水利工程建设管理流程、管理短板等问题的认真、细致调研基础上，开展了水利工程建设管理云平台的规划与编制研究。通过分析，可知新的水利工程建设管理云平台的主要特点见表 3-4。

表 3-4 水利工程建设云管理云平台的主要特点

水利工程建设管理云平台重要特点	云计算技术带来的变化与实效
水利工程管理体制与机制创新	基于水利工程管理云平台协同管理机制和体制
高效与高可用的系统技术构架	基于虚拟化技术资源池可动态扩展的设计
以质量管理为核心的工程管理	建立工程质量控制的责任体系与关联责任链条
创新多主体协同管理业务流程	水利工程建设管理业务流程可动态配置
信息与知识的共享	同一个工程项目多个参建单位之间的信息共享
电子文件与档案的一体化管理	以工程施工过程管理为切入点的全过程信息管理
提供和职责一致的个性 UI 界面	面向 3 个层次不同职能的用户快速访问的界面
多租户业务数据隔离与信息安全	管理云平台由若干个面向一个工程的私有云组成
集约化和低能耗的云数据中心	使计算资源高效利用并可降低工程管理的成本
快速实现信息化管理的有效途径	完成工程建设从手工管理到信息化管理的转变

在实际工程中，利用水利工程建设管理云平台系统，进行水利工程建设过程管理，还会为工程管理人员带来以下几个方面的益处。

(1) 水利工程建设管理云平台系统以工程施工阶段为重要关注点，以施工过程中产生的各种文档自动生成为主线，结合水利工程项目划分标准，实现水利工程建设施工过程的以质量管理为重点，支持工程多阶段的全过程管理。

(2) 云平台系统应该是面向所有参建单位的，目的是要实现在平台上的多责任主体协同管理与信息共享，利用平台为工程管理单位、勘察设计单位、工程监理单位、工程施工单位、第三方检测单位以及水利工程建设监督单位的水利工程建设协同管理提供综合的信息服务。

(3) 系统将根据不同的工程建设管理单位建立不同的平台应用权限与应用窗口。通过建立个性化的工作平台，根据不同用户管理工作范围不同而呈现独特的个性化工程信息与相关待办事宜等内容，以满足不同层次、不同角色工程管理用户的需求。

(4) 通过提供的水利工程建设管理云平台系统，对水利工程建设活动所需的资源进行集合，并把人力资源作为重要的资源（人力资源、设备资源、实验资源、数据资源）进行有机的协调与整合，实现工程建设一体化管理。

3.3 水利工程建设管理云平台模块设计

根据水利工程建设管理相关业务规定以及水利工程建设管理中常用表单格式与类型等

方面资料，设计了水利工程建设管理云平台。云平台的总体构架如图 3-3 所示，该平台主要包括 5 层。最下面是硬件平台层，包括网络设备、服务器与存储设备。第二层是 IT 资源虚拟化管理层，可以按需动态分配与扩展。第三层为中间件层，支持软件系统应用与开发管理，包括数据存储、多租户数据隔离与数据备份管理以及任务调度与应用状态监控管理。第四层是服务层，是将硬件与软件资源以服务的形式支撑各个应用系统的运行。第五层是水利工程云管理应用系统层，包括项目管理、进度管理、质量管理、经费管理、合同管理和材料管理、检测检验、设备管理、档案管理、安全管理、日常工作、工作台管理、知识管理和数据采集等功能模块。在平台的功能模块中，质量管理、进度管理、检测管理与文档管理是该平台的核心功能模块。

图 3-3　水利工程建设管理云平台的总体架构图

3.4　水利工程建设管理云平台功能介绍

水利工程建设管理云平台模块设计中，结合水利工程建设现场物联网技术以及云计算技术的基础，通过工程建设管理云平台以及其他施工信息采集设备，及时将工程建设过程中产生的相关数据自动或者人工维护进来，并且进行系统整理、分析，形成工程管理过程中所需的各种表单，通过网络在业主、设计、施工、监理等各方签批流转，并最终作为工程档案在数据库中进行管理，实现水利基础工程建设全程全面的实施管理，保证工程进度与工程质量。主要包括表 3-5 中的主要功能模块。

下面对水利工程建设管理云平台中的各个模块进行简要介绍。

1. 项目管理

水利工程建设项目管理模块的功能主要是对水利工程建设重要环节的事务进行处理，包括项目上报审批、参建单位管理、项目划分、开停工审批、项目验收和竣工移交等功

表 3-5　　　　　　水利工程建设管理云平台相关功能模块设计

□ 项目管理	□ 进度管理	□ 质量管理	□ 经费管理
□ 合同管理	□ 材料管理	□ 设备管理	□ 检测检验
□ 档案管理	□ 安全管理	□ 日常工作	□ 工作台管理
□ 知识管理			

能，通过对这些环节进行规范化的管理，从而保证工程建设项目顺利实施和有效管理。该模块主要操作界面如图 3-4～图 3-6 所示，主要包括以下几个方面的内容。

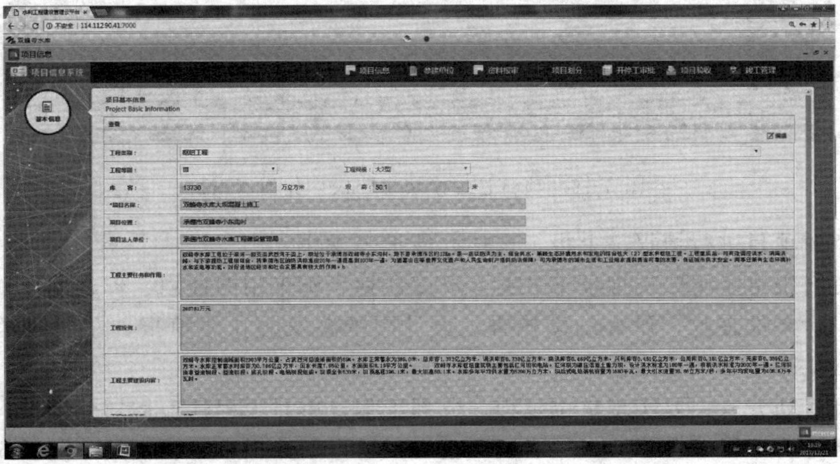

图 3-4　项目管理模块主要操作界面（一）

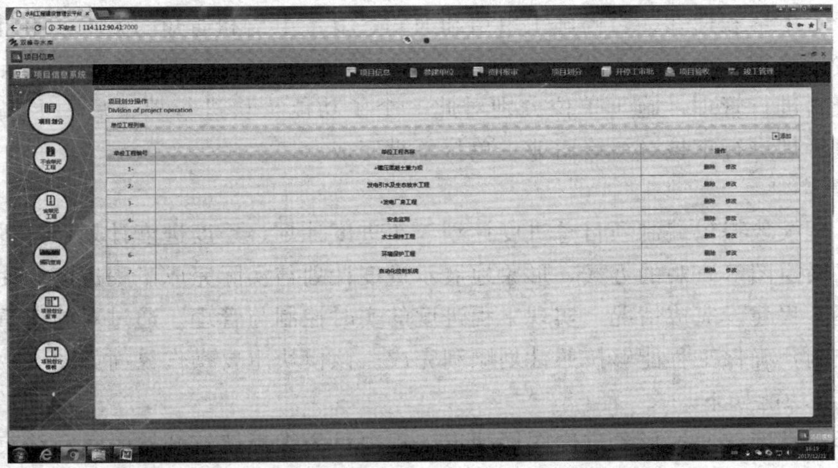

图 3-5　项目管理模块主要操作界面（二）

（1）项目信息。主要包括项目的基本信息和工程投资、主要建设内容、建设工期等一些概况信息。

（2）参建单位。要统计参建单位中企业基本信息、企业资质信息、人员信息和实现机

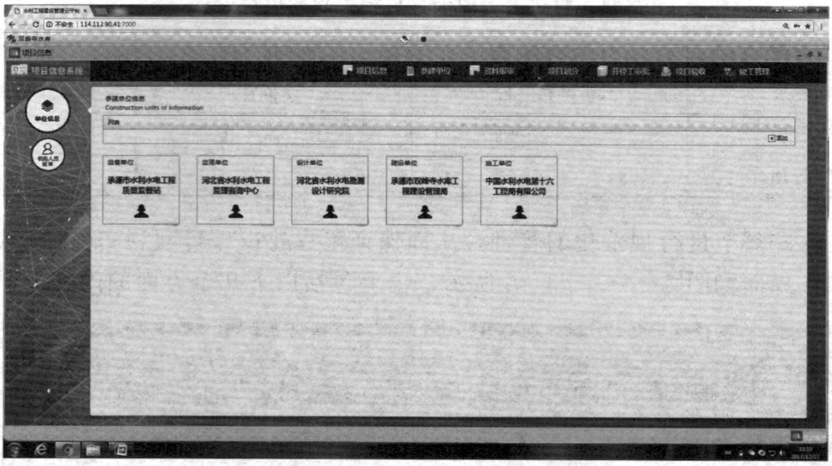

图3-6　项目管理模块主要操作界面（三）

构人员报审对项目进行填报、上报、审核、签批等操作。

（3）资料报审。主要实现技术方案、进度计划、施工用图计划、资金流计划、施工分包申报、设计文件签收、设计图纸核查、设计图纸签发的在线填报、在线报送、在线审核、在线签批的一套报审流程。

（4）项目划分。主要实现单位工程、分部工程、单元工程的项目划分操作，包含项目划分、不含单元工程、含单元工程、编码查询、项目划分报审、项目划分模板6块子功能模块。

（5）开停工审批。主要实现项目的进场通知、合同项目开工申请、合同项目开工令、分部工程开工申请和通知、暂停施工申请和通知、复工申请和通知的上报及审批流程。

（6）竣工管理。主要对工程移交申请、工程移交通知、工程移交证书、保修终止证书、竣工资料进行管理，施工单位分别对此5个子功能模块进行填报后，上报到监理单位，由项目经理进行审核，最终由业主单位签批完成。

2. 进度管理

进度管理模块提供编制项目总进度计划、年进度计划、季度进度计划、月进度计划的功能，并以横道图等直观的方式，形象地展示进度计划与实际完成工程进度。使项目管理者及时掌握工程建设完成情况，实现工程进度的实时控制与管理。通过对施工重要工程节点的严格控制，确保工程能够按照计划顺利完成。该模块主要操作界面如图3-7和图3-8所示。主要功能如下。

（1）形象进度。通过形象进度图展现出工程项目的大坝填筑开始时间和结束时间，在工期时间段内完成工程的比例，根据填坝的高度和宽度计算出填筑的百分比，反映出填筑工程的进度完成情况，即用数字体形象勾勒出工程的完成情况，并用文字结合数字，简明扼要地反映出工程实际达到的形象部位，借此表明了该工程的总进度，根据单项工程的形象进度，说明了整个建设项目的形象进度。

（2）进度管理。分别从整体计划、年度计划、季度计划、月度计划这4种类型实现项

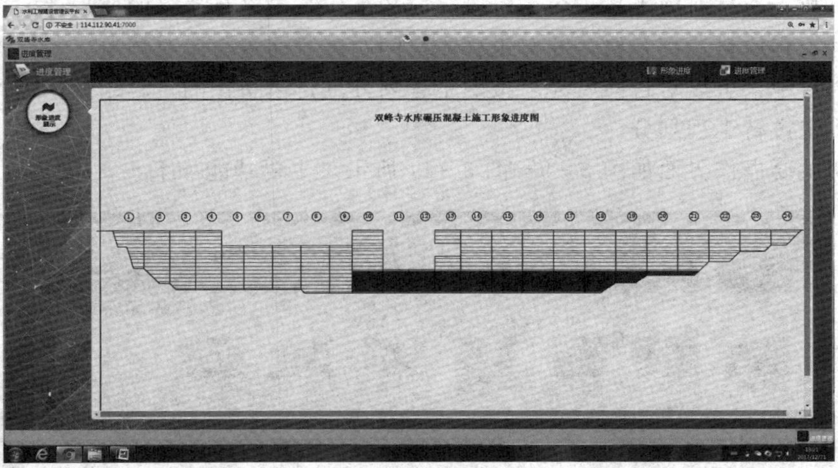

图 3-7 进度管理模块主要操作界面（一）

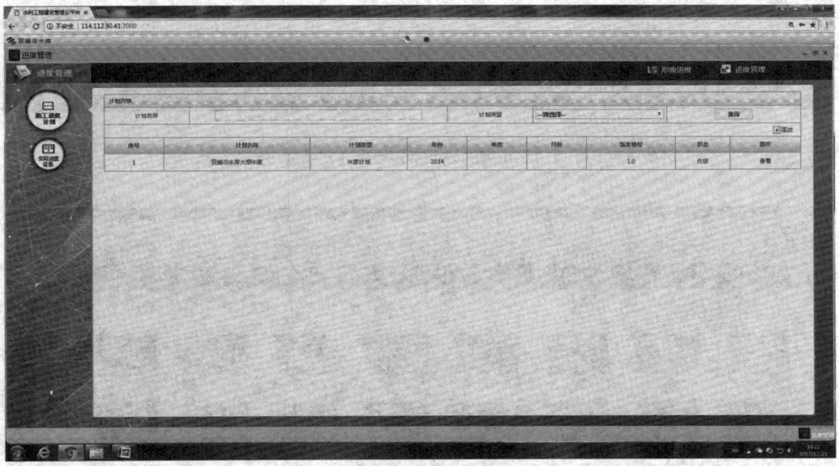

图 3-8 进度管理模块主要操作界面（二）

目的施工进度计划和实际进度信息，根据施工合同确定的开工日期、总工期和竣工日期确定施工进度目标，明确计划开工日期和计划竣工日期，并确定项目分期分批的开工、竣工日期。

跟踪记载每个施工过程的开始时间、完成时间、记录阶段完成工程量和累计完成工程量。依据进度计划进行分部工程和单位工程的进度计划信息实现增加和发布等操作，将最终发布完成后的进度计划以横道图展现出来，更加形象地呈现出项目的实际进度及完成情况。

3. 质量管理

质量管理模块是对水利工程项目中的单元工程、分部工程、单位工程逐级地进行严格的控制管理，从而实现对项目整体质量的控制与管理。特别关注重要的关键部位与隐蔽工程的施工工艺与施工方法的跟踪控制与管理，及时发现和处理施工过程出现的施工质量问题与质量事故，通过对施工过程各个阶段完成的工作结果进行严格的质量评定，从而保证整个项目的工程质量达到合格，并对工程质量问题进行通报与及时预警。

在该模块中，可以对目前已经上报的工程划分进行模块化的自动划分，也可以按照划分步骤一步步进行工程划分。

该模块主要操作界面如图 3－9～图 3－11 所示。主要功能如下。

图 3－9 工程质量管理模块主要操作界面（一）

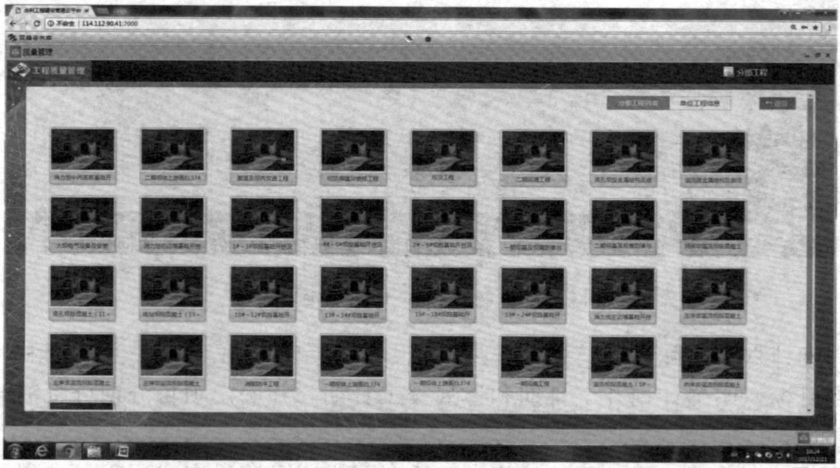

图 3－10 工程质量管理模块主要操作界面（二）

（1）单位工程信息。主要实现单位工程评定、单位工程验收、施工工艺管理、质量缺陷备案、质量事故管理的填报、向上级报送、由上级单位进行报验，最终进入签批流程。

（2）分部工程信息。针对分部工程评定对重要隐蔽单元工程、关键部位单元工程的合格数和优良数进行统计，施工单位自评意见的收集；分部工程验收通过施工单位报送、监理单位复核、业主认定、监督单位核验的流程，实现工程逐级上报。

（3）单元工程列表。主要实现单元工程的施工信息、质量评定、工程报验、重要工程

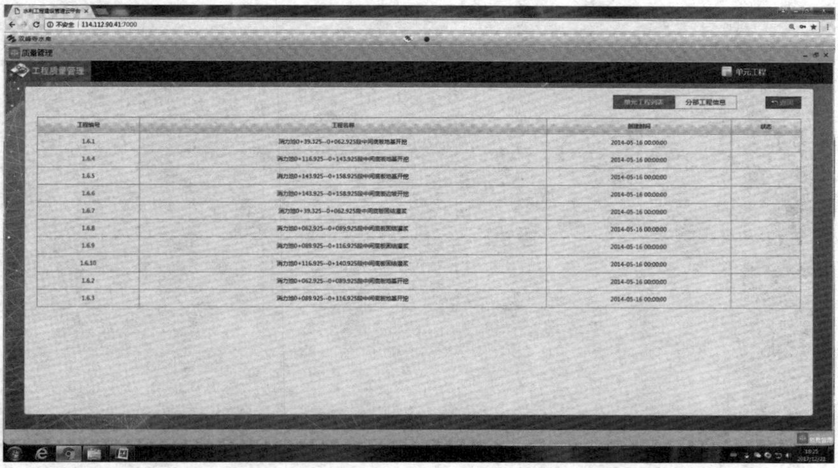

图 3-11　工程质量管理模块主要操作界面（三）

签证、施工审批信息、相关资料的报送和审批操作。

（4）工程质量信息。通过单位工程状态信息和分部工程状态信息对项目进行统计信息查看，从而对项目进行质量评定，最终将评定完的项目进行验收，分别由施工单位上报、监理单位负责将上报的信息进行复核，经过项目法人认定后，由监督机构进行最终核定。

4. 经费管理

经费管理是对项目经费计划、支付、月结算、成本核算和决算等进行全程管理，并在合同的基础上结合工程进度和计量以及工程质量对经费的使用进行严格的管控，实现工程经费的有效管理。水利工程建设过程中的所有经费使用和往来进行实时把控，能够快速、准确地计算出项目所涉及的各项费用。

该模块主要操作界面如图 3-12 和图 3-13 所示。主要功能如下。

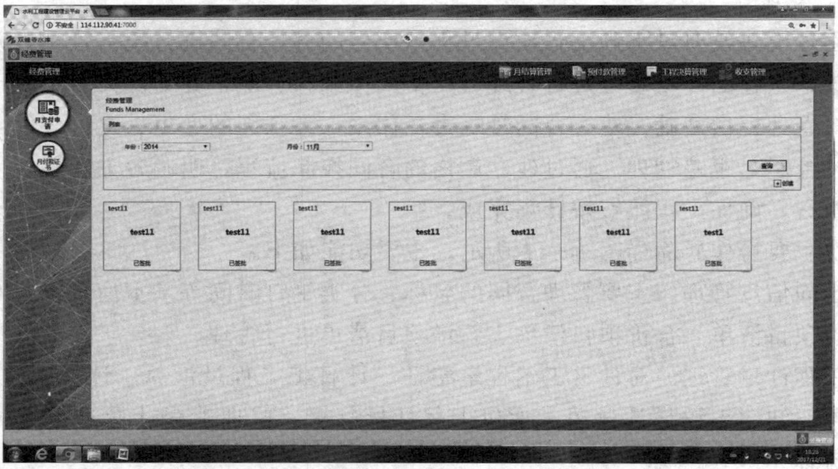

图 3-12　工程建设经费管理模块主要操作界面（一）

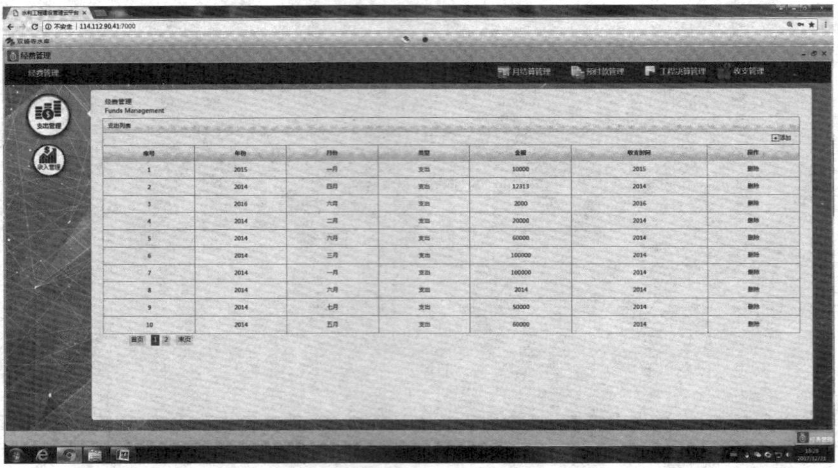

图 3-13　工程建设经费管理模块主要操作界面（二）

（1）月结算管理。实现对工程量和新增项目、计日工的月支付提出月付款申请，主要申请内容为文件编号、文件名称、申请年月、金额等信息，申请通过后，对月付款证书的月支付申请书文号、应支付金额等基本信息进行维护。

（2）预付款管理。主要对工程预付款申报、预付款付款证书、材料付款报审进行管理，实现施工单位上报、监理单位审核、项目经理确认后由业主单位进行签收的审批流程，形成一套具有流程化、管理化、规范化的预付款管理流程。

（3）工程决算管理。主要实现竣工项目概况，对项目的基本信息、项目的主要特征、项目效益、项目投资款、建设成本、实际投资、工程主要建设情况、主要工程量、主要材料消耗、征迁补偿等基本信息进行管理；竣工财务决算、年度财务决算、竣工投资分析、竣工项目成本、预计未完工程及费用、待核销基建支出、转出投资、交付使用资产进行统一的工程结算，形成规范和准确的决算管理。

5. 合同管理

合同管理模块是要对水利工程建设过程中产生的各类合同进行统一管理，并在此基础上对水利基础工程的专项基金进行合理、严格的控制与分配，并为严格、统一地进行工程进度与质量管理提供基础。建立合同管理责任体系，对合同的变更、支付与索赔过程进行严格的审批控制与跟踪管理。通过建立严格的合同控制流程，明确各方管理责任，保证合同按计划执行，确保工程能够按计划完成。

该模块主要操作界面如图 3-14 所示。主要功能如下。

（1）合同信息管理。主要管理合同的名称、分类签订时间等基本信息以及对合同主要内容、单价项目清单、合价项目清单、新增项目清单进行管理。

（2）工程计量管理。对计日工工程量签证、计日工工程量汇总、计日工月支付明细、计日工工作通知、工程量计量单、承包工程计量月报、监理工程计量月报进行报送、审批、签收流程。

（3）工程测量管理。主要实现放样报验、联合测量通知、测量成果报审的填报，报送

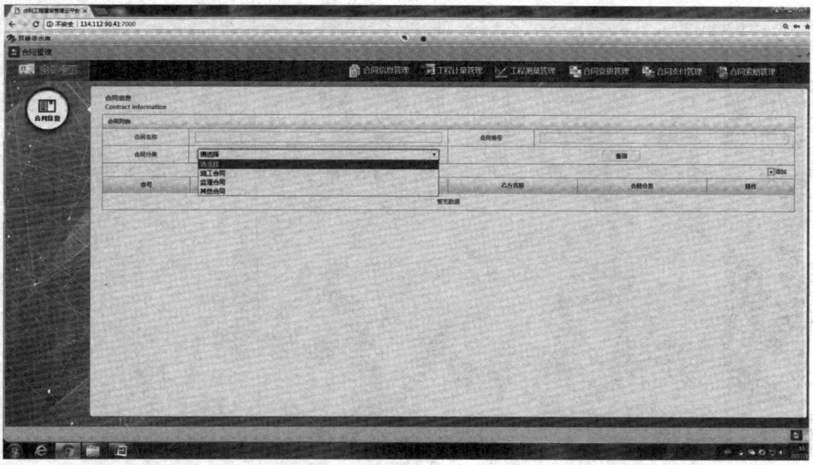

图 3-14 工程合同管理模块主要操作界面

到上级单位进行审核操作，最终进行签收。

(4) 合同变更管理。主要对变更指示、变更价格申报、变更价格审核、变更价格签认、变更通知、变更申请、延长工期申报进行填报和报送、监理单位进行审核、签批的流程管理。

(5) 合同支付管理。主要对完工付款申请、完工付款证书、保留金付款进行支付管理。

(6) 合同索赔管理。主要实现索赔意向通知、索赔申请报告、费用索赔审核、费用索赔签认的管理。

6. 材料管理

对工程材料进行科学与规范地管理。材料管理模块主要实施材料合同和执行过程的管理。建立材料台账，记录材料出入库的情况。对入库的原材料均需要进行检验，对原材料实行严格的质量控制与管理，保证所有进场的施工材料质量合格。通过对材料验收、入库和出库、使用，实现全过程的跟踪管理和统计分析。根据台账记录以及项目进度计划制定与调整材料采购计划，保证工程有足够的原材料可用。

该模块主要操作界面如图 3-15 和图 3-16 所示。主要功能如下。

(1) 出入库管理。对材料的入库和出库的材料名称、规格型号、出入库的开始时间和结束时间、数量、材料单价、材料来源公司等基本信息进行维护和管理，具有入库记账、出库记账、查看库存、统计报表等相关功能。

(2) 材料进场报验。实现通知监理、业主进行外观检查，然后对需要复检的材料进行取样送检，实验报告后就可以进行材料报验。

(3) 材料使用月报。主要对已进场的材料和新增材料使用进行月报汇总，根据材料的名称、规格和型号、上月材料库存、本月进货数量、本月消耗数量、本月库存数量、下月计划用量计算出材料的使用情况。

(4) 材料信息管理。对所有材料的类型和规格型号进行添加、编辑、删除操作，将所

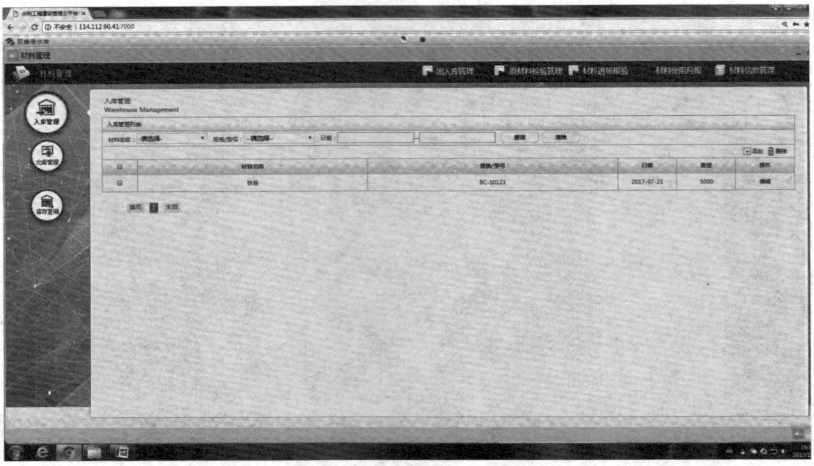

图 3-15　工程建设材料管理模块主要操作界面（一）

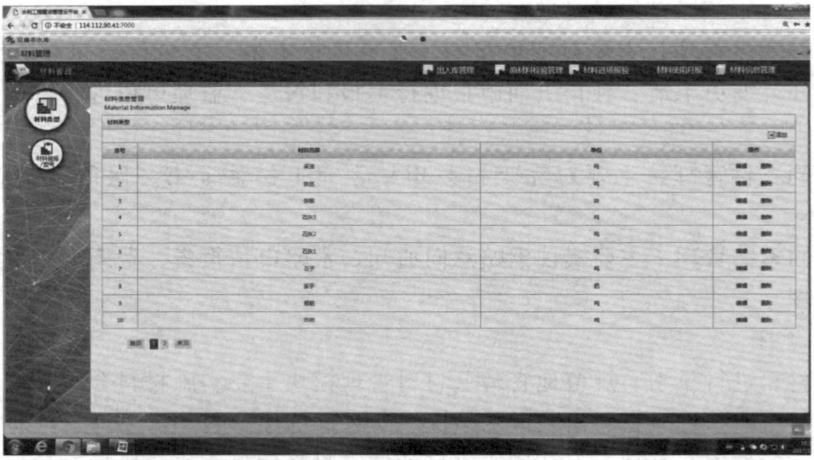

图 3-16　工程建设材料管理模块主要操作界面（二）

有的材料集中统计成列表，提供分页查看，实现材料信息进行统一管理。

7. 设备管理

设备管理模块建立水利工程建设所需要使用的施工设备台账，记录设备的基本信息、性能参数、使用与保养等信息。为了保证工程顺利进行，有足够的设备可供使用，系统详细记录了设备的状态、使用时间以及设备检修情况，保证所有的设备处于良好的可用状态，按时对设备进行检修，以提高设备利用率。

该模块主要操作界面如图 3-17 所示。主要功能如下。

（1）设备信息管理。主要实现机械设备管理、对设备的品牌型号、厂家基本信息、购置情况等信息进行记录，对设备的鉴定结果、鉴定单位、下次鉴定日期进行编辑、删除操作和对设备的操作人及操作记录进行基本维护。

（2）进场报验管理。实现设备进场报验和设备申报信息流程化的报验管理，形成由施

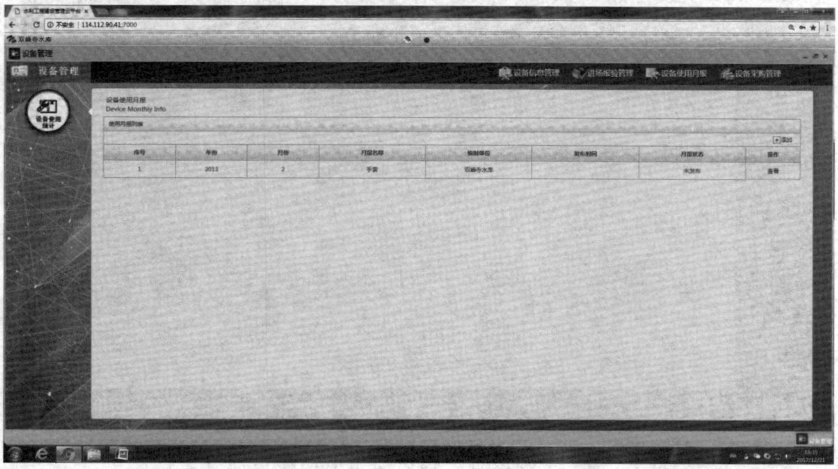

图 3-17 工程建设设备管理模块主要操作界面

工单位进行进场报验报送后，提交给监理单位审核、项目经理确认，最终提交给业主单位签收的审批流程。

（3）设备使用月报。主要对设备的使用情况进行统计，对月报的年月、编制单位、发布基本情况和作废信息进行管理。对机械设备的型号规格及设备的数量、本月工作台时等信息，根据设备的使用情况以及信息对设备使用的完好率和利用率进行统计和分析。

（4）设备采购管理。主要对设备的采购情况和采购申报信息进行记录和管理，将设备采购的名称、品牌、规格型号、厂家产地、设备数量、拟采购日期等信息进行维护，实现采购信息由施工单位上报给监理单位，经过审核后提交给经理确认，最终由业主单位签批。

8. 检测试验

检测试验模块是对水利工程建设过程中使用的原材料、中间产品等的质量进行检测，按照质量管理规范，从来样登记到试验结果的记录与查询。严格区分承包单位、监理单位和监督单位的检验请求及留样，分别记录检验结果和数据，保证了检测项目的准确度、精确度，从而确保检验结果是真实和可靠的。

该模块主要操作界面如图 3-18～图 3-20 所示。主要功能如下。

（1）试样管理。实现对试样材料、取样位置、取样时间、取样人员、工程单元、试验项目、是否留样等一些基本信息的登记进行管理。

（2）试验管理。主要对试验信息的单元工程信息、检测试验编号和类型、检测试验单位及试验者等一些基本信息进行维护；对试验数据的粗筛试样质量和细筛试样质量进行计算；对试验报告所包含的工种情况、试验日期等信息进行记录和汇总，累计留筛土质量数据；对颗分曲线展示出试验的颗分数量曲线图、试验记录的试样基本信息进行管理。

（3）委托试验。主要对送样清单、委托书、费用结算、检测报告进行管理，分别对送样清单的基本信息进行备案，委托给委托方进行确认，进行实时结算，将送样的清单检查完后形成相应的报告。

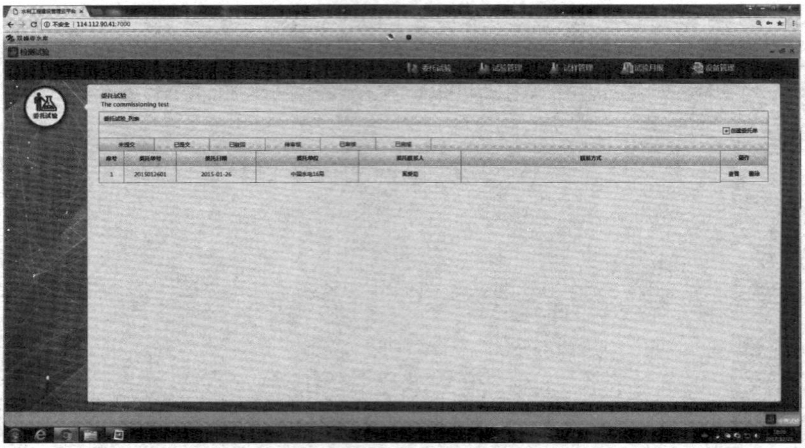

图 3－18　工程检测管理模块主要操作界面（一）

图 3－19　工程检测管理模块主要操作界面（二）

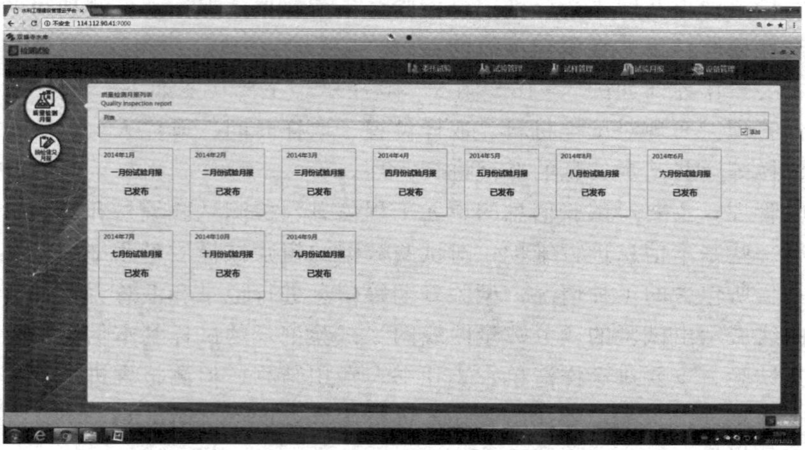

图 3－20　工程检测管理模块主要操作界面（三）

(4) 试验月报。对试样进行月报管理和记录相应的月报详情，形成质量检测月报，在检测的月报中将抽取月报进行检查。

(5) 设备管理。主要检测设备的规格型号、厂家信息、采购和安装信息，对鉴定好的设备进行日常维护。

9. 档案管理

档案管理是对水利工程建设过程中，参建各方在不同的阶段和环节产生的所有电子文件进行统一的、系统化的管理，并根据水利工程建设档案管理的规范，对电子文件进行分类组织、建立索引目录，同时根据将来的应用情况进行归档管理，以便使用者能够快速查询与调阅工程的相关资料，提高文件和档案的管理水平与提高档案的使用效率，发挥档案知识库的作用。

该模块主要操作界面如图 3－21 和图 3－22 所示。主要功能如下。

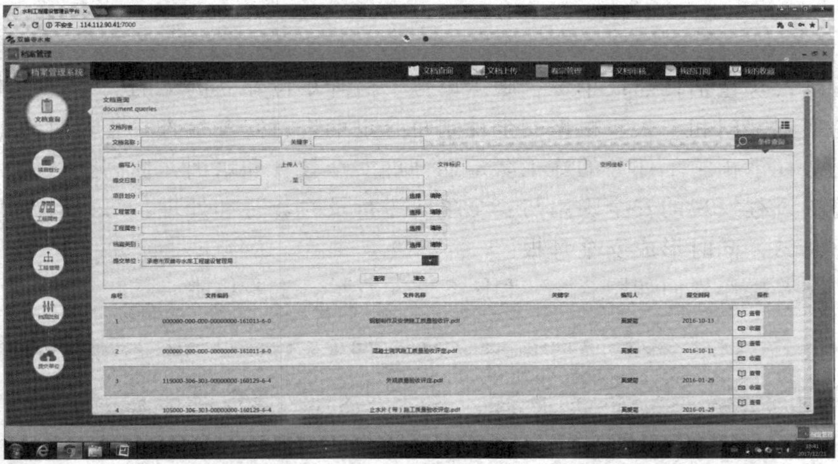

图 3－21 工程档案管理模块主要操作界面（一）

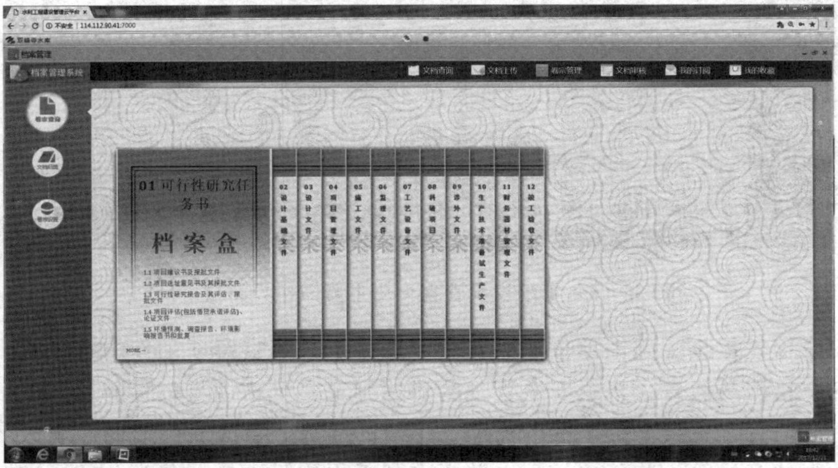

图 3－22 工程档案管理模块主要操作界面（二）

（1）文档查询。主要实现文档查询、项目划分、工程属性、工程管理、档案类别、提交单位不同文档的分类查询，快速有效地查阅出不同种类的文档文件。

（2）文档上传。主要实现各种文档的上传，对已上传的文档和用户本人上传的文档进行管理，提供查看和收藏及申请、提交等操作。

（3）卷宗管理。将所有文档分别归纳为卷宗进行查询，文档进行归类，所有卷宗整合到一起进行下载导出。

（4）文档审核。对已上传的文档，进行审核查阅及归档，将审阅的文档申请修改，管理员对提出的申请具有同意和拒绝的权限，文档最终审阅完后进行归档。

（5）我的订阅。可以对用户的所有文档订阅进行修改、收藏等操作，可以对订阅进行设置，可设置为项目划分、工程属性、工程管理、档案类别和提交单位。

（6）我的收藏。主要实现文档可以收藏到我的文件夹，进行查看和下载以及取消等操作。

10. 安全管理

安全管理模块包括在建设单位、施工单位、监理单位建立健全的安全管理体系，确保安全责任落实到部门和个人。根据安全计划每月定期进行安全检查，并及时通报安全检查发现的问题。在承担施工任务的施工队定期开展安全教育和培训，提高全员的安全意识和观念。对施工过程发现的安全隐患与安全事故进行及时教育和处理。每月对施工安全管理的情况进行总结，同时形成安全月报。

该模块主要操作界面如图 3－23 和图 3－24 所示。主要功能如下。

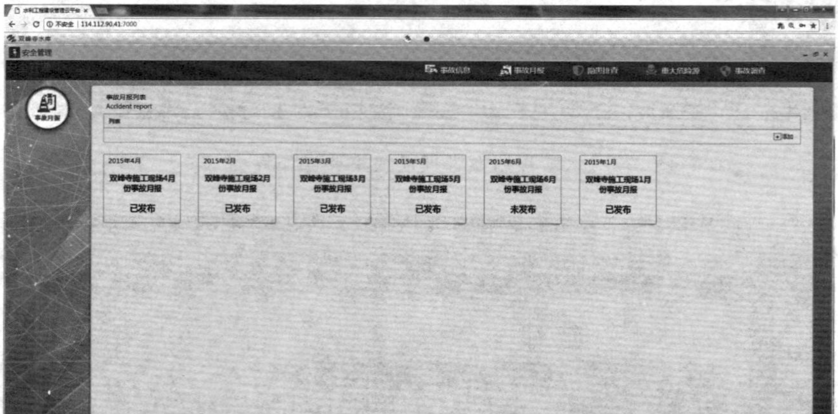

图 3－23　工程安全管理模块主要操作界面（一）

（1）安全责任体系。施工单位建立安全管理体系，落实每项工作的责任人。

（2）安全培训与教育。根据安全管理的目标制定安全培训与教育的计划。

（3）事故信息。主要维护事故的类型、事故的等级、事故发生时间、事故名称、直接损失金额、事故简述等一些基本信息，并将水利工程质量事故划分为分类标准，根据损失情况将事故划分为不同的类别，分别为特大质量事故、重大质量事故、较大质量事故、一

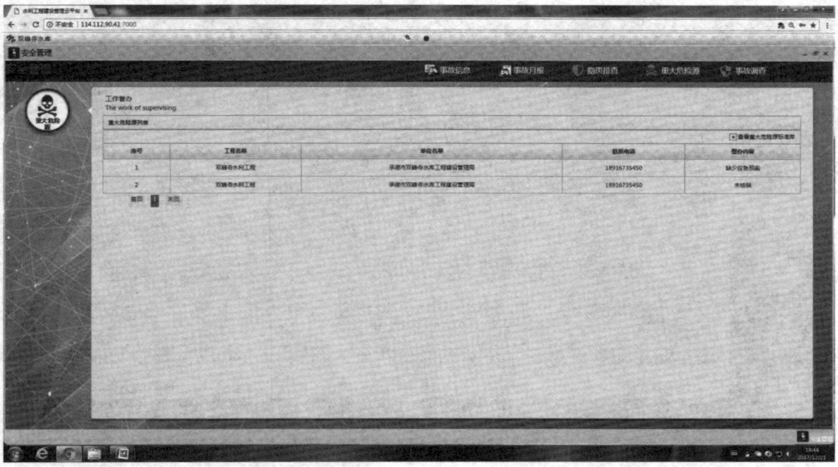

图 3-24 工程安全管理模块主要操作界面（二）

般质量事故；事故可以进行自主创建，具有编辑和删除等基本功能。

（4）事故月报。根据年月实现对每月事故的统计和管理，管理月报主要对事故的年份、事故的月份、事故名称和事故发生的状态、事故所编制的单位进行发布和作废等操作，以及记录所有事故的详细情况。

根据每月的事故案例进行汇总，以便进行导出查看，主要包括事故发生时间、事故发生地点、工程名称、事故等级、事故发生直接带来的经济损失、事故对人员伤亡中死亡的人数和重伤的人数进行统计汇总，以及对事故的所有基本情况进行事故分析，进一步进行事故的综述。

11. 日常管理

日常管理包括承包单位、监理单位、设计单位日常管理要做的主要工作，施工日志、监理日志记录了建设过程中遇到的问题和处理方法，以及项目负责人对问题的处理意见等。工作月报是参建单位对每个月工作进度和任务完成的质量等进行汇总与统计，以便对后面的工作进行调整与改进，确保工程正常进行。

该模块主要操作界面如图 3-25 和图 3-26 所示。主要功能如下。

（1）工作日志。主要实现监理日记、监理日志、旁站监理记录、监视巡视记录、安全日志、工作日志查看、施工日志、设代日志的日常工作记录，对日常工作进行修改、删除、提交等操作，监理单位将日志提交后，由管理员对日志进行审核、驳回等审批过程。

（2）工作月报。主要实现施工月报的基本信息，原材料的采购、库存和计划用量，设备的采购信息，人员在建筑、安装、检验、运输、管理、辅助上的分配，检验月报情况，事故的统计信息，工程量的合同单价，合同工程量，累计完成工程量计算，工程进度计划在一定的工期阶段所完成的进度情况，质量月报、监理月报、设代月报、第三方检测月报、工作月报查看的编辑、删除、发布操作。

（3）监理指令。实现对监理批复、监理通知、监理报告、工程现场书面指示、警告通知和整改通知等进行报送、审核、签收的流程性管理。

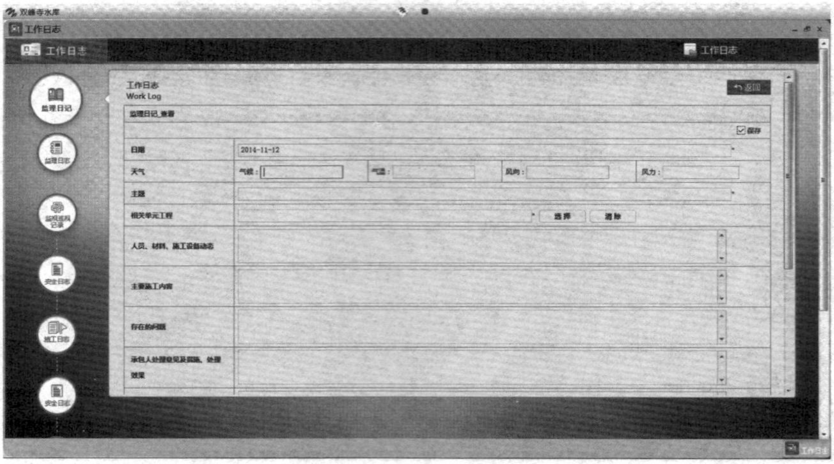

图 3-25　工程建设日常管理模块主要操作界面（一）

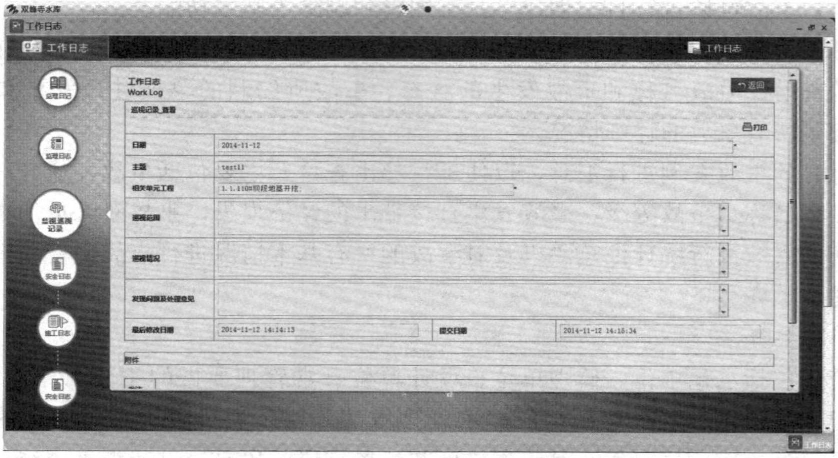

图 3-26　工程建设日常管理模块主要操作界面（二）

（4）联合会签。对报告单、回复单、监理机构内部会签单、监理工程联系单、监理机构备忘录实行上报、审核、签收的审批流程。

12. 工作平台

工作平台是为给水利工程项目的管理层，如项目经理、总工程师、总监理工程师等提供一个能够快速了解工程项目整体情况，如项目的进度、质量、经费与安全等实时状态的窗口，能展现整个项目进展的全貌，从而使项目管理者对工程情况有更全面的了解，以便做出正确的分析判断与决策。

该模块主要操作界面如图 3-27 和图 3-28 所示。主要功能如下。

（1）日程管理。实现平时日常工作中的日志信息，用日历的方式记录日志信息，将每天的工作和事务安排在日期中，并做一个有效的记录，方便管理日常的工作和事务，达到工作备忘的目的，从而实现对日志进行管理。

图 3-27 工作平台模块主要操作界面（一）

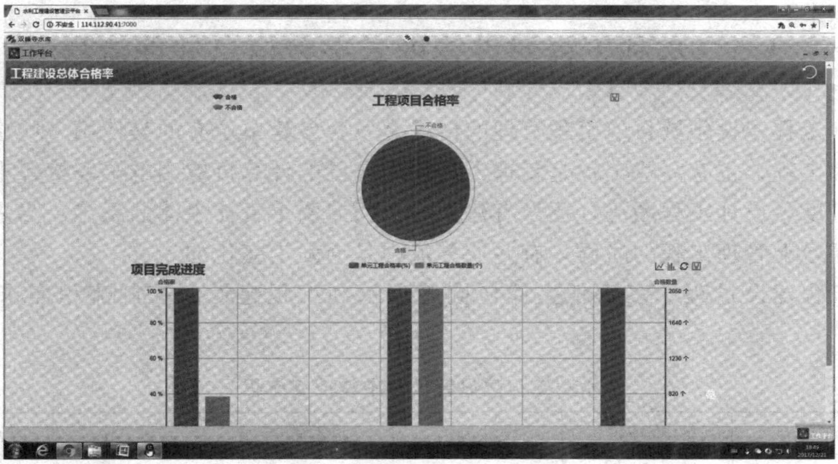

图 3-28 工作平台模块主要操作界面（二）

（2）工程新闻。对工程新闻的标题、类别、开始日期、结束日期、发布通知进行添加、删除维护等操作，供大家及时了解最新情况。

（3）问卷调查。主要对工程项目的情况进行问卷调查，包含问卷名称、问卷说明、填表指导、课题主要内容、编码和被访者基本情况、状态等内容，针对问卷的信息进行调查，以便查看、修改、删除等操作。

（4）大事记。主要用简述的方法记录工程在施工过程中所取得的成功项目，以及具有重大影响的工程，有利于日后总结经验，了解此工程项目的发展前景。

（5）通讯录。将项目工程的所有相关人员联系方式存储进行共享，形成方便通信的通讯录。

13. 知识管理

知识管理模块是用于获取与水利工程建设有关的知识和经验，并将其保存在知识库中。知识库的内容是建立在工程建设施工规范和工程质量评定规范的基础上，根据以往积累的工程经验和容易发生的工程质量通病，对可能发生的问题进行分析和预警。通过知识库的查询，发现过去处理类似工程质量问题的案例与解决方法，用于指导工程建设。该模块主要功能如下。

（1）预警知识库。天气预警实现基于移动数据传输平台的集水文信息采集、传输、处理与报警，在监测区域安装信号采集终端，以气象预警信息发布系统为管理平台，对监测数据进行传输。质量预警具体体现在工程的施工建设是否存在缺漏、质量是否存在问题；进度预警主要体现在计划的开始时间和竣工时间期间工程进度是否有所滞后；人工预警主要体现在通过人工对工程情况探测出的信息进行管理。通过对天气变化情况的预警，引起对工程质量的警示，从而对进度发出转变预警，由人工确认后发出预警报告，具有启用预警和停用预警的操作权限，控制预警是否显示。

（2）预警提示。主要对当前预警进行提示，通过日期可以快速查询出相应的预警提示信息，主要显示出预警的日期、预警的类别、发出预警时间以及预警内容等详细信息进行预警提示。过期预警同样通过日期可以查询出相应时间的过期预警提示信息。

3.5 水利工程建设管理云平台信息处理流程

在水利工程建设领域目前工程管理的情况是，各参建单位有的是使用一些功能单一的系统在管理工程，也有一些工程是管理人员使用自己的计算机应用电子表格等来管理工程的数据与进度、设计工程图等，还没有建立一个面向多个责任主体的系统。当多个责任主体在一个平台上管理工程的时候，有些业务流程是会发生变化的。

水利工程建设过程中多责任主体协同管理水利工程建设的控制流程需求与设计见表3－6。

表 3－6 水利工程建设管理多主体控制流程

阶段	工作内容	项目管理机构	设计单位	施工单位	监理单位	监督单位
建设前期	质量保证体系	建立各参建单位质量保证体系	建立设计质量管理体系	建立质量管理体系	建立质量监控体系	审查质量管理体系
	质量管理组织	成立质量管理工作小组	成员单位	成员单位	成员单位	审查质量管理组织
	制度办法	制定质量管理制度和办法	建立相应的质量管理制度	细化质量目标，编制管理办法	细化质量目标，编制监管办法	审查质量管理制度
施工准备	施工组织设计	编制质量保证措施、管理办法	参与审查	编制质量保证措施、管理办法	参与审查上报意见	审查施工组织设计
	开工报告	报批与审查项目开工报告		做好开工准备，上报开工报告	上报审查意见或批复开工	审查开工申请材料
	施工图核对	组织核对、落实质量措施	参加核查，提出意见建议	参加核查，提出意见建议	参加核查，提出意见建议	审查施工图
	技术交底	组织实施、检查技术交底	参加对施工单位技术交底	组织对作业层的技术交底	参加对施工单位技术交底	审查施工技术方法

续表

阶段	工作内容	项目管理机构	设计单位	施工单位	监理单位	监督单位
工程实施阶段	进场材料	组织、监督原材料的供应	参加项目管理机构组织检查	规范管理材料，做好试验检验	检查证书、检验结果确保质量	审查材料检验记录
	重大施工方案	组织审查并上报审批	参与审查并配合检查落实	完善并实施施工组织	监督重大施工方案的实施	审查重大施工方案
	工程档案资料	整理档案	整理设计档案	整理施工档案	整理监理档案、检查施工档案	审查工程汇总档案
	质量事故	按规定上报组织配合调查	按规定上报组织配合调查	按规定上报，采取有效措施，组织配合调查	按规定上报，组织配合调查	审查上报的质量事故报告

水利工程建设不同阶段，在工程建设前期、施工准备阶段与工程实施的过程中，多个参建单位协同管理工程中需要的审批流程，如合同项目监督备案申请流程以及水利工程建设开工审批流程等。

下面以水利工程开工管理为例，说明水利工程联合审批流程。

依据规范的规定，在每个单位工程开工前，要先由施工单位提出开工申请，监理与监督单位要根据工程准备情况的检查，看是否满足开工条件，来决定是否可以开工。

（1）施工单位在线填写合同项目开工申请表。

（2）监理单位负责复核合同项目开工申请文件，如符合要求则同意施工单位发出开工申请；如果资料不全则退回要求补充完善申请资料。

（3）监理单位检查施工单位质量管理体系、安全管理体系的完善程度。

（4）监理单位检查设计单位的服务质量。

（5）监督单位负责审查施工单位、监理单位的准备情况，决定是否可以开工。

（6）法人单位向监督单位递交合同项目开工申请表。

（7）监督单位审查收到的合同项目监督申请与备案表，如果满足开工条件就发出可以开工的通知。不符合开工的条件则驳回申请。

水利工程建设中的其他相关多责任主体协同联合审批流程需求与业务分析、与开工审批流程基本相似。

3.6　水利工程建设管理云平台主要特色

在对目前水利工程建设所依据的国家行业相关标准规范的基础上，综合考虑水利工程建设参建单位以及业务流程的基础上，建立开发的水利工程建设管理云平台。其主要特点有以下几个方面。

1. 水利工程建设云管理模式是创新与高效的管理模式

水利工程建设采用云管理模式是符合当前技术发展潮流的，目前信息化发展模式正处于一个重要的转型期，也是改变水利工程建设信息化管理落后状态的一个机遇，它有利于对水利工程建设实现规范化、标准化和一体化的集成管理，提高工程管理的整体水平。事实证明，建立信息系统是实现数字化和标准化最经济、最快捷和最直接的方法。

2. 实现水利工程建设文档一体化的管理

建立水利工程建设文档一体化的意义在于，它将两个阶段的分散管理统一到一个系统中的集成一体化管理，从对工程一个阶段的管理发展到对全生命周期的管理，从档案滞后的、非同步管理发展到与工程建设同步的管理，如图 3-29 所示。

图 3-29　水利工程验收阶段的档案管理

3. 个性化的工作平台

在水利工程建设管理云平台的设计中，根据每个用户的职责和角色，提供了个性化的工作平台与不同功能模块的入口，使业务处理更加方便、快捷，如图 3-30 所示。

图 3-30　水利工程建设管理云平台个性化工作平台

4. 工程建设总体情况的可视化展示

为了便于项目经理、总监理工程师和各个责任单位的负责人查看工程建设的总体情况，提供了几种可视化的展示方法，如图 3-31～图 3-33 所示。工程项目完成率指示表图主要用来对目前云平台中的工程项目完成率进行形象化展示。已完成工程质量的合格率主要用来对目前系统中所完成的工程其合格率统计的形象化展示。另外，通过水利工程建设管理云平台的相关功能，还能够对目前工程经费的使用情况进行图形化显示。

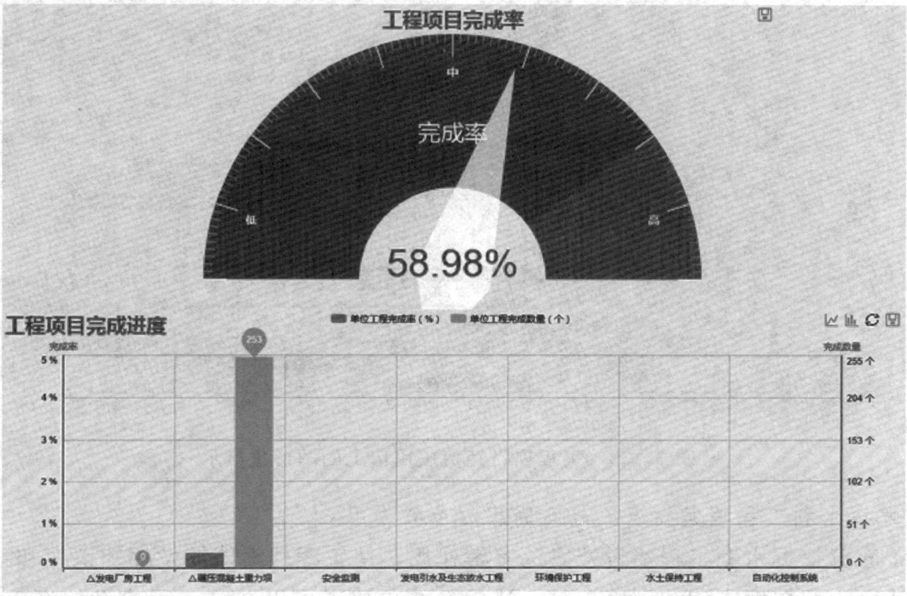

图 3-31 工程项目完成率指示表

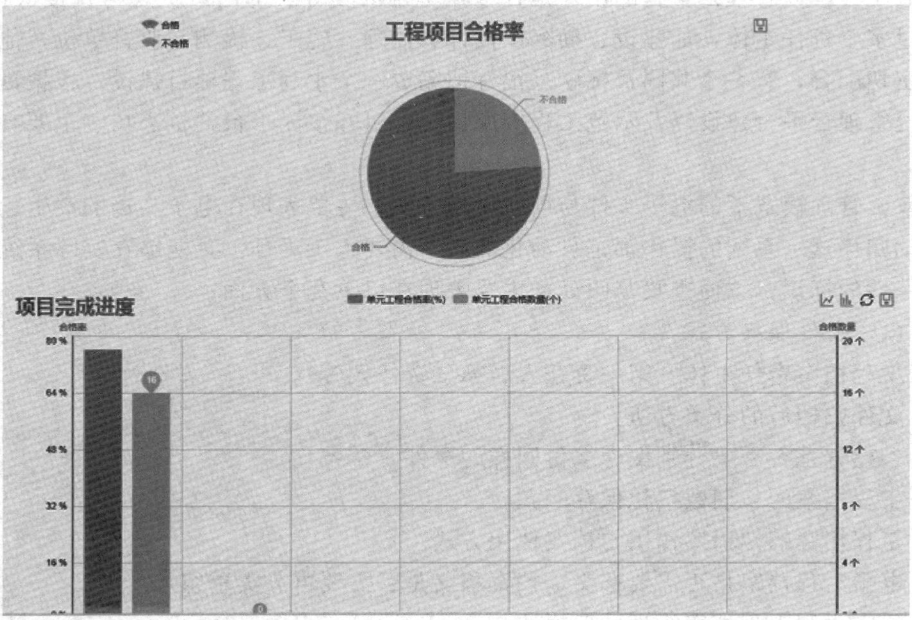

图 3-32 已完成工程质量的合格率的图形化显示

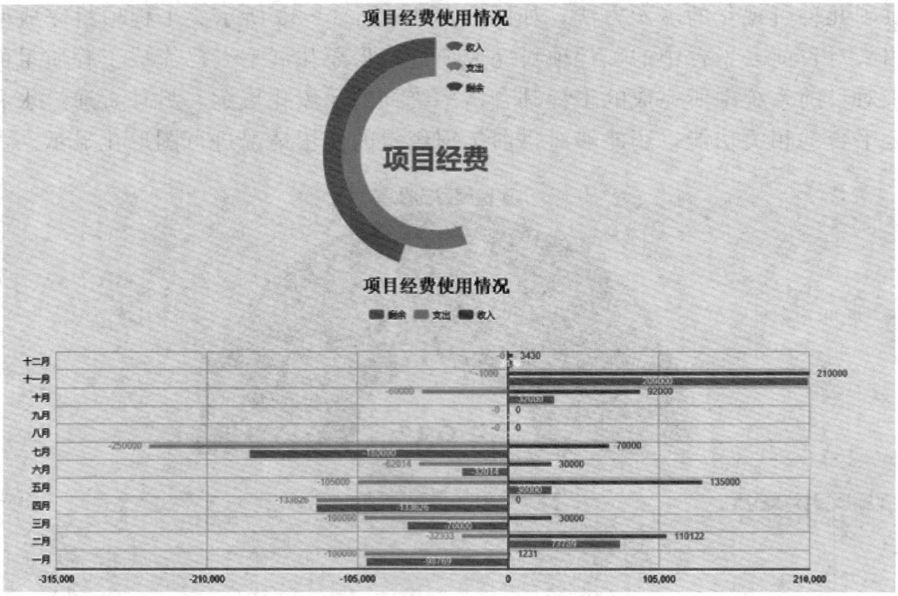

图 3－33　工程项目经费使用情况的图形化显示

5. 发挥水利工程档案知识库与案例库的参考作用

为了充分挖掘水利工程建设档案的参考作用，使工程档案能够发挥知识库和案例库的作用，建立方便档案查询和浏览工具，让后来的参建者可以共享工程建设的经验和教训，避免出现过去出现过的问题，这些都是重要的创新，也需要不断改进和完善。

水利工程建设管理云平台的用户是各参建单位的领导、部门负责人与直接操作人员。就是通过多个责任主体，如建设、勘察、设计、监理、施工、检测与监督单位，他们各行其责、密切配合，有一个共同目标就是很好地完成一个水利工程项目建设。根据目前水利工程建设管理云平台建设以及示范工程应用情况，可知该云平台的核心功能主要有以下几个方面。

（1）云管理模式下的电子文件与档案管理方法。主要表现在电子文档的产生、审签以及到自动归档这一系列的操作都是自动化的，不需要人工干预，且能够在实际系统中对其进行唯一性的标识，方便查找与阅读。主要表现在以下几个方面。

1）电子文件保存方式。

2）工程档案责任主体（第一责任人、第二责任人等）。

3）文件归档后的分类方法。

4）参建方是否需要分别保存多份同样的文件。

5）工程档案的长期数字化保存问题。

6）工程档案的知识库作用与档案使用方式。

7）电子工程档案是否需要移交，档案移交是否需要再分类重组。

8）研究水利工程档案管理的新模式。

（2）云管理模式下的参建单位的协同管理工作方式。在水利工程建设管理云平台的前期设计中，主要的核心思想就是构建一个主要为工程建设项目法人以及上级水行政主管部门服务的综合性平台，并在此平台上工程各参建单位都能够开展相关业务，实现共同、高效的协同工程建设管理方式。主要表现在以下几个方面。

1）需要设计新的数据共享方式。

2）需要建立新的业务审批处理流程。

3）需要设计新的合作方式与信息交流方式。

（3）水利工程建设云管理系统与其他系统的互通与数据共享。在该管理云平台建设的前期，就按照国家、水利部等相关法律法规以及标准规范进行平台的顶层设计，因此该平台中相关的数据具有较好的移植性与共享性，主要体现在以下两个方面。

1）与其他信息系统的互通与信息共享。主要与建管司的水利工程管理信息系统实现信息共享；与市场信用系统的数据共享；在后期的建设中，要达到与水利部网络中心的GIS电子地图资源系统实现信息共享的目的。

2）云管理系统大范围应用可能出现的问题。云计算平台是一个开放的平台，它具有要为多租户服务的特点，所以水利工程云管理系统要为多个责任主体提供一个协同管理的信息化工作平台。它还需要考虑以下问题：要解决多个水利工程管理的数据隔离与访问权限控制；IT资源可动态扩展，能够同时管理多个工程，提高并发支持能力；多个信息源的数据集成与数据共享（碾压数据、灌浆数据的整合）；智能手机等移动终端的应用研究；多个系统的有效集成与数据整合。

第 4 章　水利工程施工过程信息采集技术与应用

4.1 概　　述

水利水电工程施工过程中，对于施工现场的相关数据，如水利工程建设施工质量检测、大坝浇筑混凝土温度控制、大坝安全监测、岩体灌浆施工过程、混凝土浇筑施工等相关基础数据的采集、整理、综合分析对工程施工质量控制、工程验收及复核等工作来说有非常重要的意义。

在以往的水利工程中，由于工程施工过程数据采集要受到种种施工现场恶劣环境、施工干扰等因素的限制，再加之水利工程信息化技术应用经费缺乏，因此施工过程的信息采集较为困难。截至 2016 年，也仅有灌浆施工过程利用灌浆自动记录仪进行了施工期的数据采集、大坝碾压施工过程利用高精度定位设备进行了碾压施工过程的数据采集、大体积混凝土施工过程中利用各类温度传感器进行了温度信息采集、工程安全监测中利用各类传感器进行了结构体的受力变形等数据采集。其他方面的施工过程数据采集技术应用相对还较少。

随着物联网技术及信息化技术的不断发展，目前越来越多的施工过程数据采集技术在水利工程中得到了不断应用。越来越多的施工过程信息不断地利用物联网技术或者便携式数据终端进行采集，使得水利工程建设的管理与监控又向纵深大大前进了一步。

当前水利水电工程中，施工过程数据自动化采集主要分为以下几个方面。

1. 利用高精度定位技术的大坝碾压施工过程数据的采集

土石坝工程施工过程控制是整个大坝建设的重中之重，大坝碾压质量对于整个水利工程的安全、可靠运行有着十分重要的关系。因此，目前稍具规模的土石坝，基本上都采用了基于高精度定位技术的大坝施工过程数据的实时采集，能够对大坝的碾压过程进行实时智能化监控，保证大坝施工过程能完全按照事先制定的大坝碾压参数进行，并且还能对大坝碾压施工质量进行不同需求的分析。

2. 大体积混凝土养护过程中的温度信息自动采集与智能通水

目前，水利水电工程中，在大体积混凝土的浇筑与养护过程中，采用了光纤或者其他类型的温度计，对入仓混凝土以及混凝土养护过程中不同时间阶段的温度进行了实时采集，并且通过不同测点的温度与养护时间的综合分析，进行混凝土养护过程中的冷却水的通水量大小的智能控制，为混凝土的精细养护提供重要的手段与平台，控制混凝土后期裂缝的发生。

3. 水利水电工程灌浆施工过程信息的自动化采集

在水利水电工程中，灌浆工程是最重要的隐蔽工程，灌浆工程质量合格与否，与大坝沉降、大坝渗漏等都有重要的影响。另外，灌浆工程结束后，目前工程质量检测手段很难全面地对工程施工质量作出评判。因此，在实际工程中，采用灌浆自动记录仪对灌浆施工过程中的浆液密度、灌浆压力、灌浆量（灌浆进浆量与灌浆回浆量之差）以及灌浆地表抬动等项目进行施工信息的实时采集，并且可以进行数据的实时传输或灌浆结束后的及时分析，对灌浆质量进行合理评价，从而为灌浆施工质量的保证提供重要技术基础。

4. 水利工程安全监测中相关信息自动化采集

安全监测几乎是所有的水利水电工程都必须涉及的内容，主要可分为大坝安全监测、边坡安全监测、机电设备安全监测等内容。在实际工程中，大部分安全监测信息的采集都是利用数据采集仪进行自动读取的，然后导入安全监测信息分析系统中对采集的信息进行整理分析，并且对不同构筑物的安全与稳定进行预测预报。近年来，随着自动化技术与物联网技术的不断发展，安全监测传感器的数据采集也逐步采用了数据的自动采集设备，大大方便了安全监测中的数据采集。

另外，在有的工程建设中，还对大坝填筑坝料运输设备进行了实时运输信息的自动采集与传输，利用射频技术对出入地下厂房等地下施工区域的人员与相关设备进行了信息采集等。为工程建设管理提供了重要的技术手段。

本章主要对利用便携式数据终端进行施工过程中的检测信息的自动采集方式、采集模式以及相关信息传输等技术进行叙述分析，并且结合河南出山店水库工程建设中的混凝土单元工程中的仓面处理与验收、钢筋绑扎、模板设置、混凝土预埋件、混凝土浇筑、模板拆除以及混凝土外观检测等工序中的初检、复检与终检 3 个步骤中的信息采集与传输，并且利用在不同工序中采集到的信息进行各工序表的质量评定表，进而进行单元工程施工质量评定表的生成，根据采集到的信息生成的三检表，作为单元工程施工质量评定表的附件进入水利工程建设质量管理云平台中，进行规范的、标准化的电子文档管理，提高这些与工程质量有重要相关关系的文档利用率。

4.2 便携式数据终端信息处理与交互

4.2.1 便携式数据终端类型

目前，便携式数据终端概念为小型轻便、可以随身携带的数据采集及数据实时传输的通信终端设备。便携式数据终端设备类型较多，智能 Pad、智能手机以及带有射频技术的数据采集器等都属于便携式数据终端。

便携式数据终端数据采集的类型主要有以下几种。

（1）便携式笔记本电脑。便携式笔记本电脑功能强大，可以非常方便地接入各种外接设备，实现数据采集、数据传输以及复杂的数据处理功能。但是，在实际工程建设施工现场，环境恶劣，扬尘、水气等较大，便携式笔记本电脑的防尘防水功能较差，短时间工作其适应性尚可，但是长时间的工作，便携式笔记本的适用性就较差了。

（2）智能手机。智能手机目前是市场上最流行的数据终端，其像个人电脑一样，具有独立的操作系统、独立的运行空间，可以由用户自行安装软件、游戏、导航等第三方服务商提供的程序，通过安装的相关数据采集程序，可以实现施工现场或施工过程数据的自动化采集，并可以通过移动通信网络实现采集到的工程信息的实时传输，另外也能进行简单的数据处理与分析。

目前智能手机的操作系统主要有安卓系统与苹果系统，两种操作系统在某些功能上并不能完全兼容，因此相关数据采集软件需要具有针对性的单独开发。并且，目前智能手机的工业三防性能也不是特别完善，对于恶劣的施工环境，其适用性是有限的。

(3) 具有工业三防性能的手持PAD。手持的具有工业级三防性能的PAD，兼备了便携式笔记本电脑的某些特点，具有较大的操作屏幕，不仅可以进行实时数据采集与传输，并且通过相关的APP编制与安装，还可以进行简单的数据处理与分析，能够依据相关标准、规范进行标准的数据采集与数据处理。目前，工业级的PAD具有较好的三防性能，能够防水、防尘及防振，可以较好地适应水利工程较为恶劣的施工环境。目前，使用具有工业三防性能的手持PAD，是水利水电工程施工过程中信息实时采集与传输的主要手段。

另外，还有相关的单片机、单独的射频设备等，能够进行工程建设施工过程信息采集与传输，但是目前单片机的功能都是结合固定的信息采集模式进行编写的，基本没有可扩展功能，因此，在其应用范围有限。但是一般的单片机或者射频设备，都具有较好的防护功能，并且价格低廉，具有较好的经济性。

4.2.2　数据采集方式与标准化的格式

在水利水电工程建设中，大坝施工过程信息的自动化采集，需要有相关的标准化格式。在数据采集标准化的格式下，数据的实时传输与在线处理能够快速进行，不需要再对已采集的数据进行二次处理。因此，在水利工程建设中，数据采集方式与标准化格式是工程建设施工过程信息高效利用的关键。

在水利水电工程设计与施工中，具有较为完备的规程规范可以作为工程建设的依据，因此，在对水利工程建设施工过程中相关数据的采集与传输研究中，可根据相关规程规范对不同施工过程信息进行采集，并实时传输，然后在系统内进行数据映射分析，并且将自动形成的表单进行“单元工程-工序”的结构归类，保证数据结构的层次性。

目前，结合出山店水库工程建设，进行了水利工程施工过程信息标准化采集与传输工作。施工过程数据采集方式是利用工业级的刚精度定位PAD进行标准格式下的人工录入工作。人工录入的施工过程数据会通过GPRS公网，及时传输至云服务系统内，并根据事先定义的逻辑关系进行数据的整理与分析，自动生成水利工程中单元工程施工工序质量评定表以及单元工程施工质量评定表。

目前在施工过程中数据采集的标准格式主要来自以下几个方面。

1.《水利水电单元工程施工质量验收评定标准》及其他资料

《水利水电单元工程施工质量验收评定标准》(SL 631—2012～SL 637—2012 和 SL 638—2013、SL 639—2013) 是水利水电工程建设中单元工程质量合格与否的评判依据，并且这一系列评定标准中，规定了质量评定中的主要控制项目与一般控制项目，并且提供了相关的标准化表格。为配合系列标准的宣传贯彻，水利部工程建设质量管理与安全中心又特别编制了《水利水电工程单元工程施工质量验收评定表及填表说明》(上、下册)。上册主要内容包括土石方工程、混凝土工程、地基处理与基础工程、堤防工程；下册主要内容包括水工金属结构安装工程、水轮发电机组安装工程、水力机械辅助设备系统安装工程、发电电气设备安装工程和升压变电电气设备安装工程。该书样表和填表说明基本涵盖了水利水电工程施工质量验收评定所需表格，书中内容基本涵盖了目前水利水电工程建设中的所有施工类型，基本上满足了水利工程施工过程信息的标准化采集。

2. 水利水电工程岩土、结构等试验规程规范

在水利水电工程建设中，岩土材料和混凝土等原材料以及半成品的质量检测所依据的标准是水利水电行业内颁布的岩土、结构等试验规程规范，这些规程规范中规定了不同的材料在不同的使用场景下应满足的物理力学性能指标，并且规定了性能检测方法与相关的数据处理方法。在这样的背景下，利用中国水利水电科学研究院标准化中心已有的水利水电工程检测标准化表格，结合出山店水利工程建设中的各检测机构情况，进行了水利工程中岩土体及混凝土等材料性能检测标准表格，为工程施工过程中的检测信息提供重要的录入标准。

3.《水利工程建设监理施工常用表格》

《水利工程建设监理施工常用表格》是根据我国近年来制定的有关水利工程建设的法律、法规，从水利工程建设的实践出发编写而成。《水利工程建设监理施工常用表格》共分3章，主要内容包括水利工程建设项目建设单位工作常用表格、监理单位工作常用表格、承包商（施工单位）工作常用表格。在此出版物的基础上，对水利工程建设中相关信息采集的标准格式进行了确定。

4.2.3　便携式数据终端信息传输

随着计算机技术以及网络技术的高速发展，工程建设信息采集传输自动化越来越普遍。网上公文流转、网上自动化办公系统等早已在工程实践中得到广泛的应用。在国家重大工程建设中，建设信息的传输自动化也逐步延伸到工程建设细节。例如，在金沙江梯级开发中的溪洛渡水电站、向家坝水电站等都为工程建设信息的自动传输架构了专门的网络，云南糯扎渡水电站的混凝土大坝施工中也采用了商业的GPRS网络进行数据传输，并取得了较好的效果。但是对于工程建设中一些特殊的施工现场，目前还没有方便的工程措施解决数据的自动传输问题。

1. 水利水电工程建设信息数据传输模式

根据国内一些大型的水利水电工程建设中信息自动传输设备调研可知，施工现场信息传输方式主要有以下几种。

（1）自架设无线网络。目前，自行架设专门无线网络进行数据传输的方式在一些大型工程建设中得到了应用，诸如溪洛渡水电站、糯扎渡水电站在工程施工区域内建立了专用无线网络进行数据传输。采用专用无线网络进行数据传输主要有以下优点：技术成熟，设备简单易于配套；实时性好；独立性好，完全是自身的专用网络。但其还有以下几方面的缺点：在无线电通信拥挤的地区，干扰日趋严重；防雷地网要求高，野外设备防冻害的技术措施难度大、成本高，建设费用大，维护管理不便；对通信效果差的站点需建多级中继站，降低系统可靠性。

如溪洛渡、糯扎渡水电站建设中都采用了架设的专用无线网络进行施工过程信息

传输。

（2）使用商业无线网络。可以利用卫星通信组网以及 GPRS 等应用通信网络进行数据传输。

1）利用卫星通信组网。卫星通信组网就是在监测站配置“数据采集平台”（DCP），将水利数据信息发射到卫星，经卫星转发到地面网管中心，登记后再由网管中心将信息发到卫星，然后转发到地面接收平台（DRP）。采用卫星信道组网的优点主要有以下几个方面：①传输距离远、覆盖范围广、传输质量好；②由于各发射点、地面站与卫星之间采用视线传输，因而不受地形、地物的阻挡，特别适用于地形复杂地带的通信；③数据传输速率较有线、超短波和 GMS 组网方式高；④室外只有小天线，可以避免风雪等自然灾害对信号接收设备的损害。利用卫星信道组网的缺点主要体现在以下几个方面：①卫星平台耗电较大，采用直流供电时需配置较大容量的电池和浮充电设备；②卫星终端设备成本高，卫星平台的价格较贵，另外，虽然系统采取按时收费，但使用成本和运行维护费依旧很高。

2）GPRS 等 4G 应用通信网络。随着我国移动通信业务的迅猛发展，我国的移动电话拥有量目前跃居世界第一位。近年来，移动通信网络，尤其是无线分组业务，在工程信息传输中也得到了广泛应用。通用无线分组业务（General Packet Radio Service，GPRS）是在 GSM 基础上发展起来的一种分组交换的数据承载和传输网络，特别适用于间断的、突发性的和频繁的、少量的数据传输，也适用于偶尔的大数据量传输，而且 GPRS 是根据流量计费的，所以运营费用较低。因此，对于移动通信网络而言，利用其进行数据传输所具有的优点主要有以下几个方面：①长时在线，激活移动通信网络应用后，将长时间保持在线，类似于一种无线专线网络；②科学合理；③快速登录，全新的分组服务，无需长时间的拨号建立连接过程；④利用公网通信质量好，技术成熟、稳定，组网灵活，移植性强；⑤不易被雷击，建设周期短。另外，利用移动通信网络进行工程建设信息传输时也存在着缺点，主要体现在以下几个方面：①因为是长时间在线，对遥测站的供电要求较高；②网络能否组网由站点信号强度决定。

（3）利用光纤或普通网线建设的有线网络。光纤或普通网线的有线组网方式进行数据传输。有线组网方式是利用公用电话线路，在每个监测点分配一条电话用户线，数据接收中心利用电话拨号的方法采集各监测点的数据信息。利用普通电话线或通信光缆等进行组网进行工程建设信息传输，是早期工程建设中数据自动传输比较常用的方法。利用专用线路进行工程建设信息传输时有以下几方面优点：无需土建，建设成本低、建设周期短，有线组网的通信设备也较超短波、GPRS、卫星等通信方式便宜；通信平台有保障，不同站点的传输信号间不易产生相互干扰；通信距离不受地形地域的限制。但利用有线信道组网进行工程建设信息传输也具有以下缺点：野外电话线缆易遭受雷电干扰，易受人为破坏；数据采集速度受电话线路质量和线路忙闲的影响，畅通率有时不高；系统只宜采用召测工作方式，不宜采用自报方式，由于每一个站的应答查询均必须通过拨号、接通、传输、挂机等阶段，因此数据收集周期长；线路走向需跨越桥梁、铁路、公路时，施工困难，投资费用高。

（4）利用其他方式进行通信传输。在工程实践中，由于某些特殊的工程环境或者施工程序，有线与无线网络都不能实现工程建设数据的自动传输。如在水电工程中的地下隧洞、廊道或厂房等空间内，移动通信网络无法覆盖，并且由于工程施工现场狭小、施工干扰等因素无法铺设网络专线进行工程信息传输。这种情况下，可以利用其他方式进行工程建设信息的传输。

利用其他方式进行通信传输都是利用已有的网络，采用有线或无线的网络接入设备，然后将网络信号延伸至工程建设数据传输起点，实现网络信号的延伸覆盖作用。

这种特殊的信息传输方式有以下特点：可以弥补恶劣工程环境下信息自动传输无法实现的空白；可以灵活地在各种工程环境中应用，结合工程中的主要信息传输方式，实现信息传输自动化的全面覆盖；特殊的信息传输方式，在信息传输距离、传输接口专有性方面可能为信息传输带来一定限制。

2. 常用的通信传输介质有以下几种

(1) 电力调制解调器。如在水利水电工程地下工程中，可以使用电力调制解调器（即“电力猫”）利用工程施工电力线路进行工程施工信息传输。“电力猫”是一项基于电力线路传输信号的设备，它使同一电路回路的家庭或小办公室透过既有的电源线路建构区域网路。对于家庭或小办公室用户而言，“电力猫”产品提供了最便捷、最安全的方式，有效延伸区域网路的涵盖范围。在电力线上网技术中，利用电线传送高频信号，把载有信息的高频信号加载于电流上，然后用电线传输，接收信息的调制解调器再把高频信号从电流中“分解”出来，并传送到计算机或电话上，从而在不需要重新布线的基础上实现上网、打电话和收看 IPTV、使用视频监控设备等多种应用。“电力猫”需配对使用，只需将一只“电力猫”插在用户的电脑上，另一只插入家中任何一个电源插座，就可以实现高达 85Mbps 或 200Mbps 的传输效率。现在市场主流为 85Mbps 和 200Mbps 两种速率。“电力猫”进行数据传输有以下几个特征：①为用户提供高速 Internet 访问服务、话音服务，从而为用户上网和打电话增加了新的选择。②通过与控制技术的结合，利用电力线路作为物理介质，可将不同位置的信息设备接入 Internet，实现远程、集中的管理控制；③不用额外布线，就可组建局域网；④利用“电力猫”具有“永远在线”的特点；⑤“电力猫”具备 56bit DES（Data Encryption Security）资料加密保护功能，可以保证共享档案以及周边设备中存储信息的安全。

表 4-1 为“电力猫”组网同其他组网方式的比较。

(2) 无线中继器，即无线 AP（Access Point，无线接入点）在网络连接中起到中继的作用，能实现信号的中继和放大，从而延伸无线网络的覆盖范围。无线分布式系统（WDS）的无线中继模式，就是在 WDS 上可以让无线 AP 之间通过无线信号进行桥接中继，在这同时并不影响其无线 AP 覆盖的功能，从而可为无线网络无法覆盖的区域提供网络信号，提供了全新的无线组网模式。无线中继技术就是利用 AP 的无线接力功能，将无线信号从一个中继点接力传递到下一个中继点，并形成新的无线覆盖区域，从而构成多个无线中继覆盖点接力模式，最终达到延伸无线网络覆盖范围的目的。

(3) 几种数据传输的通信组网方式特性的对比。

通过对工程自设无线网络、卫星通信网络、商业 GPRS 等 4G 公网以及有线组网方式的数项一般特性进行对比，通过对比可知这几种组网方式各有特点。表 4-2 是对目前工程建设中几种常见信息传输网络进行的对比分析。

表 4-1　　“电力猫”组网方式同其他组网方式的比较

指标＼组网方式	电力线网	网络布线	无线组网	VDSL 上网
网络带宽/M	200	100	11	12
网络传输介质	电力线	双绞线	无线传输	电话线
室内布线	无需	需进行布线	无需	需要在室内电话端加装分频器，如不安装，上网同时不能打电话
通信可靠性	好	好	不好，通信稳定性较差，设备距离不好控制，不能穿透钢筋混凝土墙体	好
设备	电力猫	普通网卡	无线网卡	DSL MODEM
客户端移动	可移动到任何有电源的地方	不可随意移动	可随意移动	不可随意移动
施工周期/d	2	30	7	7
系统投资	低	高	高	高

表 4-2　　几种常见通信组网方式特性的对比

对比项目＼通信方式	自设无线网络	卫星通信网络	GSM/GPRS/3G	有线组网方式
建设成本	高	较高	低	低
传输费用	无	高于手机通信费用	与手机通信费用相同	如果线路较长，则费用较高
运行管理费	高	一般	低	低
独立性	自建网络，好	自建网络，好	公网，较好	公网，一般
守候功耗	高	高	低，5～30mA	一般
意外灾害损毁	差	较好	好	差

4.2.4　便携式施工数据采集系统与云服务系统之间的交互

在实际工程中，便携式施工数据采集系统是云服务系统中相关单元工程施工质量评定表中的数据来源，因此，要求便携式施工数据采集系统与水利工程建设管理云服务系统之间要有较好的交互。

便携式施工数据采集系统与云服务系统之间的交互如图 4-1 所示。

利用施工单位报送给水利工程建设质量督查部门的工程项目划分内容，在水利工程建设管理云平台的工程信息模块中进行工程项目分解，并且随着工程建设，在云平台的工程信息中不同分部工程下，建立相关的单元工程，并且包括单元工程下所属的各施工工序。

所建立的单位工程、分部工程、单元工程及相关施工工序，按照层次结构，云平台将此信息推送到便携式数据采集系统中，并在相关的施工工序环节中设定了不同的角色，当现场工作人员按照自己的角色登录进去之后，在系统首页上会将近期建立的单元工程中所包含的三检表以比较醒目的方式显示，提示使用者在实际工程建设中结合不同的质量检测

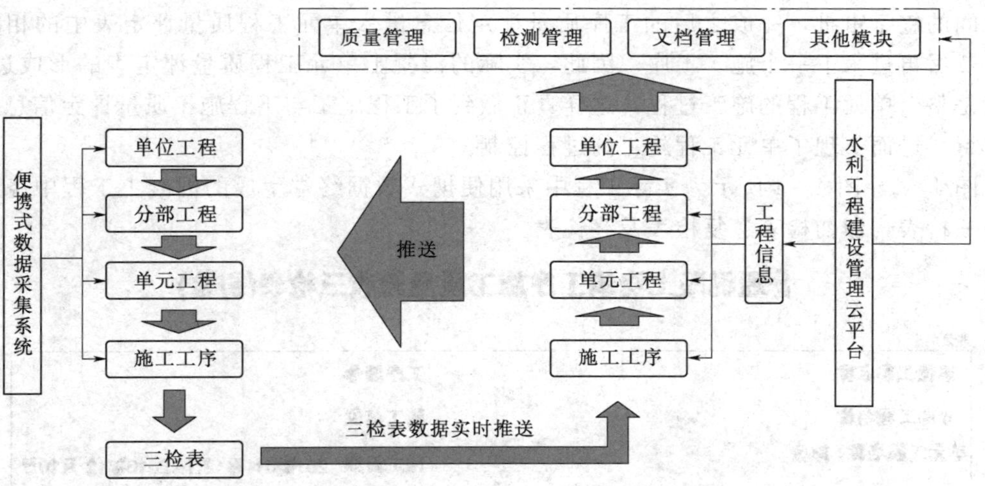

图 4-1　便携式施工数据采集系统与水利工程建设管理云平台数据交互框图

阶段，将相关的工序检测信息录入到系统中。

录入完成的“施工三检表”，在确认无误后，单击相关的完成上传按钮，将完成的三检表推送至水利工程建设管理云平台中，并依据最后的终检表格，生成相关的工序质量检测表，并按照主控项目以及一般项目的标准格式生成；然后，不同的施工工序质量评定表进行自动生成单元工程质量评定表，并且在施工单位、监理单位以及业主单位之间进行流转签批。并且单元工程质量评定表逐级形成分部工程施工质量评定表及单位工程施工质量评定表。

在云平台中的质量管理、检测管理以及文档管理都是按照这样的结构体系进行信息管理的。由此可见，实际工程建设施工中的项目分解，与水利工程建设管理云平台中的信息管理架构有非常重要的关系，这样就最大程度上保证云平台中的信息能够从实际施工过程中采集，并且采集到的信息重组、分析及管理都能够按照实际施工管理层次进行，保证工程建设管理信息化的真正落地。

4.3　施工过程信息采集与交互

对于水利工程质量评定程序来说，混凝土单元工程质量评定是目前工序最多且较为复杂的一种施工类型，因此，混凝土单元工程施工过程中数据的采集与处理、三检表的自动形成、施工工序表的自动生成以及单元工程质量表的自动生成相对来说较为复杂。

根据水利工程建设管理云平台中混凝土单元工程的建立，系统会自动在便携式数据终端推送新建的单元工程各施工工序中包括的三检表的标准格式，现场工作人员就可以用不同的用户名进行登录，按照系统中制定的角色权限划分，进行不同的施工工序中施工过程信息的录入，完成后单击“保存”与“完成”按钮，相关施工信息便通过便携式手持终端中的 SIM 卡，利用 GPRS 公网进行施工信息的实时传输。

在实际工程中，多工序的单元工程质量评审需要一个比较长的时间，每一个施工工序完成之后，需要在水利工程建设管理云平台中进行施工单位内部的、监理单位以及业主单位之间的签字审批，完成之后的工序质量评定信息进入单元工程质量评定表中的相关位置，然后再进入下一个施工工序。因此，实际的混凝土单元工程质量评定表的形成过程，也就是整个单元工程的施工过程，这样真正做到了工程施工与工程施工质量评定信息的同步进行，进而实现了单元工程施工的过程控制。

图 4-2～图 4-4 所示为实际工程中采用便携式数据终端生成的混凝土工程中浇筑工序的三检表，即初检表、复检表及终检表。

普通混凝土浇筑工序施工质量验收三检表(初检)

表2.1.5

单位工程名称				工序编号				
分部工程名称				施工单位				
单元工程名称、部位				施工日期	2016年11月12日~2016年12月10日			
项次		检验项目	质量要求	检验方法	检验数量	检查记录	合格数(点)	合格率(%)
主控项目	1	入仓混凝土料	无不合格料入仓。如有少量不合格料入仓，应及时处理至达到要求	观察	不少于入仓总次数的50%	无不合格料入仓		100.00
	2	平仓分层	厚度不大于振捣棒有效长度的90%，铺设均匀，分层清楚，无骨料集中现象	观察、量测	全部	混凝土铺设均匀，分层清楚，无骨料集中现象		100.00
	3	混凝土振捣	振捣器垂直插入下层5cm，有次序，间距、留振时间合理，无漏振、无超振	在混凝土浇筑过程中全部检查		垂直插入下层5cm，有次序，间距、留振时间合理，无漏振、无超振		100.00
	4	铺筑间歇时间	符合要求，无初凝现象	在混凝土浇筑过程中全部检查		间歇时间不超过90min，无初凝现象		100.00
	5	浇筑温度（指有温控要求的混凝土）	满足设计要求	温度计测量		浇筑温度均小于25℃		100.00
	6	混凝土养护	表面保持湿润，连续养护时间基本满足设计要求	观察		表面保持湿润，采用洒水养护，连续养护28d以上		100.00
一般项目	1	砂浆铺筑	厚度宜为2～3cm，均匀平整，无漏铺	观察		砂浆铺筑厚度为2-3cm，均匀平整，无漏铺		90.00
	2	积水和泌水	无外部水流入，泌水排除及时	观察		无外部水流入，泌水排除及时		90.00
	3	插筋、管路等埋设件以及模板的保护	保护好，符合设计要求	观察、量测		埋设件及模板的保护良好		90.00
	4	混凝土表面保护	保护时间、保温材料质量符合设计要求	观察		采用土工布覆盖养护，质量符合要求		90.00
	5	脱模	脱模时间符合施工技术规范或设计要求	观察、或查阅施工记录	不少于脱模总次数的30%	脱模时间符合规范要求，砼强度达到2.5MPa		90.00
初检	优良	刘小江		日期		2016年12月10日		

图 4-2　利用便携式数据终端现场采集信息生成的初检表

普通混凝土浇筑工序施工质量验收三检表(复检)

表2.1.5

单位工程名称				工序编号			
分部工程名称				施工单位			
单元工程名称、部位				施工日期	2016年11月12日~2016年12月10日		
项次		检验项目	质量要求	检验方法	检验数量	检查记录	合格数(点)	合格率(%)
主控项目	1	入仓混凝土料	无不合格料入仓。如有少量不合格料入仓，应及时处理至达到要求	观察	不少于入仓总次数的50%	无不合格料入仓		100.00
	2	平仓分层	厚度不大于振捣棒有效长度的90%，铺设均匀，分层清楚，无骨料集中现象	观察、量测	全部	混凝土铺设均匀，分层清楚，无骨料集中现象		100.00
	3	混凝土振捣	振捣器垂直插入下层5cm，有次序，间距、留振时间合理，无漏振、无超振	在混凝土浇筑过程中全部检查	全部	垂直插入下层5cm左右，有次序，间距、留振时间合理，无漏振、无超振		100.00
	4	铺筑间歇时间	符合要求，无初凝现象	在混凝土浇筑过程中全部检查	全部	间歇时间不超过90min，无初凝现象		100.00
	5	浇筑温度（指有温控要求的混凝土）	满足设计要求	温度计测量	全部	浇筑温度均小于25℃		100.00
	6	混凝土养护	表面保持湿润，连续养护时间基本满足设计要求	观察	全部	表面保持湿润，采用洒水养护连续养护28d以上		100.00
一般项目	1	砂浆铺筑	厚度宜为2~3cm，均匀平整，无漏铺	观察	全部	砂浆铺筑厚度为2-3cm，均匀平整，无漏铺		90.00
	2	积水和泌水	无外部水流入，泌水排除及时	观察	全部	无外部水流入，泌水排除及时		90.00
	3	插筋、管路等埋设件以及模板的保护	保护好，符合设计要求	观察、量测	全部	埋设件及模板的保护良好		90.00
	4	混凝土表面保护	保护时间、保温材料质量符合设计要求	观察	全部	采用土工布覆盖养护，质量符合要求		90.00
	5	脱模	脱模时间符合施工技术规范或设计要求	观察、或查阅施工记录	不少于脱模总次数的30%	脱模时间符合规范要求，砼强度达到2.5MPa		90.00
复检		优良	刘小江		日期	2016年12月10日		

图 4-3 利用便携式数据终端现场采集信息生成的复检表

普通混凝土浇筑工序施工质量验收三检表(终检)

表2.1.5

单位工程名称		工序编号	
分部工程名称		施工单位	
单元工程名称、部位		施工日期	2016年11月12日～2016年12 月10日

项次		检验项目	质量要求	检验方法	检验数量	检查记录	合格数(点)	合格率(%)
主控项目	1	入仓混凝土料	无不合格料入仓。如有少量不合格料入仓，应及时处理至达到要求	观察	不少于入仓总次数的50%	无不合格料入仓		100.00
	2	平仓分层	厚度不大于振捣棒有效长度的90%，铺设均匀，分层清楚，无骨料集中现象	观察、量测	全部	混凝土铺设均匀，分层清楚，无骨料集中现象		100.00
	3	混凝土振捣	振捣器垂直插入下层5cm，有次序，间距、留振时间合理，无漏振、无超振	在混凝土浇筑过程中全部检查		垂直插入下层5cm，有次序，间距、留振时间合理，无漏振、无超振		100.00
	4	铺筑间歇时间	符合要求，无初凝现象	在混凝土浇筑过程中全部检查		间歇时间不超过90min，无初凝现象		100.00
	5	浇筑温度（指有温控要求的混凝土）	满足设计要求	温度计测量		浇筑温度均小于25℃		100.00
	6	混凝土养护	表面保持湿润，连续养护时间基本满足设计要求	观察		表面保持湿润，采用洒水养护连续养护28d以上		100.00
一般项目	1	砂浆铺筑	厚度宜为2～3cm，均匀平整，无漏铺	观察		砂浆厚度宜为2～3cm，均匀平整，无漏铺		100.00
	2	积水和泌水	无外部水流入，泌水排除及时	观察		无外部水流入，泌水排除及时		100.00
	3	插筋、管路等埋设件以及模板的保护	保护好，符合设计要求	观察、量测		埋设件及模板的保护良好		90.00
	4	混凝土表面保护	保护时间、保温材料质量符合设计要求	观察		采用土工布覆盖养护，质量符合要求		90.00
	5	脱模	脱模时间符合施工技术规范或设计要求	观察、或查阅施工记录	不少于脱模总次数的30%	脱模时间符合规范要求，砼强度达到2.5MPa以上		90.00
终检		优良　刘小江			日期	2016年12月10日		

图 4－4　利用便携式数据终端现场采集信息生成的终检表

图 4－5 所示为利用三检表信息生成的单元工程施工质量评定表中的浇筑工序质量评定表，这些工序表完成流转审签之后，便可提取相关重要信息，生成单元工程的质量评价表。

2017/9/12　　　　水利工程建设管理云平台

水利水电工程

普通混凝土浇筑工序施工质量验收评定表

表2.1.5

单位工程名称	混凝土坝段	工序编号	CSDSK-3-03-021
分部工程名称	连接坝段（1#、2#、3#、4#）	施工单位	河南省水利第一工程局
单元工程名称、部位	高程:▿77.3～▿79.7	施工日期	2016年11月12日—2016年12月10日

项次		检验项目	质量标准	检查（测）记录	合格数（点）	合格率（%）
主控项目	1	入仓混凝土料	无不合格料入仓。如有少量不合格料入仓，应及时处理至达到要求	无不合格料入仓	/	100.00%
	2	平仓分层	厚度不大于振捣棒有效长度的90%，铺设均匀，分层清楚，无骨料集中现象	混凝土铺设均匀，厚度为40-50cm，分层清楚，无骨料集中现象	/	100.00%
	3	混凝土振捣	振捣器垂直插入下层5cm，有次序，间距、留振时间合理，无漏振、无超振	垂直插入下层5cm左右，有次序，间距合理，留振时间合理，无漏振、无超振	/	100.00%
	4	铺筑间歇时间	符合要求，无初凝现象	间歇时间不超过90min，无初凝现象	/	100.00%
	5	浇筑温度（指有温控要求的混凝土）	满足设计要求	浇筑温度均小于25℃	/	100.00%
	6	混凝土养护	表面保持湿润，连续养护时间基本满足设计要求	表面保持湿润，采用洒水养护，连续养护28d以上	/	100.00%
一般项目	1	砂浆铺筑	厚度宜为2～3cm，均匀平整，无漏铺	砂浆铺筑厚度为2-3cm，均匀平整，无漏铺	/	100.00%
	2	积水和泌水	无外部水流入，泌水排除及时	无外部水流入，泌水排除及时	/	100.00%
	3	插筋、管路等埋设件以及模板的保护	保护好，符合设计要求	埋设件以及模板的保护良好	/	100.00%
	4	混凝土表面保护	保护时间、保温材料质量符合设计要求	采用土工布覆盖养护，质量符合要求	/	100.00%
	5	脱模	脱模时间符合施工技术规范或设计要求	脱模时间符合规范要求，砼强度达到2.5MPa以上	/	100.00%
施工单位自评意见		主控项目检验点全部合格，一般项目逐项检验点的合格率均不小于 90.00 %，且不合格点不集中分布，各项报验资料 符合SL 632—2012的要求。 工序质量等级评定为： 优良。 （签字，加盖公章）李建坤　2016年12月10日				
监理单位复核意见		经复核，主控项目检验点全部合格，一般项目逐项检验点的合格率均不小于 ____ %，且不合格点不集中分布，各项报验资料 ____ SL 632—2012的要求。 工序质量等级评定为： ____。 （签字，加盖公章）　年　月　日				

图 4-5　利用三检表信息生成的单元工程质量评价中的工序质量评定表

第 5 章　水利工程建设文档信息化管理

在水利工程建设中，质量管理依然是依靠纸质的表单为主要的质量评定标准，因此，在目前水利工程质量管理中，要提高水利工程建设质量管理水平，首当其冲的就是需要根据水利部以及相关行业标准规范，对目前在水利工程建设管理中使用的相关文档表格进行标准化、数字化研究，并且在管理过程中，电子文档需要实现一体化的管理模式，这样才能有效地提高目前水利工程建设信息的数字化水平，并在此基础上提高水利工程建设管理水平。

5.1　水利工程建设文档管理现状

水利工程建设档案是工程建设全过程的一个完整记录，记录了参建各方在工程建设中所有行为和工作结果，因此把工程电子文件和档案的管理作为解决工程质量问题的一个切入点，同时也想通过建立管理系统为各参建单位提供验收服务。

国内外研究档案的学者关于档案价值与作用的研究结果说明，档案具有双重价值。谢伦伯格在其经典论著《现代档案——原则与技术》中提出，“公共档案具有两种类型的价值：对于原机构的原始价值；对于其他机构和非政府使用者的从属价值”。它的意思是档案的第一价值是证据作用，第二价值就是参考价值。

(1) 水利工程建设档案的证据作用。从水利部发布的水办〔2005〕480 号《水利工程建设项目档案管理规定》第二十四条的内容：“水利工程档案验收是水利工程竣工验收的重要内容，应提前或与工程竣工验收同步进行。凡档案内容与质量达不到要求的水利工程，不得通过档案验收；未通过档案验收或档案验收不合格的，不得进行或通过工程的竣工验收”。还提出了“大中型水利工程在竣工验收前要进行档案专项验收。其他工程的档案验收应与工程竣工验收同步进行”的要求。由此可以看出，在水利工程建设领域，档案被看作是工程质量的一个非常重要的证据，在档案领域这个作用称为档案的第一价值。

档案具有的原始记录的特性决定了档案的凭证价值，这是其他材料所不能替代的。档案具有法律上的凭证作用是由档案的形成方法和特点决定的。因此对档案的要求如下。

1) 档案的形成一定是原始形态的记录，必须是由直接的责任主体记录的，未经过任何人修改和处理的最为原始形态的记录，它的可靠性是由责任主体来保证的。

2) 档案是形成者（检测员、质量管理员）与施工设备的行为记录，如灌浆仪记录、碾压传感器等加工过程的记录，这些原始记录的真实性是由人和设备的原始材料来保证的，被证明了是真实和可靠的凭证。

(2) 水利工程建设档案的参考价值作用。在现实世界中，实际社会对档案的需求是多方面的。有时不仅需要利用档案的凭证价值，还需要利用档案的参考价值。例如，在水利工程建设的不同阶段，档案发挥的作用也具有一定的规律和特点。在水利工程建设完成之后进入验收阶段，还有工程质量出现问题，在查找问题原因的时候，这时需要利用的是档案的证据作用。

而在工程运行维护和扩建改造阶段，以及在后期进行工程案例分析和研究的时候，需要利用的是档案的参考价值。因此，成功的和不成功的结果都具有参考价值。档案的知识库作用是档案参考价值的一个应用，需要更广泛、充分地利用档案的参考价值。

目前水利工程建设领域大部分工程的档案还处于手工管理阶段，多年来一直改变不大。水利工程建设档案管理基本上是以纸质档案、手写签名的手工管理模式。并且大部分工程管理文件是由办公软件产生的，但都是分散地存放在各个参建单位的不同部门与不同人的计算机中。由于经费短缺，中小水利工程建设项目缺少专业的档案管理与IT人才，档案管理人员变动多、人才流失严重。水利工程建设过程的电子文件和档案还没有实现数字化和规范化管理。在实际工程建设中，还没有专门的系统采集、接收存储与管理工程建设产生的相关电子文件管理系统得到应用。工程建设完成之后，只有少数文件被移交到档案馆，而大量的与工程建设质量相关的重要文档由于其无法归档被销毁处理。

过去有些水利工程建设项目在完工之后，要花几个月甚至更长时间来整理工程档案，因为工程档案没有整理好、没有达到验收要求的话，就不能进行竣工验收。有的项目就是因为工程档案管理工作滞后影响了项目验收的时间。因此建立水利工程建设云管理系统的一个重要目的，就是要帮助参建单位做好档案管理工作，提供验收服务，并在档案管理的自动化、智能化方面进行研究和初步的探索。

根据水利工程建设档案管理存在的一些问题，水利部提出了水利工程建设档案管理3个同步的要求，即档案管理工作应做到与项目立项同步、与施工进度同步以及与竣工验收同步。水利工程建设的档案管理工作应当从项目立项时就开始，并与水利工程建设的进度同步进行，与竣工验收同步完成。但是在实际工作中，有的项目的施工日志、监理日志和旁站记录等是到验收时才补齐的，这样记录的原始性和真实性都是无法保证的。

另外，从国际档案管理的角度来看，我国水利工程建设领域档案数字化和标准化的发展进程缓慢，大部分工程项目还是手工管理的模式，采用信息化的手段来管理工程和工程档案的不多，目前水利工程建设档案的信息化管理还处于起步阶段，还有很长的路要走。

通过其他领域信息化管理的实践证明，采用数字化的形式保存信息和档案是最高效和最经济的，虽然信息系统还不能完全限制人的行为，但是通过云管理系统的档案管理模块记录了责任部门和责任人，使系统初步具备了工程质量可追溯的功能，通过记录原材料检测数据、中间产品检验结果、质量评定结果和质量问题处理意见等，来保证水利工程建设的质量。这样至少增加了一个保证工程档案真实性和工程质量的技术措施。

5.2 建设过程产生的文档及管理模式

在水利部发布的《水利工程建设项目档案管理规定》（水办〔2005〕480号）中指出：

“水利工程档案是指水利工程在前期、实施、竣工验收等各建设阶段过程中形成的，具有保存价值的文字、图表、声像等不同形式的历史记录”，并给出了水利工程建设项目文件材料归档范围和保管期限。

但是这个定义主要还是根据传统的水利工程建设档案管理的模式和方法与工作条件管理来考虑的，并没有考虑网络信息时代信息化管理模式与系统管理档案信息的特点，更未考虑云计算和物联网技术给工程档案管理工作带来的巨大变化。

1. 水利工程施工过程产生文档基本情况

不同参建单位与责任主体产生的电子文件，在水利工程建设中的各个参加单位，都会在自己的生产过程中产生大量的电子文件，这些电子文件是不同单位参与工程建设的重要记录，具有十分重要的证据与参考价值，如设计单位在水利工程建设中产生的文档主要有总体规划设计、项目可研报告、项目初步设计及相关报批文件、工程施工图设计文件、施工过程技术周月报、工程建设联系等。

另外，从工程施工过程中产生的文档情况来看，施工过程中产生的相关文档并不是一份，而是多份的，是有重复的。如工程施工单位相关施工质量检查表等，需要提交给不同的监督单位，并且自己还有留存，因此水利工程施工过程中产生的各种文档都是多份重复的，因此，传统的纸质文档管理模式一来造成极大浪费，二来数量庞大的纸质文档的管理也相当耗费人力和物力。

2. 工程建设过程中产生的纸质文档的结构与关联关系

水利工程建设过程中产生的各类文档，每一类文档之间并不是孤立的，而是具有一定的从属与递进相关关系的。施工过程中产生的文档，可以按照不同的施工类型与施工工序进行分类管理；也可以按照不同的工程项目划分，按照不同的单位工程、分部工程以及单元工程进行分类管理；也可以按照相关的施工阶段以及施工单位进行文档的管理。因此，水利工程建设过程中产生的各类文档虽然数量庞大，但是如果按照文档之间的相关关系进行管理，则可以将文档进行有机的系统管理，这也为进行工程建设文档的电子化管理提供了重要的基础。

3. 工程建设过程中产生的纸质文档具有一定的标准格式

在实际的水利工程建设中，所产生的文档具有一定的标准格式。水利工程施工要遵循不同的施工规程规范，在施工规程规范中有的会提供相关的施工过程信息表格。另外，在相关的施工质量评定中也会有相关表格的标准格式。因此，具有相关的标准格式的水利工程施工信息表格，也是为水利工程文档电子化管理提供了另一个重要的基础。

4. 水利工程建设过程中产生各类文档的价值与作用

档案是原始的历史记录，它具有凭证价值和参考价值，而这两个价值都要求档案必须具有原始性、真实性和完整性。根据水利工程建设领域的具体情况，当关注工程质量问题的时候，需要工程档案具有可追溯性。水利工程档案是工程建设规范化与工程质量可靠的重要证据。由于水利工程档案具有重要的证据和参考作用，因此本项目专门研究了如何保证电子档案的真实性、原始性和可追溯性等问题，建立有关的措施以便能够及时发现引起工程质量问题的原因和责任人。未来水利工程建设档案将会发挥以下作用：

(1) 水利工程建设程序合规性的证明，是水利工程建设质量符合评定级别的证据，同时也是水利工程质量问题追溯的重要依据与将来运行维护与应急抢险的重要参考资料。

(2) 发挥水利工程建设档案的质量证据作用，可用于查找相关的责任人。

(3) 水利工程建设档案是设计和施工可参考的资料库，也为运行维护提供依据。

(4) 利用水利工程建设多年积累的经验建立知识库，为新工程建设提供参考。

(5) 长期多个工程数据积累的数据将可以形成水利工程建设大数据的环境，进行数据分析和挖掘。

通过以上水利工程电子文档可能应用的相关方面可知，电子文档是水利工程建设档案发挥的证据作用，这个作用对电子文件的原始性、真实性提出了很高的要求。另外，对于水利工程电子文档作为参考的重要价值，要求档案不仅具有真实性和可靠性，还要具有完整性、可用性及可追溯性。

5. 水利工程相关文档电子化管理必要性

在当下的水利工程建设管理水平与实际情况条件下，水利工程过程中产生的纸质文档，很大一部分都是在施工结束之后才进行补写的，并不能真正反映实际工程的施工状态，并且在进行文档记录、文档签名等方面具有较大的随意性，并不能真正反映实际水利工程建设过程中的真实情况。针对这种实际情况，提出了水利工程建设档案要实现数字化和标准化的管理，并希望通过工程施工过程相关文档的逐步形成，实现水利工程建设质量、进度等有效控制的目的。另外，其他领域信息化管理的实践证明，采用数字化的形式保存信息和档案是最高效和最经济的，虽然信息系统还不能完全限制人的行为，但是通过云管理系统的档案管理模块记录了责任部门和责任人，使系统初步具备了工程质量可追溯的功能，通过记录原材料检测数据、中间产品检验结果、质量评定结果和质量问题处理意见等，来保证水利工程建设的质量。这样至少增加了一个保证工程档案真实性和工程质量的技术措施。

目前在我国水利工程建设领域档案数字化和标准化的发展进程缓慢，大部分工程项目还是手工管理的模式，采用信息化的手段来管理工程和工程档案的还不多，我国水利工程建设的信息化管理还处于起步阶段，而国外在这一领域和在其他领域的情况与此有很大的不同，实现工程档案信息化管理是网络信息时代发展的必然趋势。

(1) 有多个国家都采用集中化的档案管理模式。

(2) 已有多个国家宣布要实现无纸化和全部文件的电子化，目前我国一些领域内也出现了无纸化办公及档案电子化等发展趋势。

(3) 水利工程建设档案的云管理模式是最合适的发展模式。

水利工程建设档案采用云管理模式决定是在对水利工程建设领域信息化管理的现状进行调研，发现中、小水利工程由于缺少资金和专业技术人员以及工作条件差等困难无法很快地实现信息化管理。通过研究认为，采用云管理模式是最合适的一种工程建设管理模式，将会产生重要的社会和经济效益。本项目是想通过建立水利工程云管理系统来实现工程档案的信息化管理整体水平，并通过高质量的档案管理来提高水利工程建设质量。

5.3　以文档为主线的水利工程建设管理设计与实现

早在 2002 年的金水工程中就提出了一个目标，要实现水利工程建设档案的数字化与标准化的管理，这个目标说了多年，但一直都没有实现。因此笔者不想在这里再空谈实现档案信息化管理，而是要采取实际行动，来建立一个可管理水利工程建设产生的电子文件和档案的系统。

为了得到一些重要施工环节的真实数据，人们采用以下方法来获取真实的数据。

1. 用灌浆记录仪测量

灌浆数据的真实性是由灌浆仪和相关软件保证，但是有人通过调整灌浆仪的压力，也可能会造成数据的不准确，因此需要记录灌浆仪使用时的压力；否则得到的数据仍有可能是不真实的。

2. 在碾压设备上安装传感器测量

通过在碾压机上安装传感器记录碾压的次数来控制碾压的结果。另外，对于有些工程项目的施工日志、监理日志和旁站记录，是在验收阶段补写的情况，需要使用信息系统来进行控制和记录，每个日志产生的时间是系统记录的，个人是无法修改的。

作为水利工程关键部位和隐蔽工程重要的质量证据的旁站记录，是验收和管理者非常重视的内容，还有大量的有关水利工程建设过程的记录文件，如原材料检测表、中间产品的检验表、质量评定表，不仅记录了工程实施的过程，也反映了工程建设的质量，因此必须保证这些文件是真实、可信、完整的，不能被篡改和丢失。

在没有信息系统管理电子文件和档案的时候，要搜集整理所用的信息是比较困难的，需要很长时间来收集整理文件资料，而且还会有很多东西是不全面的。

3. 对水利工程建设管理产生数据的方法进行分析

在建设水利工程云管理系统的时候，对水利工程建设过程中文件与归档方法进行了研究，对以下几个方面的问题进行了认真梳理。

(1) 水利工程项目建设阶段与文件的对应关系。实际上，在水利工程建设规范和档案管理规范中明确给出了在工程建设的每个阶段都会产生什么文件，云管理系统依据这些规范进行电子文件和档案的管理。

(2) 水利工程建设电子文件的产生方式的研究。过去传统的水利工程建设档案基本上是通过手工方式产生的，而现在水利工程建设档案是由以下多种方式产生的。

1) 用手工方式产生。

2) 用户使用办公软件系统产生。

3) 通过传感器等物联网设备直接获取，是未经过人工干预的。

4) 由管理水利工程建设的计算机程序产生的。

(3) 水利工程建设电子文件归档时间的研究。《水利工程建设项目档案管理规定》中第二十三条提出，工程档案的归档时间可由项目法人根据实际情况确定。可分阶段在单位工程或单项工程完工后向项目法人归档，也可在主体工程全部完工后向项目法人归档。整个项目的归档工作和项目法人向有关单位的档案移交工作，应在工程竣工验收后 3 个月内完成。

这个规定是根据过去水利工程建设档案手工管理的方式来确定的，归档时间有以下几种情况。

1）按工程结束时间归档。

2）按项目建设程序或阶段归档。

3）按单位、分部、分项工程结束时间归档。

4）按年度归档。

5）随时归档。

当水利工程建设的文件采用信息化的管理方式时，就需要采用一些能够保证档案真实性的和更可靠的文件归档方式。除了根据工程建设完成的情况与内容完整性来确定归档的时间外，还可以根据其生成的过程划分为3种类型。

1）即时归档。即时归档就是电子文件一产生立即归档（borned to archive）。将归档环节从文件办理完毕提前至文件产生的时刻，就是说，只要文件一产生，就将其捕获至档案管理系统中，使之变成不可更改的状态，处在档案管理模块的控制之下。例如，原材料检验和中间产品检测结果，都应当是一产生就归档，这样可以它的真实性。

2）经过一个责任主体的审批后归档。有的电子文件是经过一个责任主体的审批后就可以归档。例如，施工单位的施工设备进场报验单，只要经过监理单位的审批之后就可以执行，相关的电子文件就可以归档了。

3）需经过多个责任主体和多个业务环节处理后方可归档。有的文件需要经过多个业务环节和多个责任主体的审批后才可以执行和归档。例如，施工单位的合同项目开工申请表、施工质量缺陷处理措施报审表，需要经过多个责任主体，如建设单位、监理单位、设计单位和监督单位的审查和批准才可以实施与归档。

为了保证电子文件的真实性和原始性，防止被篡改，因此需要确定各种文件生成的方式与归档的流程，因此在多主体协同管理的模式下，有些流程应当重新设计。云管理系统的业务流程是可以配置的，可根据管理规范进行相应调整。

（4）水利工程建设档案验收合格是水利工程竣工验收的前提。《水利工程建设项目档案管理规定》中第二十四条规定："水利工程档案验收是水利工程竣工验收的重要内容，应提前或与工程竣工验收同步进行。凡档案内容与质量达不到要求的水利工程，不得通过档案验收；未通过档案验收或档案验收不合格的，不得进行或通过工程的竣工验收"，就是说档案验收合格是可以进行水利工程竣工验收的前提之一。

由此可见，水利工程建设中的档案管理在工程建设的质量管理与控制方面发挥着重要的作用，是一项很重要的工作，因此在云管理系统的设计中也把档案管理作为一个重要的功能。

（5）水利工程建设档案的数字化和信息化管理的优势。在实现和保证水利工程建设档案的真实性、及时性、可用性、完整性和可追溯性方面，信息化管理的模式是具有很大优势的。通过建立云管理系统可以自动管理由多个责任主体的不同管理和业务部门产生的电子文件，按照文件的特性确定归档的时间并进行分类整理。在用户需要时可以快速查询，方便用户的使用。

5.3.1 保证水利工程建设电子文件真实性的相关措施

2013 年 1 月 8 日，水利部印发了《贯彻质量发展纲要提升水利工程质量的实施意见》，明确了要完善质量管理体制，加强管理的具体措施。

(1) 要落实从业单位质量主体责任，项目法人、勘察、设计、施工、监理及质量检测等从业单位是水利工程质量的责任主体，项目法人对水利工程质量负总责，其他从业单位依法各负其责，即所有参与工程建设的单位都要对工程质量负责。

(2) 要落实从业单位领导人责任制，各单位的法定代表人或主要负责人对所承建项目的工程质量负领导责任。

(3) 要落实从业人员责任，勘察设计工程师、项目经理、总监理工程师等从业人员按照各自职责对工程质量负责。

(4) 要落实质量终身责任制，从业单位的工作人员按各自职责对其经手的工程质量负终身责任。

从 1995 年起，水利工程建设项目就开始实行项目法人责任制，后来又有招投标制、建设监理制和监督站代表政府进行监督，形成了一个相互制约的责任体系。尽管如此，仍有可能发生管理失效，出现工程质量问题，所以后来又增加了“工程质量终身负责制”一条。

在设计水利工程云管理系统的时候，将把这些管理思想融入到档案管理的功能设计中。通过建立多主体的责任体系和管理制度，再加上技术措施来保证工程档案的真实性。

1. 多主体档案真实性的组织保障体系

水利工程建设档案管理与文书档案是不同的，因为档案管理可能只涉及一个责任主体，而水利工程档案会涉及所有参建单位和参建者，每个参建单位都要提供与工程建设相关的电子文件，包括记录各参建单位所做的管理工作、承担的职责和任务、开展业务处理活动与发生的事件等完整的资料。工程档案是多个责任主体提供电子文件的集合，每个主体要对其提供信息的真实性负责。

为了明确各个责任主体的具体责任，建立了下述的对应关系。

(1) 建立责任主体与文件的对应关系。

(2) 建立职能部门与文件的对应关系。

(3) 建立责任人与文件的对应关系。

2. 水利工程建设主体与文件的对应关系

按照档案管理的重要原则，即来源原则，水利工程建设档案的来源与其他档案不同的地方是，它是来自多个责任主体。多个责任主体在水利工程建设中承担的档案管理责任在《水利工程建设项目档案管理规定》第十六条中有明确规定：水利工程档案的归档工作，一般是由产生文件材料的单位或部门负责。总包单位对各分包单位提交的归档材料负有汇总责任。

各参建单位技术负责人应对其提供档案的内容及质量负责；监理工程师对施工单位提交的归档材料应履行审核签字手续，监理单位应向项目法人提交对工程档案内容与整编质量情况的专题审核报告。

3. 明确各参建单位的责任是保障档案质量责任的基础

建设单位的项目法人要对工程建设的质量负责。业主单位牵头组织参建各方成立了“工程质量管理委员会”，负责工程全面质量管理的决策、检查、监督和协调，指导参建各方开展质量管理活动。

水电工程质量管理机构以业主为核心，施工、设计、监理和服务各单位建立质量管理体系。其中，承建单位承担实施责任，设计单位承担技术保证责任，监理单位承担全面监督责任。

(1) 建设单位的职责。项目法人应对施工单位自检和监理单位抽检过程进行督促检查，对上报工程质量监督机构核备、核定的工程质量等级进行认定。

建设单位负责建立健全档案管理规章制度，对设计、施工、监理等单位档案工作进行检查、指导；做好本单位形成档案的收集、整理；接收和汇总各参建单位的档案；提交工程档案预验收和专项验收；向有关国家部门移交档案。

(2) 勘察、设计单位的职责。勘察、设计单位对承担的工程设计的质量负总责，对勘察、规划、初步设计、技术设计、工程图纸设计等负有全部责任。负责收集整理与勘察和设计有关的文件；参与编制竣工图；向建设单位移交档案。

(3) 监理单位的职责。目前我国水利工程实行由项目业主委托的建设监理单位负责，对工程建设的质量、进度、投资等进行控制，并负责管理工程合同与工程信息，协调建设和施工单位的关系，因此监理单位是工程质量的责任主体之一，监理单位实行总监理工程师负责制。作为业主在现场的代表，承担全面监督的责任。还负责收集、整理监理工作中形成的文件；对施工档案特别是竣工图进行审查；向建设单位移交档案。

(4) 施工单位的职责与任务。施工单位是工程建设项目的具体实施单位，按照施工合同，实行总经理负责制，建立质量管理体系，配备专职质检人员，负责质量管理与质量检查工作。建立班组初检、施工队复检、指挥部或经理部终检的“三检制”。通过签订质量责任书，明确各级岗位质量管理的责任。由于施工档案是工程建设质量的证据，因此要有专门管理人员管理工程档案，负责收集、整理施工过程中形成的档案；编制竣工图；在自检之后向建设单位移交档案。

(5) 检测单位的职责和任务。在《水利水电建设工程验收规程》(SL 223—2008) 的8.3.2中规定，“工程质量检测单位不得与参与工程建设的项目法人、设计、监理、施工、设备制造（供应）商等单位隶属同一经营实体。”这就要求检测单位应当是具有专业资质等级的独立的第三方的检测机构，因此检测单位也是一个责任主体。在档案管理规范中提出：“水利工程检测单位应按照相关的技术标准进行检测，按合同要求及时提供检测报告并对检测结论负责。”就是对检测结果的真实性负责。同时还要负责收集、整理检测工作中形成的文件，向建设单位移交档案。

(6) 质量监督单位的职责和任务。水利工程质量监督机构应对项目法人、监理、勘测、设计、施工、检测单位以及工程其他参建单位的质量行为和工程实物质量进行监督检查。这是对项目法人责任制和工程监理制等管理制度的补充和完善。监督站对几个参建单位的质量管理体系和工程建设方案、工艺流程、管理制度等进行监督检查，对存在的质量问题提出整改意见，并对工程质量进一步做出确认，滞后将检查结果书面通知有关单位。

工程项目档案记录各参建单位在建设过程中所做的工作和管理行为，可以依据工程档案记录来实现质量问题可追溯，并可依据质量管理体系来进行问责。

4. 建立多个责任主体的档案质量保障体系

《水利工程建设项目档案管理规定》第八条指出："勘察设计、监理、施工等参建单位，应明确本单位相关部门和人员的归档责任，切实做好职责范围内水利工程档案的收集、整理、归档和保管工作"。这是一个涉及建设单位、勘察单位、设计单位、监理单位、施工单位、检测单位和监督单位等多个主体的档案质量保障体系，此外，还会涉及上级主管单位与材料和设备供应单位等。

5. 建立相互制约的责任体系

水利工程建设的档案来源于建设单位、勘察单位、设计单位、施工单位、监理单位、检测单位和监督单位。各参建单位应保证原始资料是真实、准确、完整的，不得篡改或者伪造质量检测报告。为了保证电子文件真实性，通过建立与文件相关的责任链来保证文件的真实性。例如，检测文件的第一责任者是检测单位，而负责审查的监理单位是第二责任单位，负责使用材料的施工单位也是第二责任单位，负责监督的单位是最后一个关卡，是第三责任者。

（1）电子文件产生单位是第一责任者。

（2）电子文件审查者是第二责任者。

（3）电子文件见证人是第二责任者。

（4）电子文件监督审查者是第三责任者。

6. 直接责任人对提供的电子文件的真实性负责

《水利工程建设项目档案管理规定》中第九条明确指出："工程建设的专业技术人员和管理人员是归档工作的直接责任人，须按要求将工作中形成的应归档文件材料进行收集、整理、归档"，项目法人应对提交的验收资料进行完整性、规范性检查。

（1）明确每个文件的直接责任人与相关管理部门的负责人。根据职能部门责任范围与业务分工，可以确定各种电子文件是由哪个部门产生的、部门负责人与直接责任人是谁、审查者是谁。水利工程建设档案管理要根据工程项目的责任体系表，来标注每类电子文件是哪个部门和哪些人具体负责，由哪个领导负责把关签批。例如，合同文件是由合同部负责管理，每个在合同上签字的人是直接责任人，负责审查合同与同意签订合同的审批人是相关责任人。

（2）每个文件直接责任人和相关管理责任人了解自己的责任。根据工程项目的职责分工表，每个部门的负责人和工作人员都知道自己的工作职责，了解自己应当对哪些工作文件的真实性负有法律责任。从项目经理、总工程师、总经济师到部门负责人再到质量管理员、检测员和材料员等都要了解自己的职责和要对所提供的文件的真实性负责。

5.3.2　水利工程建设电子文件管理依据的规范

通过设计水利工程建设云管理系统，研究了国际、国家和行业的多个有关电子文件和档案管理的标准和规范，作为档案管理模块设计的参考依据见表 5－1。

表 5-1 与水利工程建设电子文件与档案管理相关的规范和标准

序号	名 称
1	国际标准《ISO 15489—1：2001 信息与文献文件管理第 1 部分：通则》
2	《建设工程文件归档档案整理规范》（GB/T 50328—2001）
3	《电子文件归档与管理规范》（GB/T 18894—2002）
4	《国家重大工程建设项目文件归档要求与档案整理规范》（DA/T 28—2002）
5	《水利工程建设项目档案管理规定》（水办〔2005〕480 号）
6	建设电子文件与电子档案管理规范（CJJT 117—2007）
7	《科学技术档案案卷构成的一般要求》（GB/T 11822—2008）
8	《水利水电工程施工质量检验与评定规程》（SL 176—2007）
9	《文献管理长期保存的电子文档文件格式　第一部分：PDF1.4（PDF/A-1）的使用》（GB/T 23286.1—2009）

这些规范和标准的内容有的主要还是基于传统的档案管理模式来考虑，有的内容对于电子文件和档案的管理来说，并不是很合适，因此需要考虑在新的网络信息环境下的档案管理模式与应用需求的问题。

1. 水利工程建设档案的分类方法

国家《科学技术档案案卷构成的一般要求》（GB/T 11822—2008）第 5.5 节的内容是："建设项目类案卷宜按项目前期、项目设计、项目施工、项目监理、项目竣工、项目验收及项目后评估等阶段排列。"在《水利工程建设项目档案管理规定》（水办〔2005〕480 号）给出了水利工程建设项目文件材料归档范围与分类组卷的方法，分为 9 类组卷：①工程建设前期工作文件；②工程建设管理文件；③施工文件；④监理文件；⑤工艺、设备材料文件；⑥科研项目文件；⑦生产技术准备、试生产文件；⑧财务、器材管理文件；⑨竣工验收文件。

按照档案的来源分类的原则，根据参建单位即文件的产生者来分类是比较自然的。但是目前的分类方法比较多样，有的如项目前期卷和竣工验收文件是按阶段来分类的，像"工程建设管理文件"是根据文件内容的类型分类；还有的是按文件提供者，如施工单位、监理单位来组卷，其中设计单位、检测单位的资料并没有单独组卷（但是设计、检测单位需要对设计和检测文件的真实性负责，所以应当单独组卷）。

通过对参建单位的职责与工作任务的分析，要建立为多个责任主体服务的水利工程建设云管理系统，可以将档案划分为建设、设计、监理、施工、检测和监督类等。

2. 水利工程建设档案的知识库作用

美国文档组织有限公司（Document Organization）主席、纽约大学兼职教授 Marcy Goldstein 说："现在正是革新的时代，我们应该利用新技术开始新的技能，使档案馆成为有价值的资源，即知识管理中心而不是历史仓库。"

从研究档案应用情况的文章中了解到档案被使用的人数和次数还是比较少的，即档案的证据和参考作用还没有充分发挥。近年来，人们认识到档案可以发挥知识库的作用，从这方面入手可以充分发挥档案的价值与作用。

建设水利工程建设知识库的作用就是为了能够使大家的知识和经验共享，提高水利工程的建设与管理水平，确保工程质量合格，这样比单纯保存工程档案更有意义和价值。

3. 水利工程建设档案知识库的作用决定了档案归纳的范围

虽然验收规范明确了归档的范围，指明哪些资料应当被保存，但还有一些未归档的资料可能是有价值的，但是受档案馆空间的限制，只保留必须归档的材料。

如果一些被认为没有保存价值的电子文件被删除和抛弃之后，后来又发现是有价值的，这种损失是无法补救的，因此，应当把有参考价值的资料保存下来。在实际工作中人们非常谨慎地处理各种文件，一般不会轻易删除一些文件，因为不知道什么时候就会发现，这些文件是有用的和有参考价值的。

水利工程建设的电子文件和档案在采用信息化方式管理后，在归档范围和保管期限上，实际是需要进行相应的修改和调整的。如果是根据档案的知识库的作用来考虑，归档的范围就可能是一切有保存价值的电子文件、非正式文档、外部信息、隐性知识（通过文档化形成显性知识）。

4. 水利工程建设档案知识库的作用决定了档案保存的时间

如果不是受档案馆的空间限制，从水利工程档案的证据作用与参考作用来考虑，水利工程建设档案应被永久保存下来。原来的情况是，除了规定的那些需要移交到档案馆的资料外，其他的文件资料都被销毁，这是非常可惜的。有些被销毁的资料还是有参考价值的。只是因为档案馆的空间有限，又或无法带着这些资料迁移。建设水利工程建设云管理系统就是为了更多地保存有价值的资料。

随着存储介质的体积不断变小而容量越来越大，在有限的空间里可以存放更多的水利工程建设的信息，储存更长时间的资料，这样也就能够通过长期建设形成大数据的环境，并进行数据分析和数据挖掘工作，为科学决策提供支持。

在建立水利工程建设知识库系统后，通过实际应用就会发现知识库具有很好的参考作用，它能把过去出现的问题、解决的方法和工作的效果都真实地记录下来，提供给其他需要的人使用。同时使用者也会把自己的验证结果和改进方法存放到知识库，进一步完善这个知识系统。可以预见，这个功能会越来越受欢迎。它也可以证实档案具有重要的参考价值。水利工程建设知识库的作用可以证明档案是有价值的。

5. 水利工程建设档案的管理方法

根据文件管理的国际标准，即《信息与文献：文件管理第 1 部分：总则》（ISO 15489—1）来管理水利工程建设的电子文件和档案。

档案电子信息化是一个不断发展演变的过程，其主要目的是实现档案信息存储的数字化、档案信息管理的标准化、档案信息利用的网络化，此外还要考虑档案信息的自动采集与生成技术、考虑如何支持智能手机等移动终端的需求，以及如何为使用者提供更加方便和有效的服务，网络信息时代的水利工程建设档案管理模式需要创新与突破。

应用水利工程管理云系统可实现水利工程建设文件和档案的规范化管理，并保证90％以上的电子文件都是通过系统自动产生的。

电子文件和档案是与水利工程建设活动密切相关的，是国家重要的信息资源和资产，对提高服务质量和效率、加强治理和责任、节约管理成本、增强公共服务能力具有重要的支持作用，电子文件管理是工程建设管理的有机组成部分。

工程建设完成后需要几个月甚至半年的时间整理档案。为什么需要这么长的时间？原因是工程建设的很多资料是分散于各责任主体的职能管理部门或个人电脑中的，或者有些信息是记在个人的小本子上，需要收集和整理，还要录入电脑，形成 Word 或 Excel 电子表格文件，然后再打印出来。由于工程建设过程是两三年，有的更长，资料就比较多，所以花费的时间也就比较长。虽然在水利工程管理中提出三同步的要求，但是在工程建设中，由于各种原因有的时候是不能同步完成，这些过后补上的信息，其原始性、真实性和完整性就很难保证。

水利工程建设电子档案是智能化管理的基础。通过水利工程建设现场调研可知，目前水利工程建设者们在建设工程过程中与进行单位工程、竣工验收时需要花费很多的时间和精力管理工程文件和档案，因此水利工程管理云系统把工程文件与档案的管理作为水利工程管理信息化的第一个切入点，帮助工程建设者们按照工程验收与工程档案管理的规范对水利工程建设过程产生的电子文件进行智能化管理，包括自动生成、自动分类和自动归档。

(1) 实现水利工程建设档案的智能化管理。水利工程建设云管理系统对施工过程中产生的文件和档案进行智能化管理，它能够根据项目不同阶段的工作任务与责任矩阵，实现文档管理的 3 个自动，即自动生成、自动分类和自动归档。

水利工程建设档案智能化管理分类如图 5-1 所示。

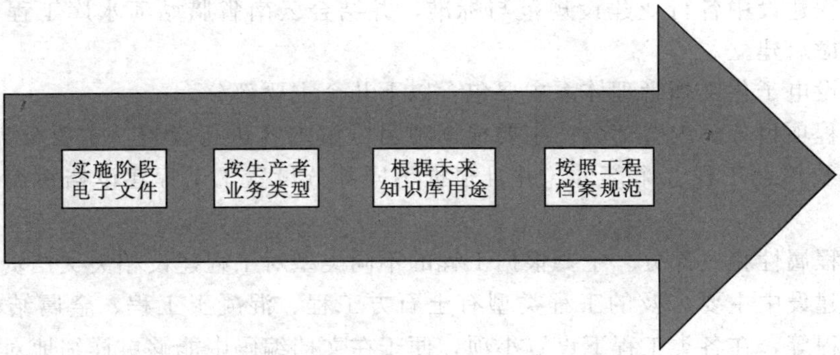

图 5-1　水利工程建设档案智能化管理分类

(2) 按照水利工程建设项目竣工验收规范，完成工程档案的分类与组卷。对水利工程建设全生命周期的各个阶段产生电子文件进行文档一体化的管理，管理空间信息、云服务体系架构、水利工程建设文档一体化的智能管理、数据自动采集和建设跨机构的协同管理与合作平台，这些都是在工程管理方面不断创新的成果，水利工程云管理的构思和起源最早是在 2008 年。

(3) 建立工程质量可回溯的工程档案管理系统，以便及时发现引起工程质量问题的原因和责任人。水利工程建设过程的业务活动全程可追踪与可视化管理，充分发挥水利工程建设档案的知识库作用，成为智能化管理工程的一个历史转折。

5.4　水利工程建设电子化文档管理体系的建立

5.4.1　编码体系的建立

项目开展以来，通过对目前开工建设的水利工程文档管理进行系统调研，以腊姑河水库为例，建立了水利工程建设电子化文档管理体系。

腊姑河水库工程从 2011 年开工以来，各方面工作进展顺利，到 2013 年 5 月，主体工程混凝土面板堆石坝的堆石料碾压封顶完工，待经过一个雨季，大坝完成一级沉降之后开始浇筑混凝土面板。在工程建设期间，积累了大量的工程建设资料档案，为对这些资料档案进行科学管理与高效利用，并为后续的工程建设提供必要的服务与支撑，建立了腊姑河水库工程建设归档资料的管理体系。

在建立的云南省腊姑河水库工程建设归档资料管理体系的基础上，利用建立的工程建设管理系统中工程建设管理资料上传界面进行资料上传，在资料上传时，根据建立的管理体系，进行上传资料的编码自动生成，那么在后期的管理中，则可以按照体系中规定的关键字或者编码进行资料管理，为工程决策提供重要的支撑。

5.4.2　水利工程建设电子化文档管理体系

1. 水利工程建设电子化文档管理体系内容

工程建设电子化文档管理体系主要参考了水利部、云南省等对水利工程建设管理规定、水利工程建设中各行业建设规范与标准，并结合云南省腊姑河水库工程建设实际情况，综合考虑后建立。

工程建设电子化文档管理体系主要包含以下几个主要部分。

（1）工程项目分解内容部分。主要根据项目分解内容进行设置，主要分为单位工程、分部工程以及单元工程 3 个部分，并且根据不同部分设置了工程建设档案编码的字段与位数。

（2）工程属性相关部分。主要根据工程的不同类型对工程建设相关文档资料进行编码定义，工程建设中主要涉及的工程类型有土石方工程、混凝土工程、金属结构与安装工程、监测工程等，在各类工程下设置小项，便于在文档编码中能够更详细地对各类施工过程的文档进行全面管理，如在土石方工程中设置了基础开挖工程、高边坡工程、填筑碾压工程等。

（3）工程管理相关部分。根据工程建设中不同的管理方面，将其分为进度、质量、合同、财务、公文、安全、资料、验收等几个方面，另外在每个大项下尚有不同分项，以便更加精细化管理，如在合同管理中可以按照不同的单位工程、建设项目等进行子项的划分。

1）工程位置。主要根据文档所涉及的工程建设信息所在的工程位置进行文档编码。

2）提交时间。根据工程文档提交时间对文档进行编码。

3）文件属性。主要根据上传的工程资料的格式进行编码，如上传资料可以是 Word、Excel、PDF、JPG 等格式。利用不同的代码，对不同类别的工程建设文档资料进行高效管理。

4）提交单位。根据文档提交的单位进行编码，主要涉及的单位有工程管理单位、工程建设单位、工程建立单位、单位第三方检测方面。另外，还包括工程上级主管单位等。

5）文档修改程度。对文档修改方面进行编码，在文档上传工程中，允许用户对前一次上传的相关文档进行修改重新上传，但是在系统中并不会对已上传的文档进行覆盖与替代，因此，利用编码对非原始文档进行管理。

2. 水利工程建设电子化文档管理编码体系实例

下面以堆石坝为例介绍水利工程文档管理编码体系。该编码体系主要根据腊姑河水库工程实际进行编制，编码体系各部分代码及其编码规则如下。

(1) 工程项目分解内容部分。该部分共有 6 位数代码，皆用阿拉伯数字表示，其中单位工程分配一位代码、分部工程分配两位代码、单元工程分配 3 位代码。根据腊姑河水库工程项目分解，各代码示意如图 5－2 所示。

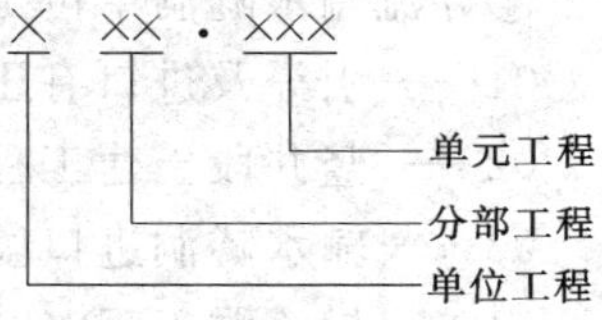

图 5－2　工程项目分项内容部分代码规则

1）单位工程代码含义。

1——面板堆石坝单位工程。

2——大坝灌浆单位工程。

3——溢洪道单位工程。

4——导流输水隧洞单位工程。

若相关电子文档为工程整体内容，不涉及具体单位工程等相关内容，则填写代码时可选择 000000 代替。

2）分部工程代码含义。

①面板堆石坝单位工程。

01——坝基开挖与处理。

02——高边坡处理。

03——趾板及周边缝止水。

04——混凝土挤压边墙。

05——垫层及过渡层。

06——主堆石体。

07——次堆石体。

08——混凝土面板及接缝止水。

09——下游坝面护坡。

10——上游铺盖及盖重回填。

11——坝顶及附属工程。

12——观测设施。

13——导流隧洞封堵。

②大坝灌浆单位工程。

01——左岸灌浆平洞工程。

02——右岸灌浆平洞工程。

03——趾板固结灌浆。

04——趾板帷幕灌浆。

05——左坝肩帷幕灌浆。

06——右坝肩帷幕灌浆。

③溢洪道单位工程。

01——进水渠段。

02——控制段。

03——泄槽Ⅰ段。

04——泄槽Ⅱ段。

05——消能防冲。

06——尾水段。

07——高边坡处理。

08——金属结构及启闭机安装。

④导流输水隧洞单位工程。

01——引渠及进口有压段工程（0－088.90～0＋000m）。

02——竖井段土建工程。

03——输水隧洞进口段（0＋006.5～0＋096.55m）。

04——导流洞工程（0－007.50～0＋202.24m）。

05——导流输水隧洞段（0＋105.30～0＋385.93m）。

06——出口明渠及护坦段工程。

07——金属结构及启闭机安装。

3）单元工程代码含义。

①面板堆石坝单位工程中，各代码含义如下。

a. 坝基开挖与处理分部工程。

1××——坝基开挖，后面两位数字按照施工顺序编写。

2××——坝基支护，后面两位数字按照施工顺序编写。

3××——坝基地质缺陷处理，后面两位数字按照施工顺序编写。

4××——其他，后面两位数字按照施工顺序编写。

b. 高边坡处理分部工程。

1××——左岸边坡开挖，后面两位数字按照施工顺序编写。

2××——左岸边坡支护，后面两位数字按照施工顺序编写。

3××——右岸边坡开挖，后面两位数字按照施工顺序编写。

4××——右岸边坡支护，后面两位数字按照施工顺序编写。

5××——其他，后面两位数字按照施工顺序编写。

c. 趾板及周边缝止水分部工程。

1××——趾板浇筑，后面两位数字按照施工顺序编写。

2××——趾板锚杆施工，后面两位数字按照施工顺序编写。

3××——趾板周边缝止水，后面两位数字按照施工顺序编写。

4××——其他，后面两位数字按照施工顺序编写。

d. 混凝土挤压边墙分部工程。

0××——后两位数字按照挤压边墙浇筑顺序编写。

e. 垫层及过渡层。

1××——垫层填筑，后面两位数字按照施工顺序编写。

2××——过渡层填筑，后面两位数字按照施工顺序编写。

3××——其他，后面两位数字按照施工顺序编写。

f. 主堆石体。

0××——后两位数字按照主堆石体填筑施工顺序编写。

g. 次堆石体。

1××——次堆石体填筑，后面两位数字按照施工顺序编写。

2××——排水棱体施工，后面两位数字按照施工顺序编写。

3××——其他，后面两位数字按照施工顺序编写。

h. 混凝土面板及接缝止水。

1××——混凝土面板浇筑，后面两位数字按照施工顺序编写。

2××——接缝止水施工，后面两位数字按照施工顺序编写。

3××——其他，后面两位数字按照施工顺序编写。

i. 下游坝面护坡。

1××——坝面浆砌石施工，后面两位数字按照施工顺序编写。

2××——下游坝面马道施工，后面两位数字按照施工顺序编写。

3××——下游坝面梯步施工，后面两位数字按照施工顺序编写。

4××——下游坝面排水沟施工，后面两位数字按照施工顺序编写。

5××——其他，后面两位数字按照施工顺序编写。

j. 上游铺盖及盖重回填。

0××——后面两位数字按照土料施工顺序编写。

k. 坝顶及附属工程。

1××——坝顶防浪墙施工，后面两位数字按照施工顺序编写。

2××——坝顶栏杆施工，后面两位数字按照施工顺序编写。

3××——坝顶路面施工，后面两位数字按照施工顺序编写。

4××——坝顶路灯等照明设施施工，后面两位数字按照施工顺序编写。

5××——其他，后面两位数字按照施工顺序编写。

l. 观测设施。

0××——后面两位数字按照观测设施的布设顺序进行编写。

m. 导流隧洞封堵。

1××——混凝土浇筑，后面两位数字按照施工顺序编写。

2××——灌浆施工，后面两位数字按照施工顺序编写。

3××——其他，后面两位数字按照施工顺序编写。

②大坝灌浆单位工程中，各代码含义如下。

a. 左岸灌浆平洞分部工程。

0××——后面两位数字按照施工顺序进行编写。

b. 右岸灌浆平洞分部工程。

0××——后面两位数字按照施工顺序进行编写。

c. 趾板固结灌浆分部工程。

0××——后面两位数字按照施工顺序进行编写。

d. 趾板帷幕灌浆分部工程。

0××——后面两位数字按照施工顺序进行编写。

e. 左坝肩帷幕灌浆分部工程。

0××——后面两位数字按照施工顺序进行编写。

f. 右坝肩帷幕灌浆分部工程。

0××——后面两位数字按照施工顺序进行编写。

③溢洪道单位工程中，各代码含义如下。

a. 进水渠段分部工程。

1××——进水渠段基础开挖施工，后面两位数字按照施工顺序编写。

2××——浆砌石单元工程，后面两位数字按照施工顺序编写。

3××——混凝土衬砌单元工程，后面两位数字按照施工顺序编写。

4××——土石方回填单元工程，后面两位数字按照施工顺序编写。

5××——其他，后面两位数字按照施工顺序编写。

b. 控制段分部工程。

1××——过流面混凝土单元工程，后面两位数字按照施工顺序编写。

2××——进水渠段基础开挖施工，后面两位数字按照施工顺序编写。

3××——浆砌石单元工程，后面两位数字按照施工顺序编写。

4××——混凝土衬砌单元工程，后面两位数字按照施工顺序编写。

5××——土石方回填单元工程，后面两位数字按照施工顺序编写。

6××——交通桥单元工程，后面两位数字按照施工顺序编写。

7××——启闭机机房单元工程，后面两位数字按照施工顺序编写。

8××——其他，后面两位数字按照施工顺序编写。

c. 泄槽Ⅰ段分部工程。

1××——基础开挖施工，后面两位数字按照施工顺序编写。

2××——浆砌石单元工程，后面两位数字按照施工顺序编写。

3××——混凝土衬砌单元工程，后面两位数字按照施工顺序编写。

4××——土石方回填单元工程，后面两位数字按照施工顺序编写。

5××——基础锚杆单元工程，后面两位数字按照施工顺序编写。

6××——地基排水单元工程，后面两位数字按照施工顺序编写。

7××——其他，后面两位数字按照施工顺序编写。

d. 泄槽Ⅱ段分部工程。

1××——基础开挖施工，后面两位数字按照施工顺序编写。

2××——浆砌石单元工程，后面两位数字按照施工顺序编写。

3××——混凝土衬砌单元工程，后面两位数字按照施工顺序编写。

4××——土石方回填单元工程，后面两位数字按照施工顺序编写。

5××——基础锚杆单元工程，后面两位数字按照施工顺序编写。

6××——地基排水单元工程，后面两位数字按照施工顺序编写。

7××——其他，后面两位数字按照施工顺序编写。

e. 消能防冲分部工程。
1××——基础开挖施工，后面两位数字按照施工顺序编写。
2××——浆砌石单元工程，后面两位数字按照施工顺序编写。
3××——混凝土衬砌单元工程，后面两位数字按照施工顺序编写。
4××——其他，后面两位数字按照施工顺序编写。
f. 尾水段分部工程。
1××——基础开挖施工，后面两位数字按照施工顺序编写。
2××——浆砌石单元工程，后面两位数字按照施工顺序编写。
3××——土石方回填单元工程，后面两位数字按照施工顺序编写。
4××——其他，后面两位数字按照施工顺序编写。
g. 高边坡处理分部工程。
1××——边坡开挖单元工程，后面两位数字按照施工顺序编写。
2××——边坡支护单元工程，后面两位数字按照施工顺序编写。
3××——其他，后面两位数字按照施工顺序编写。
h. 金属结构及启闭机安装。
1××——闸门单元工程，后面两位数字按照施工顺序编写。
2××——启闭机安装单元工程，后面两位数字按照施工顺序编写。
3××——其他，后面两位数字按照施工顺序编写。
④导流输水隧洞单位工程中，各代码含义如下。
a. 引渠及进口有压段工程（0－088.90～0＋000m）分部工程。
1××——进口边坡开挖单元工程，后面两位数字按照施工顺序编写。
2××——引渠基础单元工程，后面两位数字按照施工顺序编写。
3××——有压洞身段开挖单元工程，后面两位数字按照施工顺序编写。
4××——进口边坡支护单元工程，后面两位数字按照施工顺序编写。
5××——混凝土衬砌单元工程，后面两位数字按照施工顺序编写。
6××——回填灌浆单元工程，后面两位数字按照施工顺序编写。
7××——固结灌浆单元工程，后面两位数字按照施工顺序编写。
8××——其他，后面两位数字按照施工顺序编写。
b. 竖井段土建分部工程。
1××——进口边坡开挖单元工程，后面两位数字按照施工顺序编写。
2××——竖井开挖与支护单元工程，后面两位数字按照施工顺序编写。
3××——混凝土衬砌单元工程，后面两位数字按照施工顺序编写。
4××——固结灌浆单元工程，后面两位数字按照施工顺序编写。
5××——门槽二期混凝土单元工程，后面两位数字按照施工顺序编写。
6××——闸室建筑与装修单元工程，后面两位数字按照施工顺序编写。
7××——其他，后面两位数字按照施工顺序编写。
c. 输水隧洞进口段（0＋006.5～0＋096.55m）分部工程。
1××——洞身开挖与支护单元工程，后面两位数字按照施工顺序编写。

2××——混凝土衬砌单元工程，后面两位数字按照施工顺序编写。

3××——回填灌浆单元工程，后面两位数字按照施工顺序编写。

4××——其他，后面两位数字按照施工顺序编写。

d. 导流洞工程（0－007.50～0＋202.24m）分部工程。

1××——洞身开挖与支护单元工程，后面两位数字按照施工顺序编写。

2××——混凝土衬砌单元工程，后面两位数字按照施工顺序编写。

3××——回填灌浆单元工程，后面两位数字按照施工顺序编写。

4××——其他，后面两位数字按照施工顺序编写。

e. 导流输水隧洞段（0＋105.30～0＋385.93m）分部工程。

1××——洞身开挖与支护单元工程，后面两位数字按照施工顺序编写。

2××——混凝土衬砌单元工程，后面两位数字按照施工顺序编写。

3××——回填灌浆单元工程，后面两位数字按照施工顺序编写。

4××——其他，后面两位数字按照施工顺序编写。

f. 出口明渠及护坦段工程分部工程。

1××——边坡开挖与支护单元工程，后面两位数字按照施工顺序编写。

2××——基础开挖与支护单元工程，后面两位数字按照施工顺序编写。

3××——混凝土衬砌单元工程，后面两位数字按照施工顺序编写。

4××——其他，后面两位数字按照施工顺序编写。

g. 金属结构及启闭机安装分部工程。

1××——封堵闸门单元工程，后面两位数字按照施工顺序编写。

2××——工作闸门单元工程，后面两位数字按照施工顺序编写。

3××——检修闸门单元工程，后面两位数字按照施工顺序编写。

4××——启闭机安装单元工程，后面两位数字按照施工顺序编写。

5××——其他，后面两位数字按照施工顺序编写。

(2) 工程属性相关部分。该部分共有3位数代码，皆用阿拉伯数字表示，其中工程主要类别分配一位代码、工程二级类别分配两位代码。根据腊姑河水库工程项目分解，各代码示意如图5-3所示。

1) 工程属性代码含义。

1——地基与基础工程。

2——土石方工程。

3——混凝土工程。

4——金属结构制作与机电安装工程。

5——导流与度汛工程。

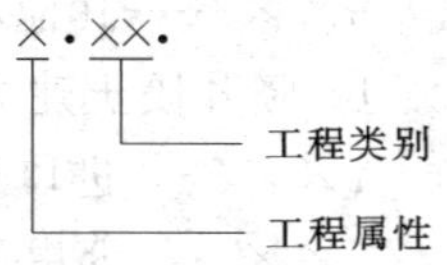

图5-3　工程属性部分代码规则

2) 工程类别代码含义。

①地基与基础工程中，各代码含义如下。

01——水泥灌浆。

02——高压喷射灌浆。

03——化学灌浆。

04——混凝土防渗墙。

05——预应力锚索。

06——断层破碎带处理。

07——地基处理。

②土石方工程中，各代码含义如下。

01——爆破技术。

02——土石方明挖工程。

03——边坡处理工程。

04——地下工程。

05——碾压式土石坝工程。

06——混凝土面板堆石坝工程。

07——堤防工程。

08——疏浚与吹填工程。

③混凝土工程中，各代码含义如下。

01——混凝土原材料选择。

02——常态混凝土配合比设计。

03——砂石骨料生产系统。

04——混凝土生产系统。

05——模板、钢筋及预埋件。

06——混凝土浇筑。

07——混凝土温度控制及防裂。

08——特殊条件下混凝土施工。

09——混凝土接缝灌浆。

10——混凝土施工原型观测。

11——碾压混凝土施工。

12——砌石坝施工。

13——特种水工混凝土施工。

14——混凝土缺陷修补。

④金属结构制作与机电安装工程中，各代码含义如下。

01——水工金属结构制作与安装。

02——水轮机、水泵/水轮机附属设备安装。

03——水轮发电机、发电/电动机及附属设备安装。

04——电气设备安装。

05——水电站机组和成套设备启动及试运行。

⑤代表导流与度汛工程中，各代码含义如下。

01——施工导流标准。

02——施工导流方案。

03——导流泄水建筑物及水力学计算。

04——导流挡水建筑物。

05——河道截流。

06——施工期度汛。

07——基坑排水。

08——施工期水库蓄水与供水。

09——导流截流水工模型试验与水力学原型观测。

(3) 工程管理相关部分。该部分共有 3 位数代码，皆用阿拉伯数字表示，其中工程管理主要分项分配一位代码、工程主要分项中的子项分配两位代码。根据腊姑河水库工程项目分解，各代码示意如图 5-4 所示。

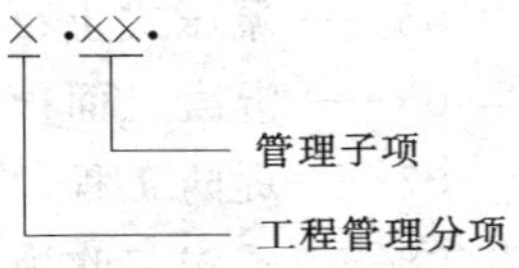

图 5-4　工程管理部分代码规则

1) 工程管理分项代码含义。

1——工程合同管理。

2——工程进度管理。

3——工程质量管理。

4——工程财务管理。

5——工程公文管理。

6——工程安全管理。

2) 各工程管理主要分项中的子项含义。

①工程合同管理中所包含的子项中，各代码含义如下。

01——工程建设合同。

02——工程采购合同。

03——工程咨询合同。

04——工程监理合同。

05——工程合同变更。

06——其他。

②工程进度管理中所包含的子项中，各代码含义如下。

01——工程进度设计。

02——工程进度变更。

03——工程进度统计。

04——其他。

③工程质量管理中所包含的子项中，各代码含义如下。

01——单位工程质量管理相关。

02——分部工程质量管理相关。

03——单元工程质量管理相关。

04——工程质量评定相关。

05——质量缺陷记录相关。

06——工程质量检测相关。

07——工程质量报验相关。

08——其他。

④工程财务管理中所包含的子项中，各代码含义如下。

01——工程预算相关。

02——工程结算相关。

03——工程决算相关。

04——相关变更记录。

05——工程支付相关。

06——其他。

⑤工程公文管理中所包含的子项中，各代码含义如下。

01——上级来文相关。

02——管理处发文相关文档。

03——建设方上报相关文档。

04——监理方上报相关文档。

05——检测方上报相关文档。

06——其他。

⑥工程安全管理中所包含的子项中，各代码含义如下。

01——工程安全行政条文相关文档。

02——工程安全巡查记录相关文档。

03——工程安全会议纪要相关文档。

04——工程安全事故记录与处理相关文档。

05——其他。

(4) 工程位置。该部分共有 7 位数代码，皆用阿拉伯数字表示，其中工程标段表示为一位代码、工程位置表示类型主要有桩号与高程两类、地理位置信息分配 4 位代码。根据腊姑河水库工程项目分解，各代码示意如图 5-5 所示。

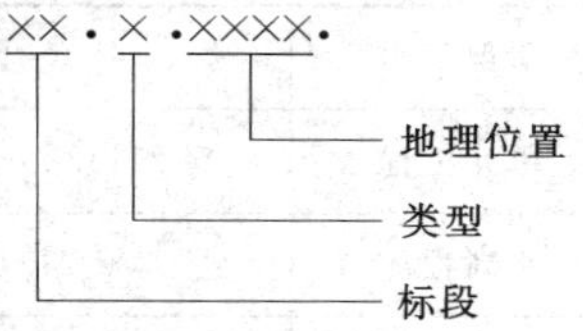

图 5-5　工程位置部分代码规则

1) 标段分配两位代码，按照实际的标段号，若无标段，默认为 00。当按照标段填写后面的地理位置时，空余的位数可用 0 代替。

2) 地理位置的表示类型主要有两种，即高程与桩号，其中高程用 G 表示，桩号用 Z 表示。

3) 地理位置代码分配 4 位，填写工程施工范围的高程起点或者桩号起点，当施工位置用高程与桩号共同界定时，按照高程填写，如主堆石料填筑相关文档中，既有高程又有桩号，按照桩号起点填写即可。

(5) 工程电子文档提交时间。工程电子文档提交时间，分配 6 位代码，按照实际提交时间填写，包括年份（两位代码）、月份（两位代码）、日期（两位代码）。

(6) 工程电子文档属性方面。分配 1 位代码，代码属性如下。

1——Word 格式的电子资料。

2——Excel 格式的电子资料。

3——PPT 格式的电子资料。

4——DWG 格式的电子资料。
5——DXF 格式的电子资料。
6——PDF 格式的电子资料。
7——JPG 格式的电子资料。
8——其他。

（7）提交单位方面的电子资料。分配 1 位代码，代码属性如下。
1——工程建设管理单位。
2——工程设计单位。
3——工程监理单位。
4——工程建设单位。
5——工程建设第三方检测单位。
6——工程上级主管部门。
7——其他。

5.4.3　水利工程建设电子化文档管理体系实例

1. 主堆石料坝体填筑开仓证

主堆石料坝体填筑开仓证编号为：106022-205-303-00G2111-120830-1-1，内容见表 5-2。

表 5-2　　主堆石料坝体填筑开仓证

项目名称：腊姑河水库大坝工程　　合同编号：HPLGH-DB-SG-01　　NO. 2

单位工程	面板堆石坝	分部工程	主堆石体
单元工程	▽ 2111.30～▽ 2112.10 主堆石体	工程部位	主堆料
高程	▽ 2111.30～▽ 2112.10	起止桩号	0＋172.41～0－156.21
设计图纸、通知	大坝分期填筑图（LGH-SZ-DB-01）大坝施工技术要求		
上道工序（合格）	上道工序合格	申请下道工序	申请下道工序

项次	保证项目	质量标准	检测结果
1	颗粒级配、渗透系数、含泥量	符合《施工规范》（SL 49—94）和设计要求	符合《施工规范》（SL 49—94）和设计要求
2	坝体每层填筑时	前一填筑层已验收合格	前一填筑层已验收合格
3	铺料、碾压	按选定的碾压参数进行施工；铺筑厚度不得超厚、超径；含泥量、洒水量符合规范和设计要求	按选定的碾压参数进行施工；铺筑厚度不得超过 80cm；含泥量、洒水量符合规范和设计要求
4	纵横向接合部位；与岸坡接合处的填筑	符合《施工规范》（SL 49—94）和设计要求；与岸坡接合处的料物不得分离、架空，对边角加强压实	符合《施工规范》（SL 49—94）和设计要求；与岸坡接合处的料物没有分离、架空，对边角已加强压实
5	设计断面边缘压实质量；填筑时每层上下游边线	按《施工规范》（SL 49—94）规定留足余量	按《施工规范》（SL 49—94）规定留足余量

续表

<table>
<tr><td rowspan="2">项次</td><td rowspan="2" colspan="2">基本项目</td><td colspan="2">质 量 标 准</td><td colspan="3" rowspan="2">检 测 结 果</td></tr>
<tr><td>合格</td><td>优良</td></tr>
<tr><td>1</td><td colspan="2">压实控制指标干密度（设计干密度为 $2.21g/cm^3$）</td><td>干密度合格率大于等于 90%，不合格干密度不得低于设计值的 0.98，不合格试样不得集中</td><td>干密度合格率大于等于 95%，不合格干密度不得低于设计值的 0.98，不合格试样不得集中</td><td colspan="3">设计干密度 $2.21g/cm^3$，共测 1 点，实测值 $2.24g/cm^3$，合格率 100%</td></tr>
<tr><td>项次</td><td colspan="2">允许偏差项目</td><td>设计值</td><td>允许偏差/cm</td><td colspan="3">实测值（单位：项次 1/cm，项次 2/m）</td></tr>
<tr><td>1</td><td colspan="2">铺料厚度</td><td>80</td><td>±8</td><td colspan="3">78 75 89 82 83 71 79 85 83 85 80 76</td></tr>
<tr><td rowspan="3">2</td><td rowspan="3">断面尺寸</td><td>下游坡填筑边线距坝轴线距离</td><td>132.46</td><td>±20</td><td colspan="3">132.42 132.57 132.76 132.42 132.61 132.62 132.56 132.29 132.22 132.51 132.60 132.49 132.38</td></tr>
<tr><td>过渡层与主石区分界线距坝轴线距离</td><td>122.01</td><td>±30</td><td colspan="3">121.71 121.78 122.22 122.11 122.32 121.89 122.28 122.22 122.24 122.13 122.17 122.33</td></tr>
<tr><td>垫层与过渡层分界线距坝轴线距离</td><td>125.01</td><td>−10～0</td><td colspan="3">124.91 124.90 124.92 124.94 124.91 124.96 124.91 124.98 124.92 124.96 124.91 125.06</td></tr>
<tr><td>施工班组初检意见</td><td colspan="2"></td><td>初检人：
年 月 日</td><td>施工单位复检意见</td><td></td><td colspan="2">复检人：
年 月 日</td></tr>
<tr><td>施工单位终检意见</td><td colspan="2"></td><td>终检人：
终检部门：湖南中格建设集团有限公司 腊姑河水库工程项目部
年 月 日</td><td>下序开仓签证意见</td><td>□ 同意
□ 申报联合检验
□ 不同意</td><td colspan="2">签证人：
工程监理部：大理禹光工程监理咨询有限公司 腊姑河水库大坝监理部
年 月 日</td></tr>
</table>

说明：本表一式三份报送监理部，签证后返回施工单位一份，作相应单元工程支付签证和质量评定资料。

2. 单元工程施工质量报验单

单元工程施工质量报验单编号为：CB18 1024032－203－307－ZB02100－120830－1－1，内容见表 5－3。

3. 单元工程施工质量评定表

单元工程施工质量评定表编号为：1024032－203－304－ZB02100－120830－1－1，内容见表 5－4。

表 5-3　　CB18 单元工程施工质量报验单（承包［2012］质报 013 号）

合同名称：腊姑河水库大坝工程　　　　合同编号：HPLGH-DB-SG-01

致：大理禹光工程监理咨询有限公司腊姑河水库工程建设监理部

右岸边坡支护（LGH-DB-Ⅱ-2）单元工程已按合同要求完成施工，经自检合格，报请贵方核验。

附：右岸边坡支护单元工程质量评定表。

承包人：湖南中格建设集团有限公司

腊姑河水库工程项目部

项目经理：

日期：　　年　月　日

（核验意见）

经核验______________________单元工程质量：

□优良

□合格

□按附言提交补充材料、证明文件，或重做、补做检验

□不合格，提交《施工质量缺陷处理措施报审表》

□附言

监理机构：大理禹光工程监理咨询有限公司

腊姑河水库工程建设监理部

监理工程师：

日　　期：　　年　月　日

说明：本表一式____份，由承包人填写。监理机构审签后，随同“合同项目开工令”，承包人、监理机构、发包人、设代机构各 1 份。

表 5-4　　锚喷支护单元工程质量评定表

单位工程名称	主坝工程	单元工程量	
分部工程名称	高边坡处理	施工单位	湖南中格建设集团有限公司 腊姑河水库工程项目部
单元工程名称、部位	趾板边坡支护（ZB12～ZB22）	检验日期	年　月　日

项次	项目名称	工序质量等级
1	锚杆、钢筋网	优良
2	喷射混凝土	合格

评　定　意　见			单元工程质量等级
两个工序质量均达合格标准，其中锚杆、钢筋网工序质量达优良			合格
施工单位	初检：　　日期： 复检：　　日期： 终检：　　日期：	建设监理单位	

5.5 水利工程建设文档管理系统应用

5.5.1 文档管理模块简介

当建立起水利工程文档管理体系之后，对文档编码进行了唯一性的规则制定，利用云计算技术，可以将目前水利工程中数量庞大且繁杂的各类工程文档进行电子化管理。目前，在水利水电工程建设管理云平台中，建立了文档管理系统。

在已经建立的电子文档管理系统中，主要管理随工程建设施工过程而形成的各种与工程建设质量相关的电子文档，如单元工程质量评定表、单元工程施工质量工序表、单元工程质量三检表、单元工程质量检测表等，以及在工程建设过程中的设备管理表单、进场报验表单、开停工通知等文档，也可以通过电子自动生成或者人工扫描录入等方式维护到工程建设管理系统中。另外，在施工过程中产生的不同建设单位联系单、会议通知、会议纪要等也可以通过电子文件的形式进入系统进行管理。

在系统所提供的电子文档管理功能中，主要可以分为文档上传、文档查询、文档审核、文档卷宗管理等功能，以及为方便用户而提供的文档订阅与特别文档收藏与关注等功能。

5.5.2 水利工程建设文档管理系统应用实例

充分借鉴腊姑河水库档案管理模块开发经验，结合月亮湾水库档案管理相应要求和各参建单位建议，开发了针对该水库档案管理的模块。该模块实现了对月亮湾水库档案的电子化存档和管理：一是实现了对已有的纸质文档的上传、归档和查阅；二是实现了使用本系统进行施工管理过程中产生文件的实时归档。至 2016 年，在水利工程建设管理云平台的应用过程中，已上传文档 529 份，施工管理过程中产生文件 304 份。

(1) 实现了对月亮湾水库现有纸质文档的上传和编码标识。现有的纸质文件经扫描转化为电子文档后（包括 PDF、JPG、Word、TXT 等格式），可进行上传。进入档案管理模块的文档上传页面，可以选择需要上传的电子文档，如图 5-6 所示。此处需要填写说明该文档必要属性标识的框表，包括查询关键字、文档类型、提交单位等，从而定义该文件的查询属性，以便产生一串具有唯一性的数字编码来标识该文件，从而方便后台数据库的管理及用户对文档的查询，如图 5-7 所示。已经上传的文档需要经过进一步的审核方可入库，文档审核如图 5-8 所示。对于已入库的文档，可以通过关键字等信息进行查询，文档查询如图 5-9 所示。

(2) 在使用系统过程中，所产生的一系列表单（如质量评定表、检测表等）会在填写审核完成后实时自动归档，实现了从传统的纸质文档审签存档到电子文档审签存档的转变，同时这些嵌入在系统中的表单（按规范编制的嵌入在系统中的表单）是相互关联的，从每一张成果表中都能回溯到其每一张过程表单，这将大大提高后期的工程审验效率。

如图 5-10～图 5-12 所示，通过月亮湾水库工程划分，从“单位工程—分部工程—单元工程”，进入到每个质量评定表内，填写相关施工过程数据信息，形成图 5-13 所示的带

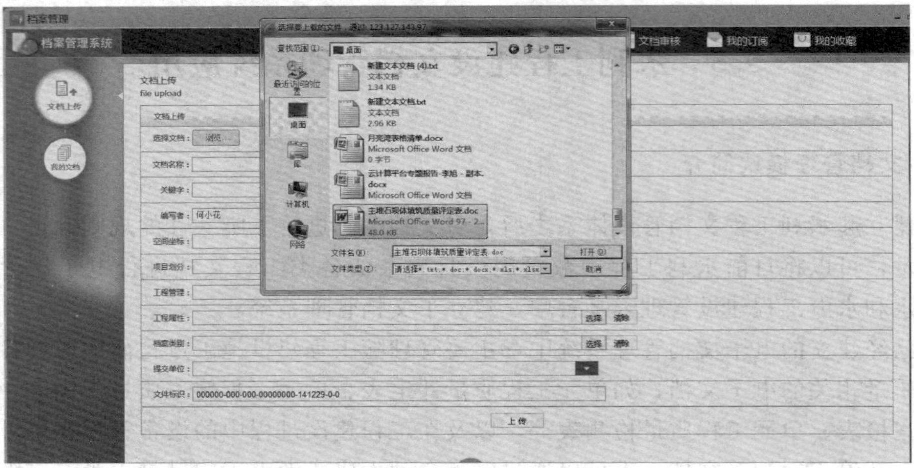

图 5 - 6　选择需上传的文件界面

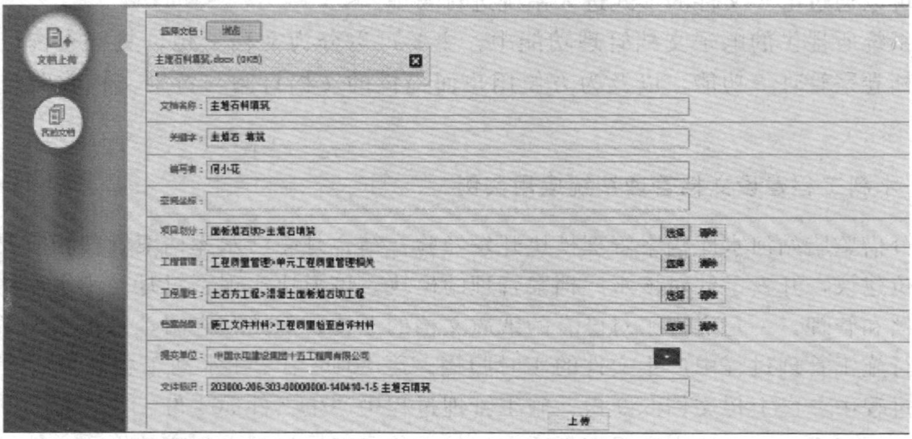

图 5 - 7　文档上传界面

图 5 - 8　文档审核界面

有实际施工数据的单元质量评定表。

（3）结合月亮湾实际工程及水利工程档案管理规范，并按照工程竣工验收档案分类要求，设计了具有可扩展功能的档案管理盒，如图 5 - 14 所示。档案管理员对已上传的文档

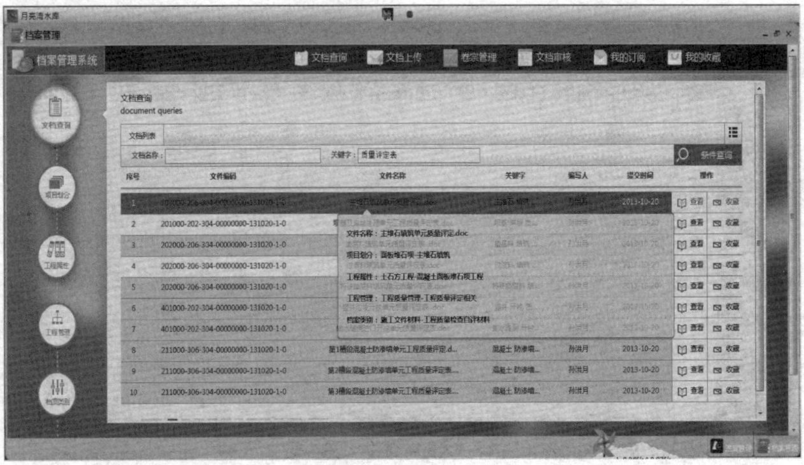

图 5-9 文档查询界面

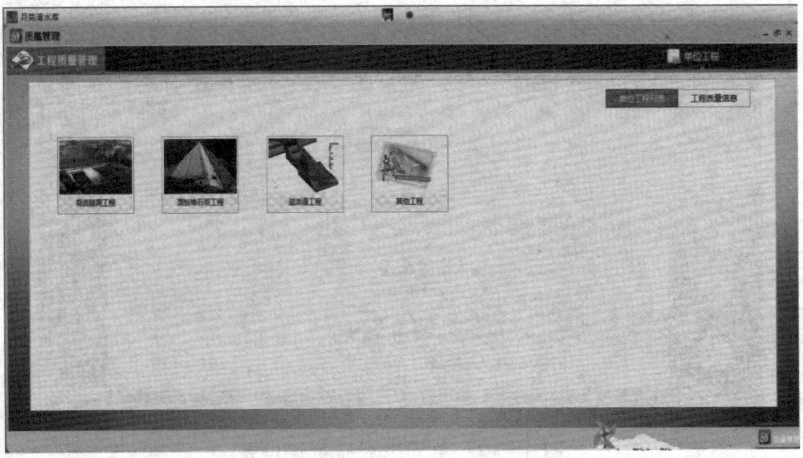

图 5-10 单位工程界面

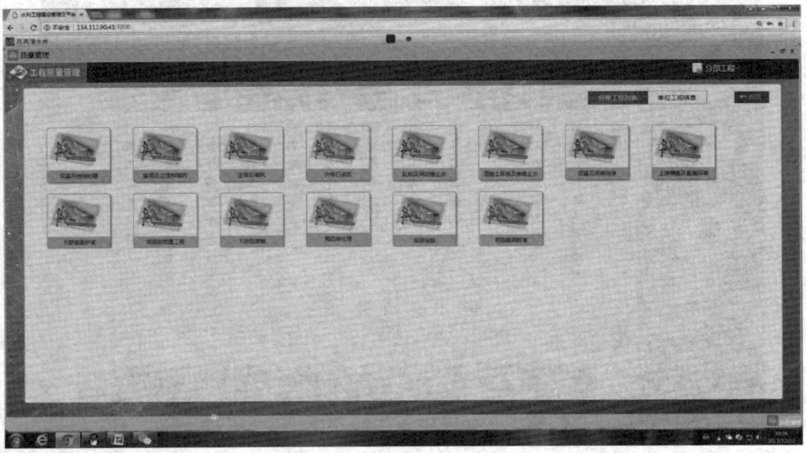

图 5-11 分部工程界面

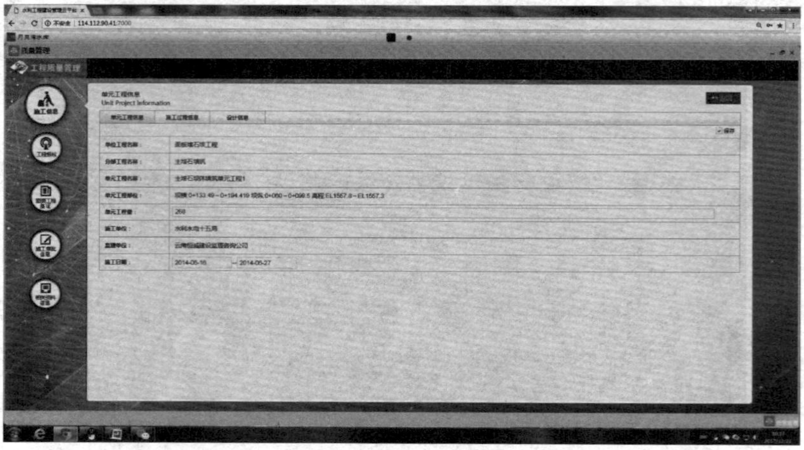

图 5-12　单元工程界面

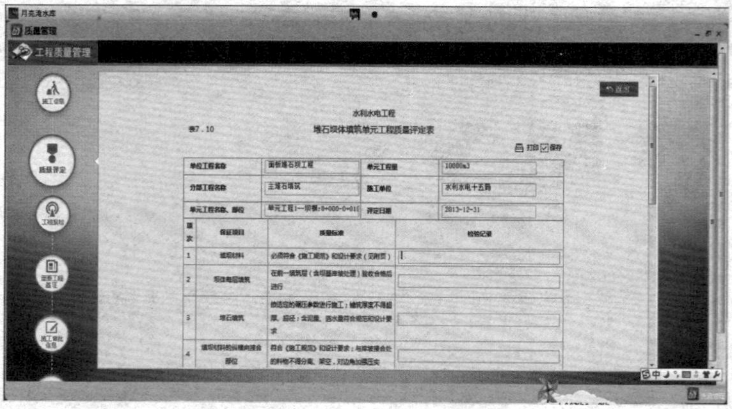

图 5-13　单元工程质量评定表

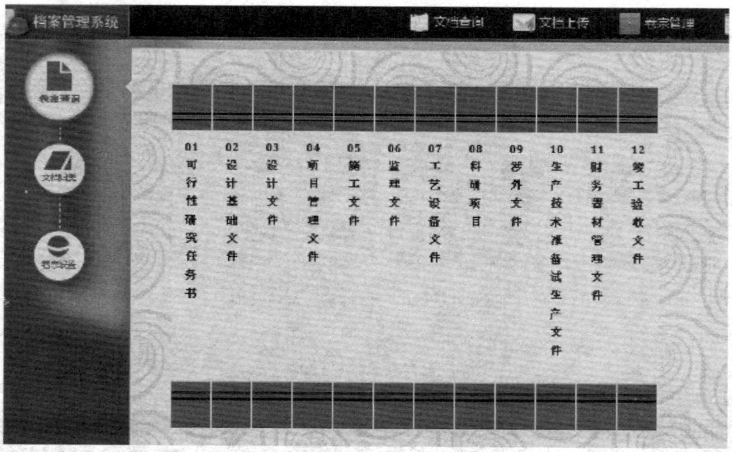

图 5-14　月亮湾水库云档案盒

都可按其类别进行实时分类归档。这些数字虚拟的档案盒如同真实的档案盒一样，使竣工验收资料查阅更加方便。如图 5-15 所示，点开相应档案盒，根据档案盒中的目录可依次查看本目录中的文件。同时这些档案盒有可扩展功能，档案管理员可根据项目和工程要求自行编制，如图 5-16 所示。

（4）在文档管理模块中设置了文档订阅及收藏功能。用户可以对某一类型或单位、单元工程的文档进行订阅和收藏，便于以后的查阅等，如图 5-17 和图 5-18 所示。

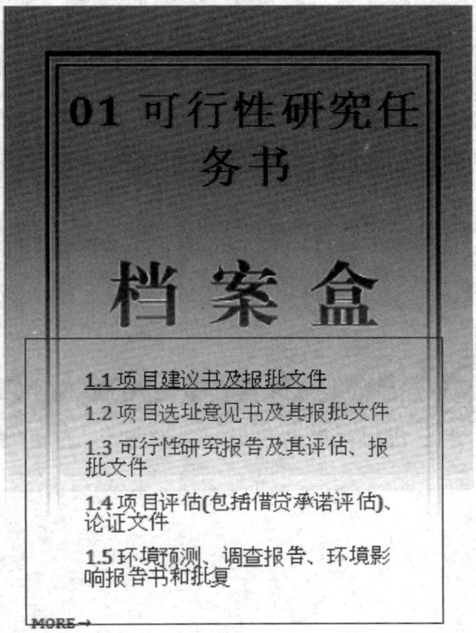

图 5-15　月亮湾水库云档案盒文件查看

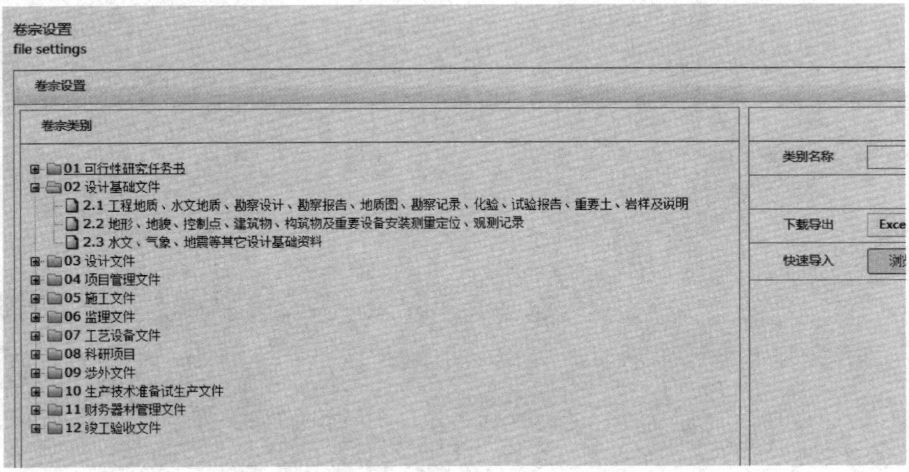

图 5-16　月亮湾水库云档案管理盒设置

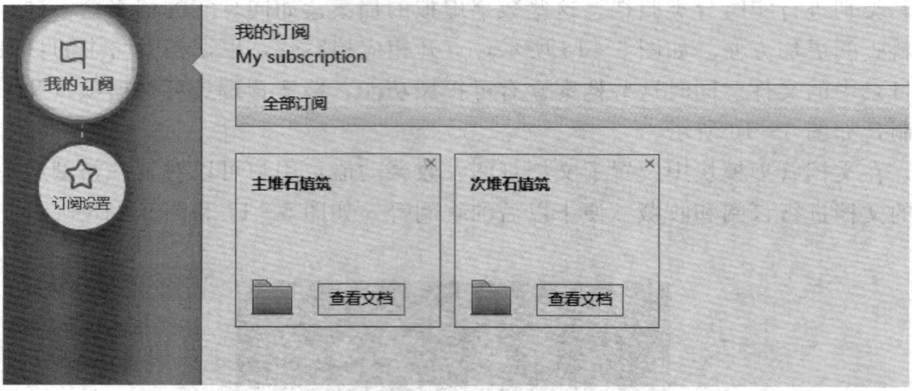

图 5-17　文档订阅

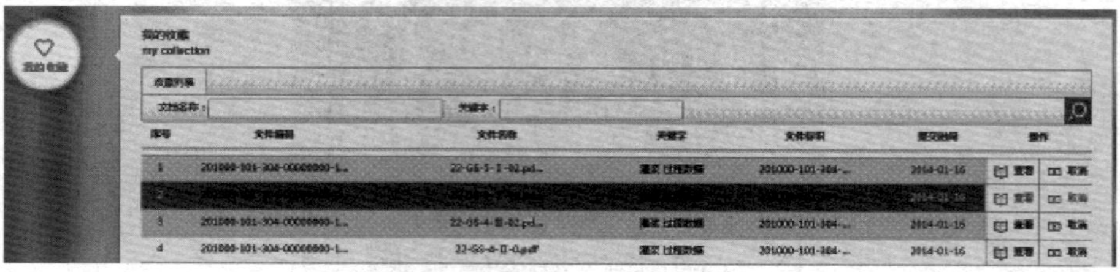

图 5-18　文档收藏

第6章 水利工程施工管理物联技术开发研究

6.1 水利工程物联技术应用现状

2005年11月17日，国际电信联盟（ITU）在突尼斯举行的信息社会世界峰会（WSIS）上，发布了“ITU互联网报告2005：物联网”。这份报告指出，无所不在的“物联网”通信时代即将来临，传感器技术、射频识别技术、纳米技术、智能嵌入技术将得到更加广泛的应用。

2009年1月28日，IBM首席执行官彭明盛首次提出“智慧地球”这一概念，建议美国政府投资建设新一代的智慧型基础设施，并阐明了其短期和长期效益。奥巴马对此给予了积极的回应。“智慧地球”的概念自提出就得到了美国各界的高度关注，目前这一构想已经上升至美国的国家战略，并在全世界范围内引起了轰动。

物联网技术的应用在国外起步较早，目前已经有许多业务在国外得到广泛应用。事实上，物联网应用就产生于2002年的美国，当时美国最大的水处理产品供应商BioLab公司运用M2M技术，远程监控游泳池水中的pH值和消毒剂投放情况（系统采用Nokia的无线通信解决方案Nokia30和Opto22的数据采集设备Ultimate I/O），之后物联网应用便在全球如火如荼地发展起来，并表现出极具爆发力的增长势头。

而我国早在1999年，中国科学院就启动了传感网研究，分别在无线智能传感器网络通信技术、微型传感器、传感器终端机、移动基站等方面取得重大进展。我国的技术研发水平目前处于世界前列，并拥有多项专利。据工信部透露，到目前为止，我国传感网标准体系已形成初步框架，向国际标准化组织提交的多项标准提案已被采纳。在这个全新产业未来发展中，我国和国际上的其他国家相比具有优势，在传感领域目前走在世界前列，与德国、美国、英国等一起，成为国际标准制定的主导国之一。尽管如此，今后仍需加大对物联网研发和应用的支持力度，要极力避免当初计算机和互联网产业大规模发展时，因为没有掌握核心技术而不得不付出的巨大代价。

在物联网网络通信服务业领域，我国物联网M2M网络服务保持高速增长势头，目前M2M终端数已超过1000万，年均增长率超过80%，应用领域覆盖公共安全、城市管理、能源环保、交通运输、公共事业、农业服务、医疗卫生、教育文化、旅游等多个领域，未来几年仍将保持快速发展，预计“十二五”期间将突破亿级。三大电信企业在资源配置方面积极筹备，加紧建设M2M管理平台，并推出终端通信协议标准，以推进M2M业务发展。国内通信模块厂商发展较为成熟，正依托现有优势向物联网领域扩展。国内M2M终端传感器及芯片厂商规模相对较小，处于起步阶段。尽管我国在物联网相关通信服务领域取得了不错的进展，但应在M2M通信网络技术、认知无线电和环境感知技术、传感器与通信集成终端、RFID与通信集成终端、物联网网关等方面提升服务能力和服务水平。

在物联网应用基础设施服务业领域，虽然不是所有云计算产业都可纳入物联网产业范畴，但云计算是物联网应用基础设施服务业中的重要组成部分，物联网的大规模应用也将大大推动云计算服务发展。国内云计算商业服务尚在起步，SaaS已形成一定规模，而真正具有云计算意义的IaaS和PaaS商业服务还未开展。目前，我国在云计算服务的基础设施（IDC中心）建设、云计算软硬件产业支持和超大规模云计算服务的核心技术方面与发达国家尚存在差距。云安全方面，我国企业具有一定的特点和优势。随着物联网应用的规模推进、互联网快速发展和国家信息化进程的不断深入，我国云计算服务将形成巨大的市场需求空间，“十二五”期间将呈现快速发展态势。

在水利信息采集方面的应用。现代水利工作中大量使用自动化以及半自动监测逐步代替人工操作，发展了类型丰富、性能可靠、各具特点的传感器监测系统。监测系统包括工程安全监测、水质监测、水文监测、水土保持监测等，监测物理数据囊括了水位、雨量、风力风向、位移、温度、压力、视频以及多种水质参数。这些应用已经契合了物联网在信息采集末端的应用方式。长期对水利信息的处理积累了大量经验数据和模型，并且形成了一定程度上固有的处理方式和流程，这将成为物联网应用中人工智能系统建设的基础层。

在水利灌浆系统方面的应用。基于物联网的灌浆监测系统就是每个灌浆记录仪都具有唯一的识别码，多台灌浆记录仪通过无线技术连接起来，并能够将各台灌浆记录仪的实时数据融合到一起的物联网。通过该系统管理人员能够读取每台灌浆记录仪的数据信息，了解到灌浆过程数据，并且能够对数据进行统计分析，帮助管理人员进行决策。该系统采用多种无线技术将多台灌浆记录仪采集到的灌浆过程数据收集到数据服务器中，形成物联网。物联网中多种无线技术的运用降低了布线成本，简化了工程设计，实施了灌浆记录仪的全面监测。基于物联网的灌浆监测系统为水利灌浆行业的发展提供了坚实保障。

在水利填筑碾压监控系统方面的应用。系统集合GPS（GNSS）定位技术、数据通信传输技术等高新科技，现场安装碾压机械移动监测点、网络中继站等硬件设备，建立主控中心与现场分控站，连续、实时、高精度地对碾压机械进行自动定位，进而进行碾压遍数计算与显示，可应用软件处理方法计算填筑层厚度、碾压遍数、激振力、压实度、合格率等监控指标。该系统采用定位技术、激振传感器、碾压监控软件等，将碾压过程数据收集到数据服务器中，形成物联网。基于物联网的填筑碾压监控系统为水利碾压行业的发展提供了技术支撑和科学依据。

在水利信息管理系统方面的应用。水利工程具有地域分布广、管理部门分散、信息量大的特点，加之运行管理部门、水资源调度部门、工程维护部门、上级决策部门的分别建立和独立运行，导致采用通信专网、计算机网络、图像监控等的信息自动化系统很难完全满足各部门管理人员实时、准确、全面地了解和掌握整个水利工程运行的需求。建设一个能够适应水利工程特点的综合集成型业务应用平台，是解决“信息孤岛”问题的有效措施。为探索提高水利工程信息化管理水平的新途径，进行了智慧水利工程管理方法的研究与实践，形成了一套基于物联网技术的智慧水利工程信息管理系统。该系统的应用为水利工程的运行管理提供了安全、可靠、经济、科学、先进的技术手段，同时也为安全、科学、合理的运营管理提供了实时数据和决策支持功能。

在智慧水利系统方面的应用。基于物联网技术的智慧水利系统将各种前沿物联网技术综合运用到一个系统中，并且能有机结合发挥出各子系统的最大效能。主要包含以下四大特征：①实时感知，通过先进的传感器和智能设备构筑遍布流域的“水利传感网”，全面实时地测量、监控和分析水文、水情等信息；②全面整合，通过通信和计算机网络将整个水利系统完全连接和融合，充分整合共享现有系统的基础设施；③创新应用，通过科技创新为政府、企业和个人提供更为高效、便捷的业务应用，为水利信息化提供源源不断的发展动力；④统一协作，通过统一的水利综合信息管理平台，实现各个关键系统之间的协同运作，达成科学的运行状态。通过实时采集水文、气象、水位、流速、流量、图像传感器等数据终端的数据，进行传输分析处理后，再以表单、图表、文字、虚拟现实等方式进行展示，同时响应互联网（远程）用户的各种请求，如实时数据更新、图像虚实拟合、远程控制等，实现高清、实时、全面感知枢纽各个方面信息。

在流域智能调度方面的应用。流域水资源调度问题涉及因素多，环境复杂，影响范围大，现有的手段仍然无法解决面临的技术难题和实践问题。然而，最近兴起的物联网技术为此提供了契机。以物联网技术作为支撑，构建流域智能化调度系统，建立完备的监测、仿真、诊断与预警、调度与处置和控制体系，集成建设智能综合指挥平台，提高应对气候变化的能力，保障“六大安全”，为促进流域调度向数字化、信息化、现代化、自动化和智能化等（简称“五化”）方向发展奠定了基础，并引领未来水利信息化发展的潮流。物联网技术是一项综合性的技术，具体实现步骤分为感知层、传输层、应用层 3 个层次。以流域应用为例，物联网层次结构和体系框架如图 6－1 和图 6－2 所示。

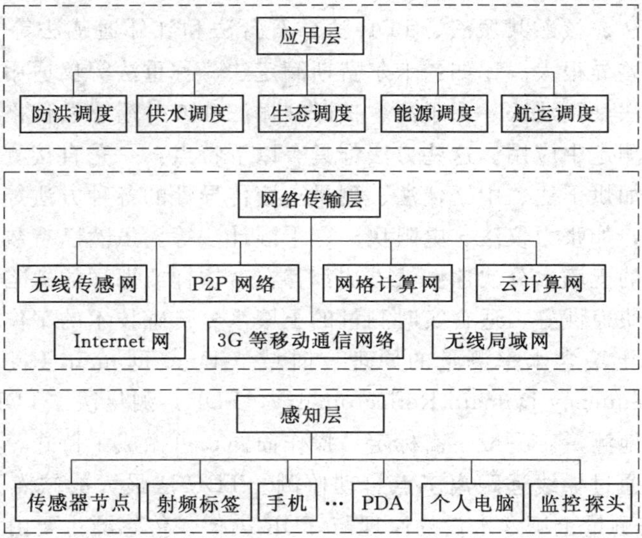

图 6－1　流域调度物联网层次结构

流域的智能化调度系统是“智慧地球”在流域调度方面的具体应用，以坚实的科学基础和技术手段保障防洪、供水、生态、能源、航运和工程的安全。

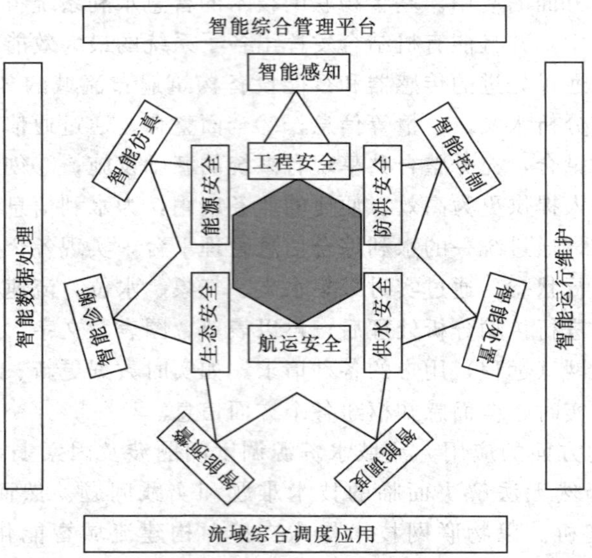

图 6-2　基于物联网技术的流域智能调度技术体系框架

6.2　土料含水状态实时监控技术开发

多年来，科研人员对土体水分测量的研究从来没有停止过，各种测量技术层出不穷。土体水分测定一般有以下几种方法，即卡尔费斯滴定法、称重法、电容法、电阻法、射线法、微波法、中子法、核磁共振法、TDR 法、石膏法和红外遥感法等。这些方法在使用条件和应用场合上差异很大。比如：卡尔费斯滴定法、称重法等仅适用于实验室测定，而且费时较长；射线法、微波法、中子法、核磁共振法和红外遥感法价格昂贵，不适合在基层土壤含水量快速测定中应用。这些方法都具有以下特点：一是直接测量土壤的重量含水率和容积含水率，如烘干法、中子仪法、测量土壤传导性的各种方法等；二是通过测量土壤的基质势来实现，如张力仪法、电阻块法、干湿计法等。虽然已有数十种土壤水分快速测量方法，但现有的土壤水分快速测量方法都存在着这样或那样的缺陷，所以寻求一种精度高、可靠性强、快速性好、适合实时测量的土壤水分传感技术的工作就迫在眉睫。

基于介电法的土壤含水率测量的原理有时域（Time Domain Reflectometry，TDR）测量法、频域（Frequency Domain Reflectometry，FDR）测量法。TDR 法可对土壤样品快速、连续、准确地测量，一般不需标定，操作简便，可做成手持式，在生产中由工作人员即时测量，也可通过导线远距离多点自动监测。TDR 法最大的缺点是电路复杂，导致设备昂贵。FDR 法测量土壤含水量的原理与 TDR 类似，传感器主要由一对电极（平行排列的金属棒或圆形金属环）组成一个电容，其间的土壤充当电介质，电容与振荡器组成一个调谐电路，振荡器工作频率 f 随土壤电容的增加而降低，电容 C 随土壤含水量的增加而增加，由此可知振荡器频率与土壤含水量呈非线性反比关系。FDR 法几乎具有 TDR 法的所有优点，与 TDR 法相比，在电极的几何形状设计和工作频率的选取上有更大的自由度。大多数情况下，FDR法在低频（≤100MHz）工作，能够测定被土壤细颗粒束缚的水，这些水不能被工作频率超过250MHz的TDR法有效地测定。FDR法校准比TDR法更少、更省电、电缆长度限制少，可连续原位测定及无辐射等，在水分测定方法方面表现出更独特的优势，也不需要太多的专业知识去分析波形。而且FDR法的探头可与传统的数据采集器相连，从而实现自动连续监测。因此采用FDR法测量原理的土壤水分传感器更适合于实际生产的需求。

6.2.1 工作原理

土体由固体物质、空气、水组成，土中固体物质的介电常数为4，空气的介电常数为1，水的介电常数在常温下为81。水的介电常数远大于土中固体物质和空气的介电常数，因而土体的介电常数主要由土体中水含量的多少决定。由经验公式，土体的介电常数与土体的体积含水量成正比关系。基于频域反射法（FDR）设计的传感器电路主要原理是建立土体含水量和电路有效输出电压间的关系式，将该关系式写入单片机程序中，测量出有效电压的输出值后就可以实时转化为含水量的值。

基于频域反射法设计的传感器电路主要包括3个部分，即激励电路、运放调理电路、单片机采集电路等。激励电路得到土壤含水量对应的有效电压输出值，经测量在1.2～2V，电压值过小，因而加入了运放调理电路，将激励电路的有效输出电压进行差分放大，再接入单片机的相应端口进行模数转换。

激励电路主要是要建立土壤含水量与有效输出电压间的关系。将传感器的探针插入土体后，探针和中间的土壤就构成了一个等效电容。土壤的含水量升高时其介电常数会增大，而等效电容值与土体的介电常数建立归一化的拟合相关关系，即

$$\mathrm{SF}=\frac{F_a-F_s}{F_a-F_w}$$

式中 F_s——土体中所测量的频率；

F_a——空气中所测量的频率；

F_w——水中所测量的频率。

拟合输出频率与含水量之间的关系为

$$\mathrm{SF}=aW^b+c$$

式中 a、b、c——土体含水量与输出频率的相关系数，由多组土体交叉分析确定。

6.2.2 系统架构

1. 硬件部分

传感器设计包括传感器结构设计、硬件电路设计，传感器固件程序设计。硬件电路由传感器激励电路、运放调理电路、单片机芯片和温度采集电路组成。

本传感器是一种圆环电容式结构，面向测量土壤含水纵向分布的介电式传感器。其传感原理是借助两个带状电极间电磁场的边缘分布效应（Fringe Effect），如图6-3所示。

电极间的电场耦合强度与电极周围材料的介电特性密切相关，只要两电极间的电场能量足以穿透套管，电极间电场耦合强度则与套管外的土体含水量有关。在电场作用下，两

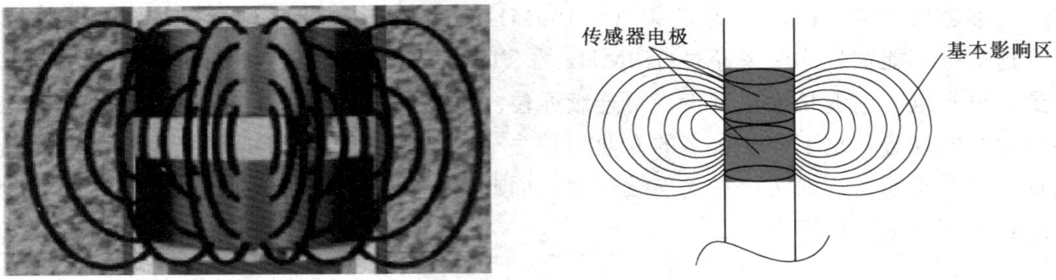

图 6 - 3　传感器原理及结构示意图

个电极构成一个电抗元件，其电特性既可能呈容性也可能呈感性。

当土体的含水量上升时，表观介电常数也增大，电容慢慢升高，导致电容两端的电压慢慢降低。即含水量的变化会导致电压信号发生变化，变化的交流电压信号经过芯片处理后，经测量输出稳定直流电压信号。

输入电压在经过低通滤波器后电压值会变小，第二个平方单元与放大器组成的负反馈电路进行调节电压值的大小，激励电路产生的稳定直流电压信号过小，需通过运放调理电路将电压信号放大再输入单片机。运放调理电路通过对激励电路的输出信号进行差分放大，以增大单片机输入端的电压信号。相关性能指标见表 6 - 1。

表 6 - 1　　　　　　　　传感器性能指标参数表

测量范围	0～100%体积含水量		
电导率范围/(dS/m)	0～6	6～12	12～50
0～40%测量精度	±1%	±2%	需要材料特殊标定
40%～70%测量精度	±2%	±3%	
测量重复精度	±0.2%	±0.3%	
土壤温度测量范围	－15～＋50℃（可定制其他温度量程）		
土壤温度测量精度	±0.2℃		
温度漂移	±0.3%		
模拟输出接口	两个 0～1V（4～20mA 可选）		
IMP232 输出	通道 1：0～100%体积含水量 通道 2：－40～＋70℃土壤温度		
工作温度	－15～＋50℃（可定制其他温度范围）		
数据校准	标准校准用于大多数标准土壤类型，可存储最多 15 个用户自定义校正曲线		
电缆长度	标配 1.5m（其他长度可定制）		
防水等级	IP68		
供电（直流）	7～24V		
耗电	待机 1mA（只能用于 B 模式），空闲 8mA，测量时 100mA （持续 2～3s），用 12V DC 时		
探头主体尺寸	155mm×ϕ63mm	155mm×ϕ32mm	
测量体积	1.25L（160mm×ϕ100mm）	0.25L（110mm×ϕ50mm）	
探针长度	标准 160mm（暂不提供其他尺寸）	标准 110mm（暂不提供其他尺寸）	
探针直径	6.0mm	3.5mm	

2. 软件部分

传感器节点的固件程序主要完成含水量的信息采集和数据的传输任务，此外需要完成测量标定工作。使用烘干法制作10组湿度样本，再使用基于FDR的传感器电路逐一测量每个样本的有效输出电压，进行率定和拟合。

软件部分包括上位机数据采集、传输、存储、整理、分析、输出等功能。其测试流程如图6-4所示。

主程序首先完成定时器、ADC和UART的初始化，然后将中断打开，就进入循环等待状态。定时器中断到来时就按设定时间启动ADC中断，每当ADC中断到来时就完成一次数据采集，根据标志位判断是否为连续测量，如果是则发送数据到主节点，如果不是则直接退出中断。当UART中断到来时，使用状态机来判断是否成功接收完一帧数据，主机向终端节点发送的一帧数据为8B，这是在应用层的用户协议中定义的。状态机每接收一个字节的数据就将它存入数组中，并将状态值加1，当状态值为7时再接收一个字节的数据，就完成了一帧数据的接收工作。然后对数据帧解码，根据数据帧中的主机指令，完成相应的工作，然后退出中断。

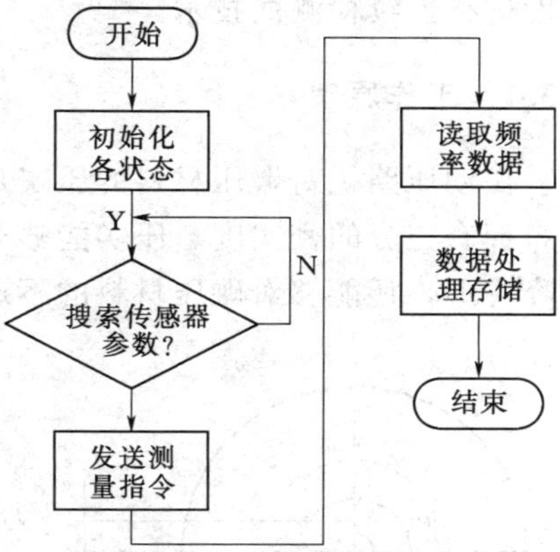

图6-4 软件测试流程示意图

无论上位机是否发送测量指令，ADC中断总由定时器中断按设定时间启动，完成一次数据采集工作，并将数据存储起来。每完成一次采集就更新一次存储数据。如果主机发送的是单次测量指令，就把当前的测量数据发送给主节点。如果是连续测量，每完成一次数据采集就把数据发送给主节点。主机发送标定指令时，数据帧的数据位是当前实际测量的湿度值，当接收到3个以上的实际测量湿度值时，就完成在线标定工作。主机发送查询指令时，在线的传感器节点会返回反馈应答数据帧，主机接收到应答数据帧后就在对应节点设定标识。

6.3 坝料压实状态实时监控技术开发

传统的压实度检测方法主要有环刀法、灌砂法和核子密实度仪法等。用这些传统方法进行检测有诸多弊端：首先，检测工作是在压实结束后取样进行，而无法在压实的过程中对压实状态进行测量和评估，做不到随时跟踪随时检测，检测具有滞后性和难以修复性；其次，由于是取样进行试验，且取用的试样材料数量有限，就会涉及是否具有代表性的问题，取样检测势必会有误差，很难具体到每一点反映出整条道路的压实情况，描述势必会不尽精确；再者，特别是试验往往是一项任务量较重的工作，需要较长的时间，随之而来的也是较高昂的费用；最后，也是比较关键的，具体施工过程中，可能会存在某些区段，因为受到不合理的材料级配影响，或者含量过低或过高的材料内水分的情况，从而影响材料压实度，产生“薄弱点”，这些“薄弱点”往往是道路质量的“死穴”，而传统的检测方法，却常常对这些“薄弱点”漏检，为日后的使用埋下隐患。

鉴于以上存在的现象和针对性的分析可以看出，为了实时控制整个压实过程，保证工程施工人员和监理人员对施工现场情况有充分的掌控，从而确保在每个施工段中，可以用最少的碾压遍数满足最高的施工要求，研究并发展路基土压实度连续检测技术是非常重要、必要、紧要和有现实意义的。另外，在进行现代化碾压工程中，对压实度而言，压实机械是最直接、重要的控制者。因此，评定压实效果的关键所在，是可以对压实机械的压实度进行连续检测的技术。

6.3.1　工作原理

振动压路机对碾压材料的压实是依赖其自重和振动的联合作用实现的，这样让压实的材料拥有充分的密实度。压实能够充分发挥碾压材料的强度，减少甚至避免沉降及不均匀沉降变形，还能够对碾压材料的不透水性有所提升，强度稳定性也能增加。

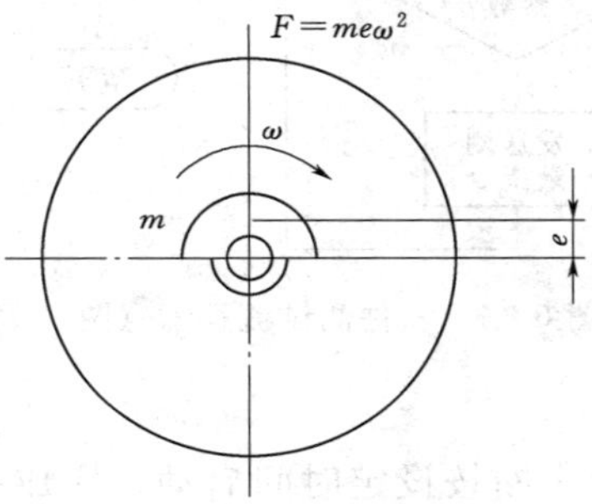

图 6－5　振动压路机的工作轮结构示意图

F—离心力；m—偏心块质量；e—偏心距；ω—角速度

振动压路机的工作轮结构如图 6－5 所示。

压实机的原理是振动压路机利用离心力让轮子振动，轮子内的偏心轴会发生高速旋转，从而形成巨大的离心力 F，这个离心力会迫使轮子产生圆周振动，与地面接触时振动轮会反复给地面非常大的冲击，从而使土壤发生振动，获得较好的密实性。

我国对压路机压实度计的研究要晚于国外。自 1985 年以来，国内一些研究机构和厂家对机械式压实度计进行了研究，并在 20 世纪 90 年代初期分别开发了几种类型压实度计。有代表性的压实度检测仪归纳起来大致有 3 种形式：由东南大学、徐州工程机械厂、宝应四明仪器有限公司三家合作研制的 SMC－960A 密实度测量仪；水利水电科学研究院研制的 YS－1 型压实度计；苏州交通设计研究院和江阴交通工程机械厂联合开发的 MSY－100 压实度检测仪。

中国水利水电科学研究院研制的 YS－1 压实度计工作原理，是利用谐波与基波的比值反映土壤密实度的大小。YS－1 与其他相比不同的是压实度计在进行数据处理时，采用了去平均值的方法。同时，根据振动压路机振动频率的工作范围，YS－1 型压实计设置“恶劣频率选择”开关，以满足不同振动频率的工作要求。

振动压路机是工程施工的重要设备之一，振动压路机主要由发动机、传动系统、操作系统、行走装置振动轮和驱动轮以及机架等组成。传动系统包括两部分，即液压行走驱动系统和液压振动系统。振动压路机后面两个轮胎是主动轮，通过内部的发动机产生马达来驱动，行驶速度取决于发动机的功率。振动轮是从动轮，也是滚动轮。由于振动压路机采用了全液压传动技术，并且振动轮采用的是一种不平衡偏心块式结构。因此，当振动压路机在作业时，在振动轮自身重力及液压系统的作用下，振动轮带动偏心块高速旋转。振动压路机的振动轮在这个干扰力的作用下产生强迫振动，振动轮将振动作用传递到土壤上，这股冲击波使土壤由静止状态变成振动状态，急剧减小土壤颗粒间的内摩擦力和黏结力，使颗粒靠近，小的颗粒填充到大颗粒土的空隙中，土壤压实度增加，从而达到压实的目的。

振动压实的特点是其表面应力不大，过程时间短，加载频率大，同时还可以根据不同的铺筑材料和铺层厚度，合理选择振动频率和振幅，以提高压实效果、减少碾压遍数。振动压实机械可广泛用于黏性小的砂土、土石填方、沥青混合料和水泥混凝土混合料等的压实。

6.3.2　系统架构

根据振动压路机实际结构和工作特点，建立模型前提出以下简化和假设。

（1）振动轮中不平衡偏心块以角速度 ω 绕轮心轴旋转，且 ω＝常数。

（2）振动轮质心及偏心块等结构特征对称于振动压路机的纵向轴线，振动轮—土壤系统因此可简化为平面振动模型。

（3）根据振动轮和机架的结构特征，认为振动轮和机架均为刚体，而且可以简化为具有一定质量的集中质量块。

（4）振动轮与前机架间橡胶减振器及被振实土壤被表征为弹簧和阻尼的多自由度系统时，弹簧和阻尼被认为是无质量的。

（5）由振动轮内偏心块圆周运动所产生的离心力只以其垂直方向的分量作用到模型上，实验研究证明，振动轮振动的水平分量几乎全部通过与被压实材料表面之间的相互滑动而被分散掉，并没有传至土壤中。

由上述简化，振动轮—土壤系统的数学模型可表示为图 6－6 所示，它由两个等量参数系统组成，其上部是说明振动压路机及振动轮的；下部是说明土壤压实性能的。

上车质量 m_1 表示前机架分配在前轴上的质量；下车质量 m_2 表示振动轮及内框架的质量；F_0 表示偏心块的离心力，m_e 为偏心块的静偏心矩，振动轮被以角速度 ω 旋转的激振力 F_0 带动进入振动状态。

振动压路机的振动模型的主要目的是研究土壤对振动压实的反应，所以有关土壤性能描述有必要作进一步深入的接近真实性的探讨。将被振实的土壤分为所谓的一个接触区域和一个周围弹性状态区域，在一定的振动压实参数下，接触区域的范围即可确定，此范围内的土壤质量在此范围内土壤发生塑性变形，吸收振动压路机的振动能量，以改善土壤的结构特征，是振动压路机对土壤的有效作用范围，其力学性能的表现与振动压路机重复碾压的遍数有关。此外，振动压路机压实作业还影响其周围的弹性状态区域，在该区域内振动通过波辐射而传递到周围环境中，这部分所消耗的振动轮的振动能并没有用于改善土壤的结构。

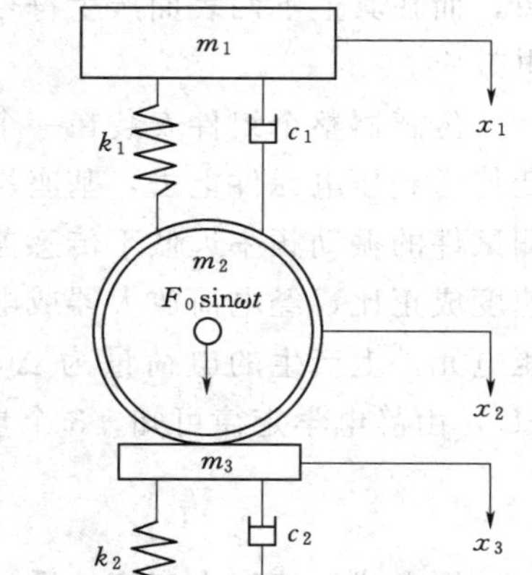

图 6－6　振动碾压数学模型示意图

m_1—上车质量；m_2—下车质量；m_3—随振土体质量；k_1—橡胶减振器刚度；k_2—土的刚度；c_1—橡胶减振器阻尼；c_2—土的阻尼；F_0—激振力；ω—工作频率；x_1—上车瞬时位移；x_2—下车瞬时位移；x_3—土体瞬时位移

压实度检测系统的基本构成如图 6-7 所示。

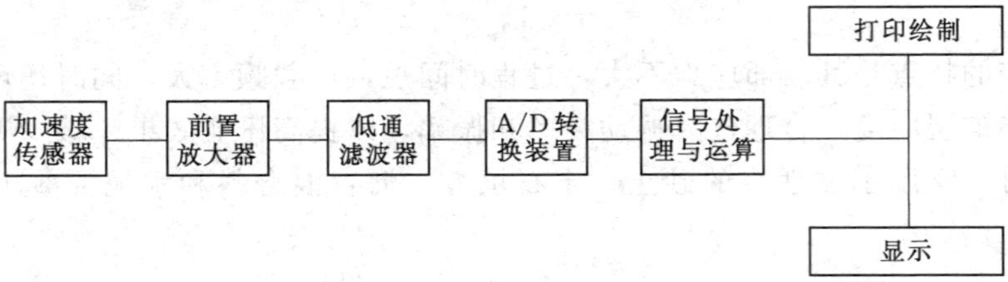

图 6-7　压实度检测系统构成框图

前置放大电路一般采用电荷、电压放大电器。由于传感器输出的信号十分微弱，且阻抗很高，经过放大器的前置放大，同时变高阻抗为低阻抗，并以电压信号输出，使信号由 μV 级上升为 mV 级的有用电压信号。

利用低通滤波器的目的主要是得到压实度的低频信号，要求低通稳定、滤波效果好。另外，在放大器输出的信号中叠加有一直流电平，因此设置低通滤波器的另一个作用是可以消除该部分所带来的直流分量。

A/D 转换装置的功能主要是将采集到的电压模拟信号量化和编码后，转变成数字信号并输出。信号处理与运算的目的是对由 A/D 采集转换的数字电压信号进行各种分析处理，一般是由一块单板机完成。

显示器用来完成压实度数值及其相关信息的显示。

压实度检测系统的传感器选用压电式加速度传感器。而压电式加速度传感器的基本工作原理是以压电效应为基础。即某些物质在机械力作用下发生变形时，内部产生极化现象，而在其上下两表面产生符号相反的电荷，去掉外力时电荷立即消失，这种现象称为压电效应。

传感器整个组件安装在一个基座上，并用金属壳体加以封罩。为了隔离试件的任何应变传递到压电元件上去，基座尺寸做的较大。测试时传感器的基座与测试件刚性连接。当测试件的振动频率远低于传感器的谐振频率时，传感器输出电荷（或电压）与测试件的加速度成正比，经电荷放大器或电压放大器即可测出加速度。如当一个被测加速度量作用在压电元件上产生的电荷量为 ΔQ，压电元件两端的电容为 C，压电元件两端产生一电压 ΔU，由静电学定律可知，3 个量之间的关系为

$$\Delta U=\frac{\Delta Q}{C}$$

压电式加速度由底座、质量块、敏感元件和外壳组成，工作原理是利用压电陶瓷的压电效应而制造出的一种机电换能产品。内置电路式 ICP 是将电路模块装入加速度传感器内，电压直接输出。

信号分析是对信号基本性质的研究和表征，其过程是将一复杂信号分解为若干简单信号分量叠加，并从这些分量的组成情况去考察信号的特性。这样的分解可以抓住信号的主要成分进行分析、处理和传输，使复杂问题简单化。实际上，这也是解决所有复杂问题最基本、最常用的方法。信号分析中一个最基本的方法就是信号的频谱分析，即把频率作为信号的自变量，在频域里进行信号的频谱分析。信号的频谱主要有两类，即幅值谱和相位谱。

在测量与控制工程领域，信号分析技术有广泛的应用。在动态测试中，必须通过对被测信号的频谱分析，掌握其频谱特性，这些都需要用到频谱分析和快速傅里叶变换（FFT）。

信号处理是指对信号进行某种变换或运算（滤波、变换、增强、压缩、估计、识别等），广义的信号处理也可以包括信号分析。信号处理包括时域和频域处理，时域最典型的是波形分析。把信号从时域变换到频域进行分析和处理，可以获得更多的信息，因而频域处理更为重要。信号频域处理主要指滤波，即把信号中的有效信号提取出来，抑制（削弱或滤除）干扰或噪声的一种处理。

振动压路机激振信号的处理重点在于对激振信号的分析、确定信号的采样频率、滤波器的型号、窗函数的确定、频谱变换的算法和信号处理点数的选择。主要分析过程如下。

（1）噪声分析。

1）记录通道中的噪声。

2）发动机、液压泵和液压马达的影响。

（2）信号奇异点分析。

（3）趋势项分析。

（4）平滑处理。

为了验证压实度检测系统在运行中的稳定性、可靠性、准确性以及技术方案的可行性，这里通过一系列的室内试验和现场试验对系统进行测试。

首先，在实验室内对系统自身的稳定性、准确性进行验证；其次，通过振动台试验验证仪器的数据采集功能是否完善；再次，去施工现场进行振动压路机加速度信号采集以及土壤压实试验；最后，再回到实验室做击实试验和利用数据分析处理软件对现场采集数据进行各种分析处理，进一步验证技术方案的可行性。

传感器经检验合格后进行现场安装，传感器的安装方式和安装位置直接影响测量结果。安装方式不同会改变加速度传感器的使用频率（对振动值影响不大），一般选择下面几种方式安装：螺钉 5kHz（使用频率）、环氧或“502”4kHz、磁吸盘 1.5kHz、双面胶 0.5kHz。根据振动压路机及现场实际情况，一般选择磁吸盘安装方式，首先将加速度传感器固定到磁座上，把安装面打磨平、擦净，然后取下传感器磁座上的绝缘片，把加速度传感器安装到振动轴或最能反映振动轮振动情况的位置上（图 6-8）。

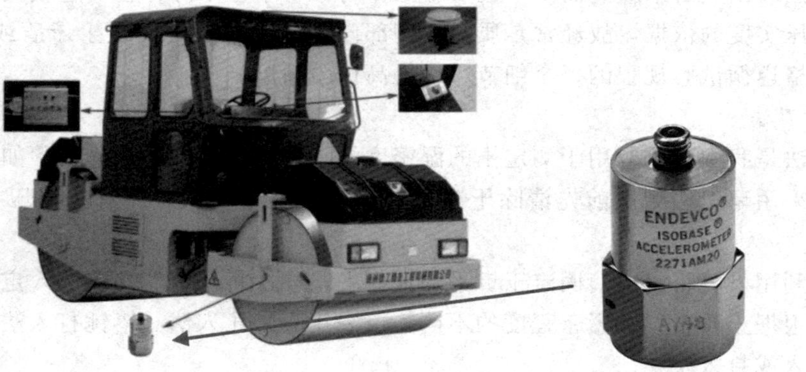

图 6-8　振动传感器外观

6.4　基于移动数据终端的施工质量检测技术开发

从 1862 年美国研制出世界上第一台以蒸汽机为动力的自行式光轮压路机到今天，压实机械已经有了长足的发展。对压实结果的现场测试，经过几十年的研究，发明了许多测定路基压实度的方法。目前现场测定土壤的密实度普遍采用传统的方法。这些方法是灌砂法、环刀法、水袋法、核子密实度法等。

1. 灌砂法

灌砂法就是用均匀颗粒或单一粒径的砂，由一定高度下落到一规定容积的筒或洞内，根据其单位质量不变的原理，来测量试洞的容积。用试洞的容积代表洞中取出材料的体积。采用灌砂法测量土的密实度，首先在拟测量密度的地点挖凿一个圆形试洞，洞身通常应等于黏压层的厚度。在挖洞过程中，应使洞壁尽可能垂直，避免洞径上大下小。仔细收集洞中挖出的全部土或材料，勿使之丢失，并采取措施保护其含水量不受损失。及时称取洞中挖出的全部土或材料的质量，并取部分有代表性的样品作含水量试验。剩下的重要一步是量测试洞的容积。

密实度的具体算式为

$$w=\frac{M_w}{M_s}\rho_s$$

$$\rho_d=\frac{\rho_w}{1+0.01w}$$

式中　ρ_w——土的湿密度，g/cm³；

ρ_s——量砂的单位质量，g/cm³；

ρ_d——土的干密度，g/cm³；

M_s——填灌试洞所需的砂的质量，g；

M_w——填灌试洞所需的湿砂的质量，g。

灌砂法是当前国际上施工过程中最通用的方法，在很多国家的土工试验法和稳定土材料试验法中，都将灌砂法列为现场测定密度的主要方法。

此方法表面上看来颇为简单，但实际操作时常常掌握不好，会引起较大误差；又因为它是测定压实度的依据，故经常是质量检测部门与施工单位之间发生矛盾或纠纷的环节，因此应严格遵循试验规程的每个细节，以提高试验精度。

2. 环刀法

环刀法是我国最早应用于测定土的湿密度的一种方法。具体操作步骤如下。

（1）采用环刀法测试前先清除干净试验地点表面未压实土层，并将压实土层铲平一部分。

（2）利用齿钉将定向筒固定于铲平的地面上，顺次将环刀、环盖放入定向筒内。

（3）根据土质干湿和紧密程度的不同，可采用直接压入法、落锤打入法或手锤打入法将环刀压入或打入土中。

（4）去掉锤和定向筒，用镐将环刀及土样挖出。

（5）轻取环刀上的环盖，用土刀削去环刀两端，放入与土及环刀等重的砝码，直接称出环刀与湿土重。

（6）擦净环刀外壁，在天平放码一端放入与环刀等重的砝码，直接称出环刀重。

（7）自环刀中取出具有代表性的试样，测定其含水量。

采用环刀法测定土壤压实度的具体算式为

$$\rho_w = \frac{M_1 - M_2}{V}$$

$$\rho_d = \frac{\rho_w}{1 + 0.01w}$$

式中 ρ_w——土壤湿密度，g/cm^3；

ρ_d——土的干密度，g/cm^3；

V——环刀体积，g/cm^3。

本方法的优点是简单、快捷地得到路面的压实度，但需要细心熟练的手工操作，如挖坑、称重和测量含水量等，因此存在费时、费工和破坏性强等缺点，而且传统的方法仅能提供有限测试点上的数据，所以带有较大的随机性。同时，传统的方法也不能实时在线地获得压实度的信息，因而在压实不足时只能返工重压、在过压实时则造成能量的浪费。另外，传统方法的测试对象存在一定的局限性，如环刀法适于测定黏性土的密实度。

3. 水袋法

先在拟测量密实度的位置挖掘一个圆形试洞，对洞深的要求以及对称量洞中挖出的土或材料和取样品测量含水量的要求，均与上述灌砂法相同。测量试洞的容积时，将水袋法中使用的薄橡皮袋放入试洞内，在规定压力下将水压入橡皮袋中，使橡皮袋扩张到与试洞底和壁相接触，根据所用水量确定试洞体积。

4. 核子密实度法

核子密实度法是20世纪80年代由国外引进的一种高效、快捷的检测方法。它利用放射性射线穿过物质时要发生衰减，其衰减量的大小与物质的密度成正比，这样通过放射性射线的衰减量可以反推物质的密度，故又称为射线法。核子密实度法的优点是：测量速度快，需要的人员少，方便，操作人员不必费力挖坑取大块试样称重；无损，不破坏土的结构，一些无规律的测定值可立即发现并检验，可用于测量各种土（包括冻土）和路面材料的密度及其含水量。

随着传感器、物联网、云计算、大数据等迅速发展，传统碾压质量检测手段无法满足现代化施工需求，实时、远程质量控制技术得以发展。

6.4.1 工作原理

应用装载在碾压车辆上的压力传感器、方向传感器、GNSS接收装载等设备，应用有线或无线网络，实时、远程采集、传输、存储、整理、分析碾压相关的参数指标，并与相关基准指标统计分析，判断压实质量。

（1）通过安装在碾压机械上的监测终端，实时采集碾压机械的动态坐标（经GPS基准站差分，采用动态RTK技术，定位精度可提高至厘米级）和激振力输出状态，经

GPRS 网络实时发送至远程数据库服务器中。

（2）通过有线或无线网络，采集、传输、存储实时数据，进行实时计算和分析，包括碾压质量参数（含行车轨迹、碾压遍数、压实高程、压实厚度和激振力）等监控指标。

（3）通过碾压试验，标定预设的控制标准，实时判断碾压机的行车速度、激振力输出是否超标，并发出相应预警信息。

6.4.2　系统架构

与传统压实度检测方法相比较，利用振动压路机压实度实时连续检测技术检测路基土压实度，具有检测方便快捷、检测范围全面覆盖压实土体、无检测遗漏点、节省检测费用、便于压实质量实时控制、对环境无污染等优点，经济效益和社会效益都比较显著。

其系统包括安装在碾压设备上的监控系统、通过数据差分为碾压设备提供精确位置参数的 GPS 基站、坝料运输车辆定位装置以及施工视频监控装置 4 个方面，如图 6－9 所示。

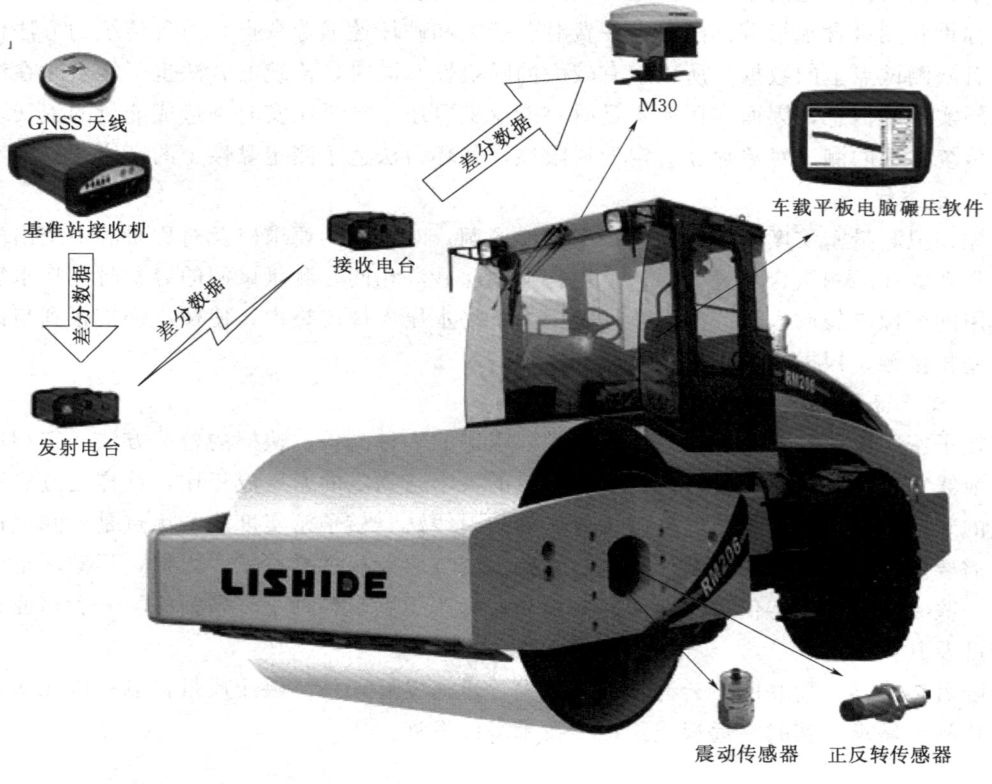

图 6－9　碾压硬件设备结构

1. M30 型车载 GNSS 接收机

其主要用来对大坝填筑碾压设备定位使用，设备能够满足专业抗震设计，并且安装在工程碾压机械上使用，可以兼容北斗等定位系统，具有精度高、可靠性强以及操作便捷的特点，如图 6－10 所示。

一款专业工程机械控制终端，GNSS 数据传感器，符合机械本身行业规范要求的独立的GNSS接收机产品。该产品可以用于矿山机械、工程机械、施工定位机械或者船只、打桩机械、运输机械、铁路机车等领域，相比其他类型的GNSS接收机产品，M30系列机型接收机是国内首款专为机械设备研制的北斗接收机，其可靠性更强、兼容性更高、使用操作更便捷。

图6-10 GNSS接收模块

该设备主要有以下几个方面的特点。

(1) 多种高精度定位系统北斗高精度定位。该接收设备具有多种卫星定位系统的兼容能力，可以支持北斗、GPS及GLONASS卫星定位系统，并且具有多条信号接收通道，定位精度可达厘米级，数据更新率高。

(2) 可靠的防护性与适应性，设备封装金属外壳，具有防尘、防水等工业三防水平，能够抗机械振动、冲击、防盐雾腐蚀，抗电磁干扰能力能够达到美国军方标准，能够适应各地施工现场的恶劣工作环境。

(3) 系统兼容性较高。该设备具有较为宽泛的接口协议，能够支持串行、现场总线等多种通信方式，另外其兼容性较好，适用于各种类型的大坝填筑碾压设备。

(4) 人性化的设计，为用户提供了较为方便的操作。该设备采用了一体化设计，单独一个接插口，能够方便、快捷地为工程建设服务。另外，灵活的底座设计，可减少各种安装配件，使得设备安装方便、坚固防滑，减少了设备安装与拆卸的工程量。设备相关配件如图6-11所示。

2. 车载碾压控制平板电脑

主要安装在碾压设备驾驶室中进行碾压施工过程控制的操作系统，可以为设备驾驶员实时提供工作面碾压遍数、碾压层厚等施工信息，如图6-12所示。

精巧、可靠、结实、搭载Android操作系统的全新ZD800强固型车载平板电脑为您在工程机械控制领域提供工作指引的直观与灵活性。8寸高亮屏幕，安卓4.3操作系统，集终端信息显示、数据通信枢纽功能于一体，强固型防护结构设计、丰富的扩展接口，适于安装在工程机车驾驶室、监控室等各种恶劣场地环境。

该设备主要有以下几个方面的特点。

(1) 强大的硬件性能：Freescale工业级核心硬件平台，双核Cotex A9处理器。

(2) 强固型的结构：IP65防护，抗冲击振动设计。

(3) 高亮显示屏：阳光直射下也能高清显示可读。

(4) 工业级电阻屏：支持手套操作的触控屏幕，方便施工人员触控操作。

(5) 极速通信数据采集：自带3G+电台双通信，数据链稳定高保障。

3. 正反转传感器

安装在碾压设备上的正反转传感器，主要用来判断碾压施工过程中碾压设备行驶方向，是前进还是后退，设备如图6-13所示。

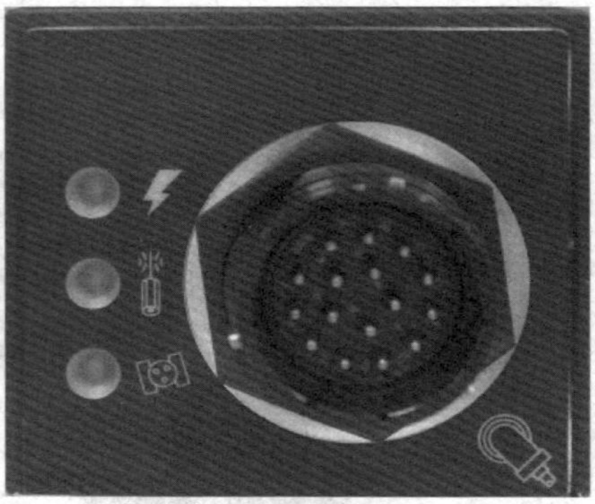

(a) 工业级航空接头

(b) IP67 防护

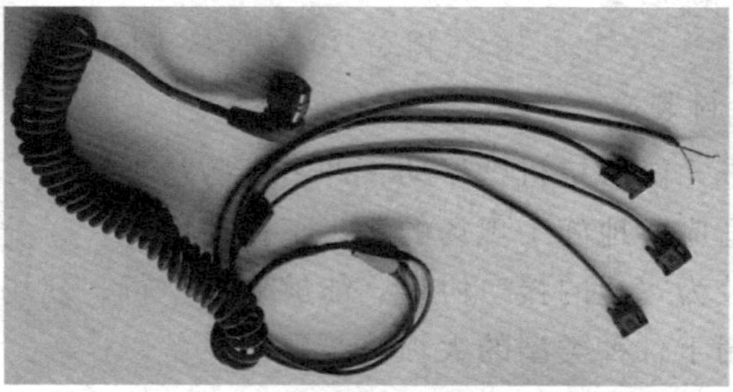

(c) 接收机专用工业级电缆

(d) 不锈钢基座

图 6－11 M30 型车载 GNSS 接收机相关配件

(a) 平板电脑全貌

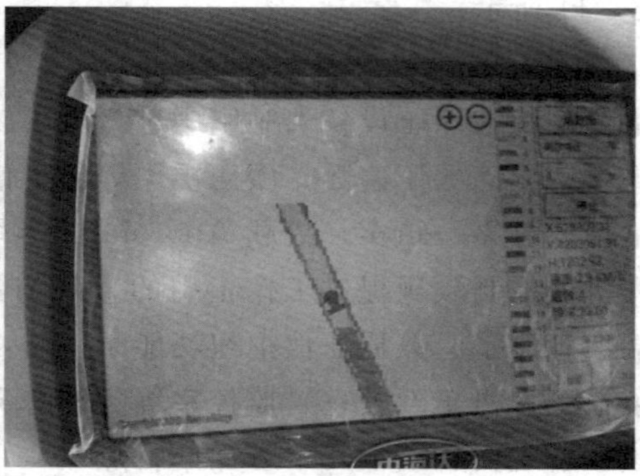

(b) 平板电脑屏幕

图 6－12 工业用平板电脑

4. 振动传感器

安装在大坝填筑碾压设备主振轮上的振动传感器，主要用来对碾压设备振动状态以及大坝压实状况进行监测，并将得到的振动数据实时传输到工程建设云平台中，如图6－14所示。

5. GPS 基站及电台等配件

GPS 基站与相关电台，主要用来对大坝填筑碾压施工设备上安装的 M30 型接收机进

图 6-13 前进、后退方向传感器

图 6-14 压实状况传感器

行数据交互，通过差分数据精确定位碾压设备位置，并通过电台将相关数据实时发送到后台系统中。基站安装外观以及相关附件如图 6-15 所示。

VNet6 专业型参考站接收机（图 6-16）是中海达新产品 VNet 系列测量系统的一部分，也是专门针对参考站应用而设计的专业型参考站接收机。基于天宝 BD970 主板，支持北斗 B1/B2+GPSL1/L2/L5+GLONASSL1/L2+SBAS，是目前市场真正支持高精度的多频多星 CORS 系统专用接收机。可以通过 RS232 接口或网线接口进行实时数据传输，同时借助高性能的内置处理器，可以实现高达 20Hz 的数据采样率。

VNet6 专业型参考站接收机为我国北斗卫星定位系统量身制作，同时也支持所有 GNSS 信号接收。VNet6 专业型参考站接收机配备有高达 220 个并行接收通道，可以最大

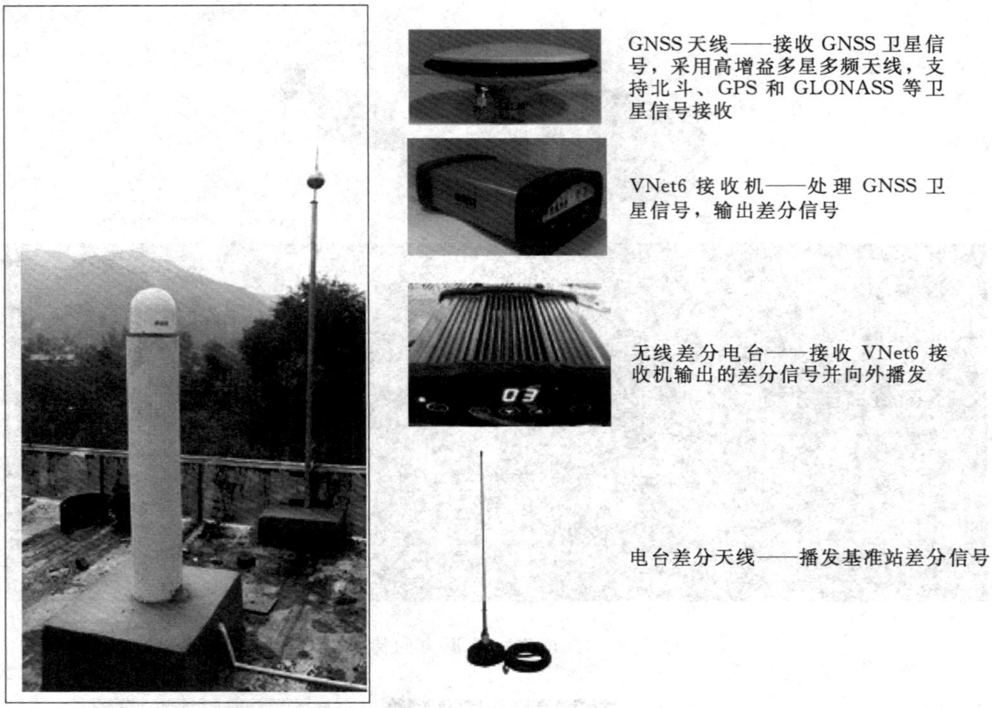

图 6 - 15　基站安装外观以及相关附件

图 6 - 16　VNet6 接收机

限度地跟踪和观测所有可见 GNSS 卫星信号，从而提高测量精度和实时 RTK 测量的性能。

VNet6 接收机主要特点有以下几个方面。

(1) VNet6 接收机是基于 220 通道天宝 BD970 主板，支持北斗 B1/B2+GPS L1/L2/L5+GLONASS L1/L2+SBAS 的单基站或 CORS 基站。

(2) 数据传输模式包括通过 UHF 无线电台、数据专线 Modem、宽带接口、Fax Modem、TCP/IP，内置 GSM/CDMA 无线通信功能，可利用互联网、内联网或无线网络等多种通信方式来进行数据传输和广播差分数据。

(3) 具有数据记录、数据下载、数据流传输功能，内置 1GB 的高性能储存器并可支持大容量工业级 SD 数据存储卡，真正做到存储无限制；数据以文件方式存储，可供本机复制下载或远程网页下载；数据最大储存速率可达 20Hz，能够存储 RINEX，中海达二进制格式数据，存入数据检索和调动使用网络下载，并支持循环存储功能。

(4) VNet6 接收机需采用性能卓越的测量引擎，在长基线、长时间观测的条件下，精度高达：平面±(2.5mm+1ppm)、高程±(5.0mm+1ppm)。

(5) VNet6 接收机需具有极佳的兼容性，GNSS 原始数据可以通过实时输出 RINEX

格式、BINEX格式实现和其他国内外已有CORS系统的无缝兼容，用于新建CORS系统或者扩容现有CORS系统。

（6）工业级设计，坚固铝合金外壳，全密封防水、防尘。

（7）VNet6接收机配备3个RS232数据端口。

（8）VNet6接收机可连接外置式高增益测量天线支持北斗B1/B2、GPS L1/L2/L5以及GLONASS L1/L2多频多星系统，可满足目前测量设备多系统兼容的需求，能有效降低多路径信号的影响，精确地跟踪GNSS（全球导航卫星系统）发射的信号。

（9）VNet6接收机有4个独立电源端口，可接受7～36V电压输入。并且接收机不论因任何原因引起掉电时，自动复位功能能够把接收机复原到最后的设置状态下继续工作。

（10）通信方面能够使用RJ45连接器，支持HTTP、NTRIP，支持10个同时存在的TCP/IP，含有GSM天线接口支持GSM、GPRS、CDMA无线接入方式。

6. 坝料运输设备实时定位设备

大坝填筑施工过程中的坝料需要通过运输车辆从坝料运至大坝填筑工作面，对于不同的坝料，其使用位置是严格要求的，因此，采用坝料运输定位系统对坝料运输过程进行严格管理。

所使用的坝料运输设备实时定位设备是Qmini M1的工业级移动GIS产品。该产品具有较好的性能，各个方面都能够满足工程需要。该设备外观等如图6-17所示。

图6-17 坝料运输设备实时定位设备外观

该设备主要有以下几个方面的特点。

（1）全强固式设计，双色模一体成型工艺。是该设备具有完美的工业三防技术，防尘防水IP67标准，抗1.5m自由跌落，使设备能够在任何恶劣工程环境下可靠地使用，满足工程需要。另外，3100mAh超大容量锂电池，可连续工作12h以上，可以保证在全天工作的稳定性。

（2）领先的PPP（精密单点定位）技术，作为中国高精度GNSS产业的领导者，能提供更高的GPS定位精度和可靠保障。单点定位也能达到更高精度。能够满足工程对大坝坝料运输控制的需求。

（3）专业的 HI－Q 多行业移动 GIS 软件，能够与多种软件与设备兼容，具有较广的应用范围，能够满足多种设备在共同的数据处理平台进行数据传输与交互的需求。

（4）Windows Mobile 6.5 智能操作系统，具有较好的操作系统二次开发基础。

（5）806MHz 高速处理器的畅快体验，保证数据采集与处理的效率。

（6）256MB RAM 内存，8GB 大容量闪存，保证能够满足工程需求。

7. 碾压施工视频监控设备及传输部件

需要在碾压设备上安装视频监控系统，可以实时地将碾压车前后的碾压工作面情况真实地反映在质量监控云系统平台中，为施工现场的远程调度与施工组织优化提供重要的借鉴与参考。

除安装在工程碾压设备上的视频监控系统外，还在施工现场安装固定的视频监控系统，对整个施工现场的工程施工状态进行监控。

采用的视频监控设备是 JF－6107G 专业多功能车载 SD 卡录像机，如图 6－18 和图 6－19 所示，该设备是专为车载视频监控和远程监控开发的一款高性价比、功能可扩展性好的设备。它采用高速处理器和嵌入式操作系统，结合 IT 领域中最先进的 H.264 视频压缩/解压缩技术、4G 网络技术、GPS 定位技术，可实现 CIF、HD1 和 D1 格式的录像，汽车行驶信息记录和视频数据上传，以 SD 卡作为存储介质。配合中心软件可实现报警联动的中央监控、远程管理及回放分析。其主要技术特点有以下几个方面。

图 6－18　移动视频监控设备示意图

图 6－19　移动视频监控设备布置

（1）H.264 硬压缩模式，支持 4 路实时 720P 百万 AHD 高清输入以及模拟标清摄像头输入。

（2）独家预分配式车载专用文件系统技术，解决反复擦写产生文件碎片问题，解决 SD 文件系统崩溃数据丢失、找不到 SD 卡以及文件乱码现象，保障数据稳定、完整。

（3）可内置 EVDO/WCDMA/TD－SCDMA 等通信模块，可轻松通过数据传输通道将现场施工信息传送到建立的工程施工质量监控云平台系统中。

（4）10～36V 自适应宽电压输入，超低功耗设计。

（5）SD 卡存储（可支持两张大容量 SD 卡，最大支持 128GB）可完全抵抗车上震动灰尘等导致的数据损坏。

（6）支持 GPS/BD/G－SENSOR 模块扩展。

（7）高可靠性航空头接头，性价比超高，稳定可靠。

6.4.3 控制流程及技术方案

1. 标定

运用静态标定信号的相关采集系统，来观察区分出所要试验的系统在标定前后的具体精度。

（1）试验所要用的器材。JF－2 型激振信号发生器、数据采集仪（YE6263）、机械振动综合实验台、万用表、笔记本电脑、示波器、加速度传感器、激振器、电荷放大器（TYPE5853）等。

（2）试验的具体步骤。

1）利用磁座（或螺钉）的安装方式，将传感器固定到振动台上，之后用电缆线将传感器和放大电荷的放大器连接起来，将电荷放大器的放大倍数调整到 100 倍，将灵敏度的设置参数调整为传感器灵敏度的 10 倍。将示波器与电荷放大器输出端相连，并适当调整示出波形，读出并记录下峰峰值和频率值。

2）将数据采集仪通过网线与电脑相连，取下与电荷放大器相连的接头，迅速接到数据采集仪的输入端。打开 YE7600 软件，启动软件后进行相关参数的设置，采集试验压路机的振动波形来计算出特征值，与此同时，需要读出和记录下波形的频率与峰值。

3）调节试验的信号发生器，选择不同频率、振幅的信号，重复以上步骤，进行多组试验，记录下相应数据。

4）分析试验所得数据。可以调整数据采集系统中相关的一些参数设置值，通过不断标定与修整直到标定的误差最小为止。

2. 现场碾压试验

碾压质量实时监控系统以碾压机械为监控对象，碾压质量过程控制指标中的碾压速度、碾压遍数、铺层厚度指标均为碾压机机械运动的结果，振动状态指标则是碾压机内部电路状态的反映：激振力大小是通过挡位开关来确定的，一般有高挡和低挡两种状态。另外还有手动、自动状态以及频率高、低状态，开关挡位通过电压高低来触发。因此，选取空间定位技术实现对于碾压速度、碾压遍数、铺层厚度指标的监控，选取电平转换技术，实现电子电路向数字信号的转换继而提取出振动状态。

《碾压式土石坝施工规范》(DL/T 5129—2007)规定，大坝填筑料的摊铺厚度误差不得超过规定摊铺厚度的10%。心墙堆石坝粗堆石料摊铺厚度一般在100cm左右，反滤料摊铺厚度一般在60cm左右，防渗土料摊铺厚度一般在30cm左右，因此，竖直方向上的定位精度应在3cm之内。对于摊铺厚度，如采用轻型移动机械作为空间定位设备载体进行监测，在增加人力、物力消耗的同时还可能影响施工进度；如采用推土机、平地机作为空间定位设备载体进行监测，载体的行进高速性造成的剧烈颠簸、推（平）土部件高度的人工可操作性会导致监测数据误差偏大、可靠性差。故本系统采用以碾压机作为空间定位设备载体监测碾压高程以计算压实厚度的方式，实现自动监测压实厚度与人工测量铺料厚度的填筑层厚度“双控”。

结合不同粒径级配的填筑坝料，其施工过程控制指标类别基本相同，但是其指标量值是不同的。根据碾压施工现场试验，设定不同的坝内洒水量、铺料方法、铺料厚度、碾压遍数、碾压速度、碾压过程中激振状态以及激振能量、搭接宽度等指标。碾压完成后，对填筑坝料碾压后的物理指标进行检测，建立含水量、压水遍数、激振力与压实度的相关模型。

以此为据，进行后期工程施工及碾压压实度相关模型的完善和优化。通过常规检测成果，建立不断更新的施工碾压压实度控制模型。

3. 现场碾压施工

碾压一般采用自行式双滚筒振动碾。振动碾自重一般不低于10t，产生50～100kg/cm滚筒宽度的冲击力，振动碾行走速度不超过2.0km/h。碾压应分条带进行，条带间应采用搭接法，碾压条带间的搭接宽度为10～20cm，端头部位的搭接宽度为100cm左右。连续上升铺筑的混凝土，层间允许间隔时间应控制在混凝土初凝时间内，混凝土拌和物从拌和到碾压完毕的时间尽量控制在1.0h以内，应不大于2.0h。碾压混凝土压实度的质量控制标准：二级配不小于98%；三级配不小于97%。

(1) 粗堆石料填筑施工过程控制。

1) 施工单位根据施工图纸每层放样、画线，测量监理进行抽查复核，保证粗堆石料区中粗、细堆石料的位置、尺寸、铺料厚度满足设计要求。

2) 铺料前，要求施工单位对先期填筑体的边坡松渣进行挖除至密实部位，形成与铺料后作业面同高程的平台，监理工程师方可同意本层填筑料的铺筑。

3) 粗堆石料填筑采用进占法卸料，岸坡接触部位细堆石料填筑采用后退法卸料，推土机平料；应用移动标尺、目视、工具测量控制层厚，仓面起伏差不得超过层厚的10%；每一填筑层碾压前后均按20m×20m网格定点测量高程，据此检查铺料厚度与压实层厚；在定点测量检查铺料层厚满足要求后，监理工程师方同意施工单位进行碾压作业。

4) 要求施工单位对岸坡接触部位3m宽细堆石料与大面积粗堆石料同层铺筑、同层碾压。

5) 粗堆石料加水采用坝外加水与坝面补水相结合的方式。坝外加水按不同车型控制加水量，坝内加水以单位面积洒水量控制，洒水车洒水。对坝料加水实时旁站及巡视监理，无坝外加水条件时停止堆石料填筑。

6) 碾压前进行坝面补洒水。碾压采用进退错距法，沿坝轴线方向碾压，靠近岸坡接触部位 2m 范围内采用平行于岸坡方向碾压，监理单位按照批复的施工参数实施旁站监理。

7）大面积碾压完成后进行边角处理，要求并监督施工单位针对岸坡接触部位易出现的粗骨料集中现象，每层均须用反铲进行处理，之后使用自行式振动碾顺岸坡方向碾压。局部岸坡边角部位采用平板振动夯夯实或小型振动碾压实，该部位要求尽量铺填细料并减薄铺料层厚度。

8）只有在旁站监理施工参数满足要求、试验检测合格、边角处理经现场监理工程师验收合格后方可进行下一层的填筑。

（2）细堆石料填筑施工过程控制。

1）施工单位根据施工图纸每层放样、画线，测量监理进行抽查复核，保证细堆石料的位置、尺寸、铺料厚度满足设计要求。

2）细堆石料采用后退法卸料，人工配合反铲摊铺，推土机平料；应用移动标尺、目视、工具测量控制层厚，仓面起伏差不得超过层厚的 10%；须清除细堆石料与反滤料交界处细堆石料分离出的直径大于 100mm 的块石；采用定点方格网测量摊铺层厚度满足设计要求后方可碾压。

3）细堆石料与反滤料须平起填筑，骑缝碾压；采用进退错距法平行于坝轴线碾压，对碾压参数实施旁站监理。

4）填筑料与岸坡接触部位 2m 范围内采用平行于岸坡进行碾压，局部大型碾压设备碾压不到的部位采用平板振动夯夯实或小型振动碾压实，该部位要求尽量铺填较细料或减薄铺料层厚度。

5）只有在旁站监理施工参数满足要求、试验检测合格、边角处理经现场监理工程师验收合格后方可进行下一层的填筑。

（3）碾压施工过程。

1）碾压铺筑应分条带进行，各条带铺料、平仓、碾压方向应与坝轴线平行。采用自卸汽车直接入仓卸料时，应采用退铺法依次卸料。

2）严禁在仓内加水，不合格的碾压材料不得入仓，已进仓的不合格料应予挖除或采用经批准的方法处理后继续铺筑。

3）用于碾压摊铺的平仓设备应是宽平板式履带推土机或类似产品，并配备控制铺料厚度或斜层铺料坡度的激光仪。平仓厚度根据现场试验确定，应满足压实厚度的要求。

4）碾压尽可能采用大仓面通仓薄层、均衡连续铺筑。

5）碾压在卸料位置适时就地铺开，土料宜卸在未碾压的面上。

6）铺筑过的碾压层表面应平整，无凹坑，并稍向上游倾斜，坡度为 1∶50，不允许有向河床倾斜的坡度。

7）当采用斜层铺筑法时，开仓前按拟定的斜层坡度在模板上放样，并严格按放样要求进行摊铺。摊铺沿坝轴线由坡顶至坡脚，为避免坡脚处的骨料被压碎，摊铺时应形成“靴”形。“靴”长 3～4 倍层厚，厚度与层厚相同。

8）所有施工机械进仓前必须冲洗干净。仓内施工机械设备不得有污染土料的现象发生；否则按正常工作缝处理。

4. 现场检测及分析评价

在采集到的大坝填筑施工过程数据基础上，要实现远程数据访问与整理分析，应该结合相关的工程建设管理流程与规范规程，在此基础上进行数据分析技术的研究与开发。主要的数据分析技术有以下几个方面。

(1) 数据稀疏技术与实现。由于在实际工程中，GPS 系统所采集到的施工过程中的坐标点非常多，这样可能使数据库中的数据异常巨大，此时开发的在线系统如果网络环境不是特别好的情况下，可能导致数据查询或者相关的质量分析会非常慢，因此，在此基础上，要对数据库中采集到的施工数据进行抽稀处理，也就是在进行数据分析时，对给定的区域内平均抽取一定数目的数据进行分析。另外，抽稀操作也是将采集的数据中冗余、无效的数据进行去除，对有效的数据进行在同样整体效果下按规定比例抽取，存储在数据库的新表中，与原始数据分开，并将其显示在云图上，抽稀操作处理示意图如图 6－20 所示。

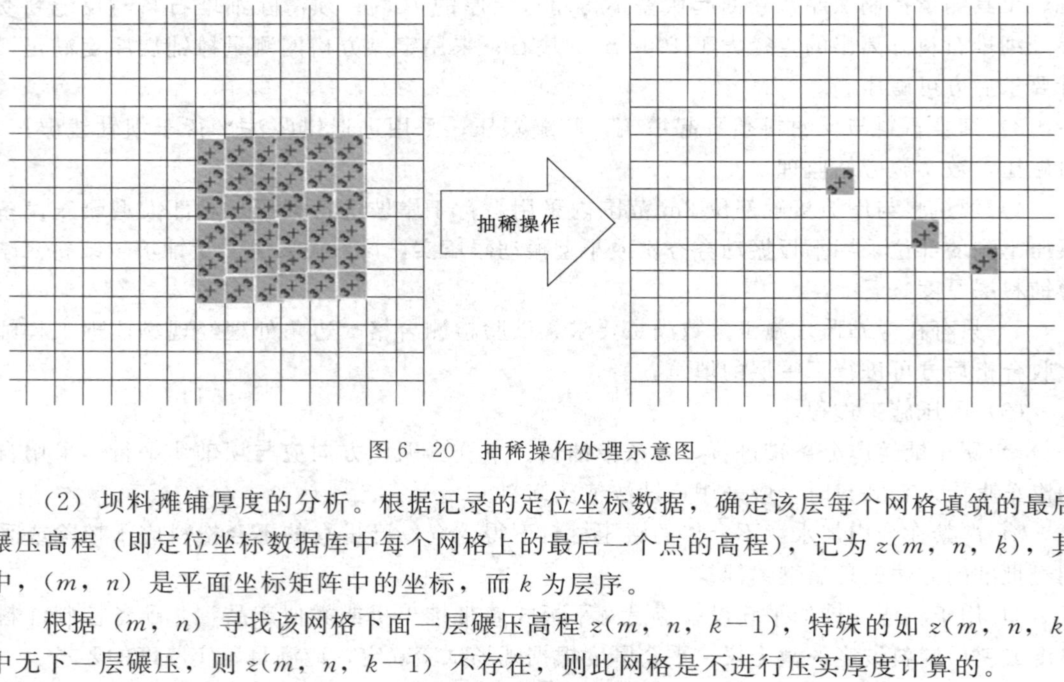

图 6－20　抽稀操作处理示意图

(2) 坝料摊铺厚度的分析。根据记录的定位坐标数据，确定该层每个网格填筑的最后碾压高程（即定位坐标数据库中每个网格上的最后一个点的高程），记为 $z(m,n,k)$，其中，(m,n) 是平面坐标矩阵中的坐标，而 k 为层序。

根据 (m,n) 寻找该网格下面一层碾压高程 $z(m,n,k-1)$，特殊的如 $z(m,n,k)$ 中无下一层碾压，则 $z(m,n,k-1)$ 不存在，则此网格是不进行压实厚度计算的。

可以计算得到已有的每一层的压实厚度，即

$$\Delta z = z(m,n,k) - z(m,n,k-1)$$

以上是压实厚度计算的数学公式。

(3) 碾压遍数的统计与分析。将 GPS 定位天线安装于车顶中心位置（即碾压滚轮中心位置），滚轮宽度 Lcm；碾压区域数字化，为进行碾压遍数计算将仓面进行网格化，网格越小则计算精度越高。

网格剖分方法为：采用一足够大的能包含大坝各分区形体的长方体，高程从上到下按层剖分网格，然后与大坝分区相交，确定各填筑分区的网格编号及其坐标。碾压遍数计算示意图如图 6－21 所示。

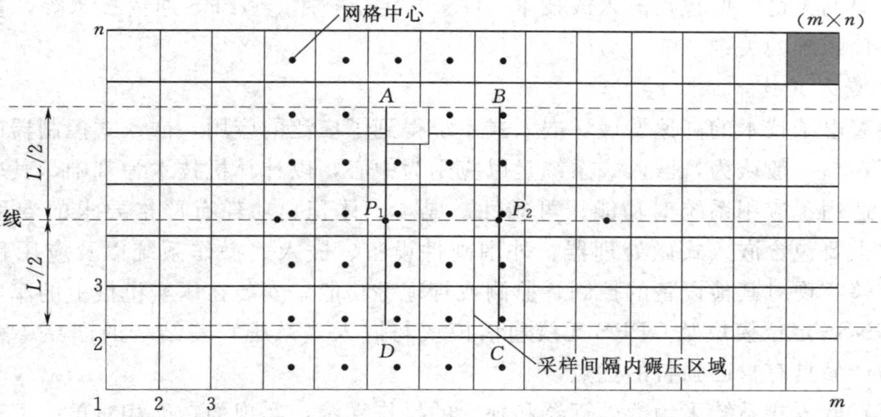

图 6-21　碾压遍数计算示意图

在对数据库抽稀处理之后，小方格的各焦点坐标都可以计算出来，则根据小方格中不同时间落入的坐标点的时间与数值，可以用来分析在实际施工的大坝填筑过程中某一点的碾压遍数。

(4) 碾压设备行进速度的计算分析。根据处理之后的坐标数据及其时间信息，可求出碾压机某个时刻的行走速度。设某碾压设备相邻时刻 t_1 与 t_2 的点位坐标分别为 $P_1(x_1, y_2, z_3)$ 和 $P_2(x_2, y_2, z_2)$，则两点间的距离为

$$P_1P_2=\sqrt{(x_1-x_2)^2+(y_1-y_2)^2+(z_1-z_2)^2}$$

数据采集间隔为 Δt，则碾压设备的行走速度为

$$v=\frac{P_1P_2}{\Delta t}=\frac{\sqrt{(x_1-x_2)^2+(y_1-y_2)^2+(z_1-z_2)^2}}{t_2-t_1}$$

(5) 碾压轨迹的分析。对于碾压设备的轨迹而言，则计算比较简单，将相邻时刻的两点左边连起来就可以形成碾压设备的碾压轨迹。

6.4.4　关键技术

通过 GNSS 卫星定位获得压实机械的速度和轨迹信息，压实机械的状态信息来自机械本身，GPRS 无线通信模块将数据采集模块采集到压实机械各种参数信息传输到后台管理系统进行分析处理。后台管理软件开发模式采用 B/S 构架，它是随着互联网技术的发展在 C/S 构架的基础上改进而来的。GPRS（General Packet Radio Service，通用分组无线业务）的数据承载和传输方式是在以前的 GSM 业务的基础上发展起来的。GPRS 具有传输距离远、实时性和可靠性好、传输速率高的优点。

该系统解决了压实机械工作状态信息的采集、传输和分析处理，实现了数据的无线、远程、实时采集与传输，使用户能够非常方便地远距离实时掌握压实机械的工作状态，从而监督压实机械司机是否按照施工规范操作，对未按照操作规程的压实机械进行处理，强制其按照施工技术规范进行压实作业。

车载终端系统涉及的领域包括计算机、无线通信、嵌入式系统等多个领域，整个系统

需要解决的关键问题包括嵌入式技术、GNSS定位技术、GPRS通信技术等，并加以解决是设计该系统的关键。

1. 嵌入式技术

随着电子技术的高速发展，嵌入式系统得到了广泛的应用，嵌入式控制器的应用几乎无处不在。一般认为，嵌入式系统是以应用为中心，以计算机技术为基础，其软硬件可以裁剪，适用于应用系统对功能、可靠性、成本、体积、功耗有严格要求的专用计算机系统。它主要包含嵌入式微处理器、外围硬件设备、嵌入式操作系统以及应用程序四大部分，能够实现对其他设备的控制、监测或管理等功能。安装在压实机械上的车载终端系统就是GNSS定位模块及GPRS无线通信模块与嵌入式系统完美结合的产品。采用嵌入式技术的产品具有自己独特的优点。

(1) 嵌入式系统采用微处理器和独立的操作系统，实现的功能相对单一，这就使得它不需要大量的外围硬件设备，因此具有体积小、功耗低的优势。

(2) 嵌入式系统作为软、硬件高度结合的产物，一般将软件固化在存储器芯片和单片机本身之中，使其系统的可靠性和执行速度得到大大提高。

(3) 许多嵌入式系统为了适应分布处理结构和应用上网的需要，配置一种或多种标准的网络通信接口，新一代的嵌入式系统还具备了IEEE 1394、USB、CAN、Bluetooth或Ir DA通信接口，使联网成为必然趋势。

(4) 实时性的操作系统作为嵌入式软件的基本要求，使得嵌入式系统具有很强的实时性。因此，采用嵌入式系统的设备能够在限定的时间内执行完设定的功能，并对外部的激励做出快速响应。

与普通的操作系统相比，嵌入式操作系统是更可靠、成本更低、特性更完备的操作系统。由于嵌入式系统的功能日趋复杂，硬件条件日趋完善，对嵌入式系统的选择变得越来越有必要，可以说嵌入式系统的采用成为了最经济可行的方案。

2. GNSS卫星定位技术

卫星定位技术是指人类利用人造卫星确定测点位置的技术。卫星导航系统常分为单向测距系统和双向测距系统两类。单向测距系统可以测量距离或测量距离的变化率，通常采用地面发送信号到空中（上行）或者空中发送信号到地面（下行）方式；双向测距系统，信号则在用户和卫星之间往返传播。目前已知的全球卫星导航系统（GPS、GLONASS和Galileo）均为下行单向测距，我国研究开发的北斗-2系统也是全球下行单向测距系统。

假设有一个待测点O，在t时刻GPS接收机同时测得该点到4颗GPS卫星的距离分别为ρ_1、ρ_2、ρ_3、ρ_4，利用导航电文解读出该时刻4颗GPS卫星的三维坐标值分别为(X_j,Y_j,Z_j)（$j=1, 2, 3, 4$），则有

$$[(X_1-X)^2+(Y_1-X)^2+(Z_1-X)^2]^{1/2}+c(V_{t_1}-V_{t_0})=\rho_1$$
$$[(X_2-X)^2+(Y_2-X)^2+(Z_2-X)^2]^{1/2}+c(V_{t_2}-V_{t_0})=\rho_2$$
$$[(X_3-X)^2+(Y_3-X)^2+(Z_3-X)^2]^{1/2}+c(V_{t_3}-V_{t_0})=\rho_3$$
$$[(X_4-X)^2+(Y_4-X)^2+(Z_4-X)^2]^{1/2}+c(V_{t_4}-V_{t_0})=\rho_4$$

上述公式中待测点坐标X、Y、Z和V_{t_0}为未知量，其中$\rho_i=c\Delta t_i(i=1,2,3,4)$。

$\Delta t_i(i=1,2,3,4)$ 分别为卫星1、2、3、4的测码信号到接收机所经历的时间。c为卫

星测码信号传播的速度，即光速。

X、Y、Z 为待测点的三维坐标。$V_{t_i}(i=1,2,3,4)$ 分别为卫星 1、2、3、4 的卫星钟差，由卫星星历提供。

V_{t_0} 为接收机钟差。

由上述方程可以解算出待测点的三维坐标和接收机钟差 V_{t_0}。

3. GPRS 通信技术

GPRS（General Packet Radio Service，通用无线分组业务）是一种无线分组交换技术，充分利用了已有的 GSM 系统，提供端到端的、广域的无线 IP 连接。

GPRS 利用 GSM 系统原有的信道种类和网络结构，实现 GSM 系统上的移动分组业务。

GPRS 网络结构基于 GSM 系统实现，语音部分仍采用原先的基本处理单元，而对于数据部分则新增了一些数据处理单元和接口。

GPRS 系统的构建来自 GSM 系统思想，因此 GSM 系统中的大部分硬件都不需要改变，对软件做相应升级即可。

原有的 GSM 网络基于电路交换（CSD）方式，GPRS 在此基础上引入两个新的网络节点，即 GPRS 服务支持节点（SGSN）和网关支持节点（GGSN）。SGSN 和 MSC 属于同一等级水平，安全功能和接入控制是靠跟踪单个 MS 的存储单元来实现的，并通过帧中继与基站系统连接。

GGSN 支持与外部分组交换网的互相通信，并经过基于 IP 的 GPRS 骨干网与 SGSN 连接。

GPRS 终端通过接口获取客户端数据，并将处理过的 GPRS 分组数据发送到 GSM 基站。经 SGSN 封装后得到的分组数据，通过 GPRS 骨干网与网关支持接点 GGSN 进行通信。

GGSN 将进行相应的处理分组数据发送到目标网络，如 Internet 或 X.25 网络。如果分组数据是发送到其他 GPRS 终端，则数据由 GPRS 骨干网发送到 SGSN，再经过 BSS 发送到 GPRS 终端。

第7章 北斗定位技术在水利工程中的应用

7.1 基于高精度定位技术的大坝填筑质量控制现状

在国内水电工程建设中应用的典型案例有水布垭面板堆石坝施工质量实时监控系统的实施以及糯扎渡水电站面板堆石坝施工质量控制监测系统。系统集合GPS定位技术、数据通信传输技术等高新科技，现场安装碾压机械移动监测点、网络中继站等硬件设备，建立主控中心与现场分控站，连续、实时、高精度地对碾压机械进行自动定位，进而进行碾压遍数计算与显示，可应用软件处理方法计算填筑层厚度，由此实现对于面板堆石坝碾压施工参数的实时监控。

水布垭及糯扎渡水电站面板堆石坝碾压施工质量实时监控系统实质上进行的是以高精度定位技术对压实效果的实时监测、计算与反馈。

在国外，Anderegg等分析了土壤压实机振动状态的非线性特性，由此提出以振动碾反映路基刚度联合碾压机GPS定位建立智能压实的反馈控制系统，作为质量控制的手段；在实际应用中，智能压实系统可通过碾压遍数监测与土壤刚度量测保证最小遍数的压实成果与压实能量的自动调整。Minchin等介绍了一种智能沥青压实系统的电脑软硬件组成，此系统布置于沥青碾压机上，可实时地指示沥青密度。文中介绍了该机载沥青密度测量系统中居于重要地位的硬件部分的组成、生产及防热防振保护，同时介绍了软件部分的编写、传感器与机载电脑的通信机理。White等对在土木工程施工与质量控制（保证）中应用的一种压实效果监测技术进行了评估，评估方法为：调查在压实全过程中的压实机械动力，描述在压实过程中机械动力随描述压实效果的一系列参数（土石密度、强度、刚度、含水量等）的变化情况，通过试验数据得到振动力、土石密度及含水量间的关系，以此将振动力数据与压实效果建立联系，并通过某一土石工程验证此压实监测技术的映射能力。Mooney等通过将监测仪器安装于振动压路机上进行实地调研来探索压路机振动参数（碾轮加速度与偏心激振力）与基层土壤属性（刚度）之间的关系，指出压路机振动参数对基层土壤刚度的变化反应十分敏感，由此可动态检验出在静态检测中无法发现的路基压实薄弱地带。Hossain等将ICC（智能压实控制）技术应用于堪萨斯高速公路路基施工项目中；在ICC中，监测设备被安装于碾压机上以测量与土料属性有关的碾压机振幅、振动频率、加速度、转速等参数，以此来定位碾压后土壤刚度不足之处。结果还显示，土料密度随着碾压遍数的增加而提高，刚度计算结果对土料含水量与现场压实比率反应敏感，而与动态圆锥贯入仪的测量结果的校正不好。White等针对凸块碾进行了与Hossain相似的研究，结果显示，机械有效功率随着碾压遍数的增长呈对数关系降低，干容重随着碾压遍数的增长而逐渐提高，而动态圆锥贯入仪的测量结果随着碾压遍数的增长呈多变性降低；压实监测结果可实时地输出至安装于碾压机驾驶室内的电脑屏幕，以帮助驾驶员了解压实状况从而进行碾压操作调节，这是此项研究在实际应用中的一个亮点。Oloufa 等采用全球定位技术开发了针对沥青路面材料的压实质量自动监测系统。

在基于高精度定位技术的碾压质量实时监测与控制方面，国内外学者也进行了研究。主要集中在以下方面。

（1）高精度定位技术的实时、动态观测精度的提升。

（2）碾压指标（激振力、碾压遍数、含水量、土料级配等）采集、传输、存储等功能模块的自动化、智能化。

（3）碾压设备的智能化，智能感知、智能操作、智能预警和智能处置等。

（4）碾压资料动态反馈分析方法，大数据、云计算及物联网的压实模型建立及应用。

7.2 国产北斗定位技术的应用优势

我国自行研制的“北斗卫星导航定位系统”（简称“北斗系统”）从 2004 年 4 月正式运营、全面对民用用户开放至今，整个系统运行稳定，工作状态良好，已在测绘、电信、水利、交通运输、勘探和国家安全等诸多领域开始逐步发挥重要作用。北斗系统作为一种新的卫星导航定位系统，有明显的技术优势，具体如下。

（1）安全性。北斗卫星系统由我国自主设计研发，较 GPS 等系统更加适合军民应用，坐标数据、解算算法等均满足工程需要，且不存在外泄可能。

（2）三频信号。北斗使用的是三频信号，GPS 使用的是双频信号，这是北斗的后发优势。三频信号可以更好地消除高阶电离层延迟影响，提高定位可靠性，增强数据预处理能力，大大提高模糊度的固定效率。而且如果一个频率信号出现问题，可使用传统方法利用另外两个频率进行定位，提高了定位的可靠性和抗干扰能力。北斗是全球第一个提供三频信号服务的卫星导航系统。

（3）有源及无源定位。有源定位就是接收机自己需要发射信息与卫星通信，无源定位不需要。当观测的卫星质量很差、数量较少时（理论上，无源定位至少要 4 颗卫星才能解算 X、Y、Z 和时间 4 个未知参数，实际需要的更多），仍然可以定位。这个功能对于紧急情况会比较有用。比如在山谷中，观测条件非常差，能大概知道位置也是非常重要的。

（4）短报文通信服务。这是中国卫星原创功能，并且非常实用。收发有容量限制的信息，具有日常及紧急情况下的通信功能。不但能知道我在哪，还能让别人知道你在哪。

（5）境内监控。卫星定位系统一般由三部分组成，即空间星座部分、地面监控部分和用户接收机部分。其中，地面监控部分又由三大部分组成，即监控站、主控站和注入站。在设计北斗系统时必须考虑到，地面监控部分只建在中国境内，就能够保证整个系统的正常运行。在境外建站只起到提高精度的作用。

（6）分布开通。GPS 必须整个系统建成后才能使用。目前北斗的 14 颗在轨卫星使用了 5 颗地球静止轨道（GEO）卫星，5 颗倾斜地球同步轨道（IGSO）卫星，4 颗中高度圆轨道（MEO）卫星。北斗卫星导航系统在这个创新的空间星座支持下，在亚太地区正式开通运行。还将发射多颗北斗导航卫星，构成一个完整的试验体系，北斗导航卫星再次进入密集发射期，在功能、性能上将有较大提升，可为全球用户提供更高精度的卫星导航服务。

（7）局部加强，逐步成熟。理论上 GPS 在全球的定位精度是相当高的。北斗系统针对中国及其周边地区是特别加强过的，在国内卫星的几何条件比较好。单点定位的精度取决于两个方面：一是观测量精度；二是所观测卫星的空间几何分布。导航中用精度衰减因子 DOP 来表示卫星空间图形的贡献，包括空间精度衰减因子 GDOP、位置精度衰减因子 PDOP、时间精度衰减因子 TDOP、平面精度衰减因子 HDOP、垂直精度衰减因子 VDOP、相对定位几何精度衰减因子 RDOP。随着北斗全球系统逐渐成熟，DOP 越来越小，它在中国及周边地区的定位精度超过 GPS 等定位系统。

（8）定位精度。北斗系统定位精度由水平 25m、高程 30m，提高至目前水平 10m、高程 10m，测速精度由 0.4m/s 提高至 0.2m/s，受时精度优于 20ns，目前在中国及周边地区，北斗系统服务性能与 GPS 相当。且北斗的平面精度与高程精度是基本相当的，而 GPS 系统的水平精度确实不错，但是他的高程精度是软肋，比水平精度差得比较多，一般是 1.5～2 倍。随着北斗卫星系统的完善和优化，长时间的静态 PPP（精密单点定位技术）确实可以达到 mm 级，或用相对定位的方法（载波相位测量＋双差解模糊度），在短基线＋较开阔环境下，也是可以稳定达到 mm 级的，甚至连动态也能达到这个精度。

7.3　基于北斗定位技术的大坝填筑施工过程管理系统开发

7.3.1　系统基础

应用北斗定位、压力传感器等的硬件基础上，结合以往相关咨询项目以及工程应用相关项目中积累的经验，开发相关云平台系统，对施工过程中产生的相关数据进行数字化、标准化处理，及时纳入到建立的云平台系统中，为工程施工质量的控制提供科学依据和技术支撑。

工程施工质量监控云平台系统总体架构如图 7－1 所示，共包括 5 层，最下面一层是硬件平台层，也就是云平台中的 IaaS 层，主要包括网络设备、服务器与存储设备。

这是整个云平台系统的基础，提供重要的数据存储、运算的资源与环境，并对整个系统的虚拟化处理、安全以及运行维护进行控制；第二层是 PaaS 层，主要指数据存储、运算等资源硬件以及功能平台之间的中间层，主要包括数据传输与存储相关操作系统、虚拟机操作系统、虚拟应用以及相关的数据接口，是整个系统上下的重要交换部分；第三部分是 SaaS 层，也是整个系统的重要用户应用层，即出山店主体工程施工质量监控云平台系统中的应用部分，主要包括施工过程监控与主体工程建设信息云平台系统，是面向用户的功能需求方面；第四层是客户端，主要包括编制开发的在数据终端展示的计算机、平板等设备应用；第五层是项目建设所需的网络运行环境需求。

整个系统通过虚拟化技术整合软、硬件以及网络资源，从逻辑功能结构上虚拟出各种应用服务器，如云平台管理服务器、存储管理服务器、虚拟应用交付服务器、虚拟桌面服务器和 Web 服务器等以满足平台实际应用需求，并由虚拟化管理软件进行运行维护管理，如图 7－2 所示。

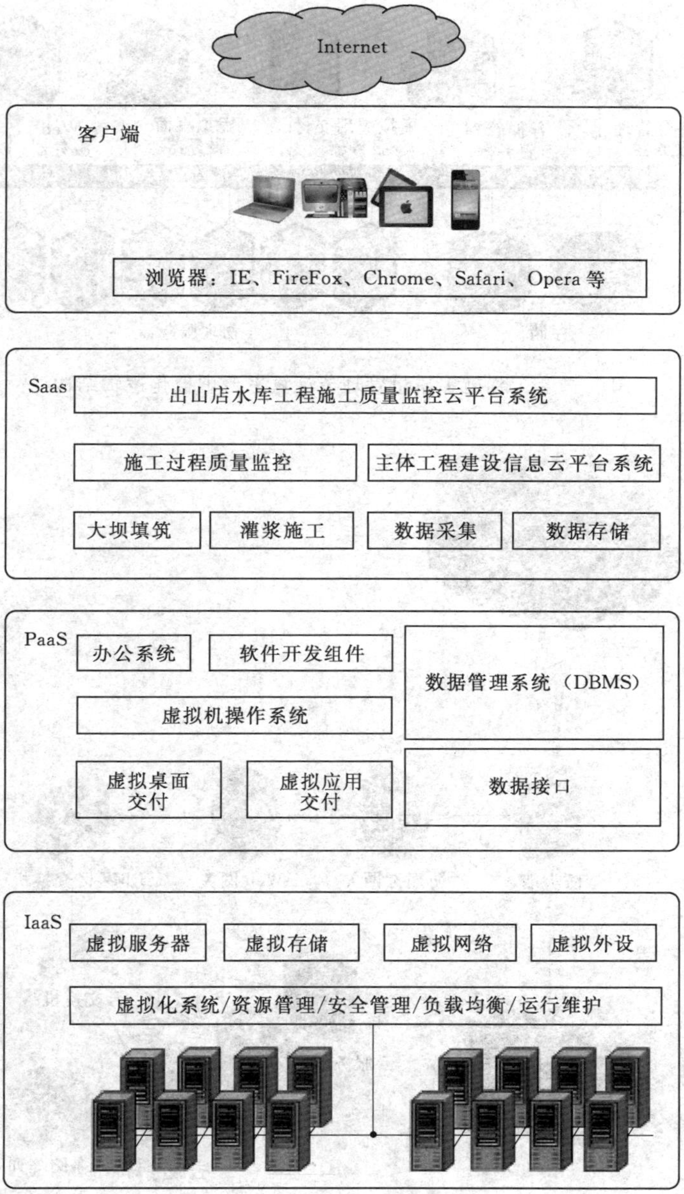

图 7-1　工程施工质量监控云平台系统总体架构框图

水利工程质量管理云平台采用私有云模式进行的搭建，与公有云相比大大降低了直接暴露在互联网络中遭受攻击，降低受到的互联网的攻击数量。此外，云平台的安全保障还涉及安全的网络架构（图 7-3）、云平台的系统安全、用户身份认证、分级授权管理等方面，具体体现在以下几个方面。

(1) 网络架构安全。通过将水利工程建设管理云部署在安全网络环境中，来保障云平台的互联网络接入安全。在 Web 网关、防病毒网关、防火墙等设备的保护下与国际互联网进行安全数据连接，防止病毒、黑客、蠕虫等对云平台的攻击。

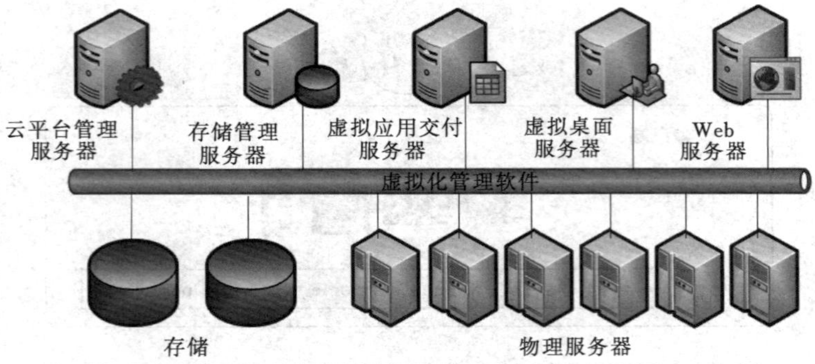

图 7-2　工程施工质量管理云计算平台虚拟化逻辑结构

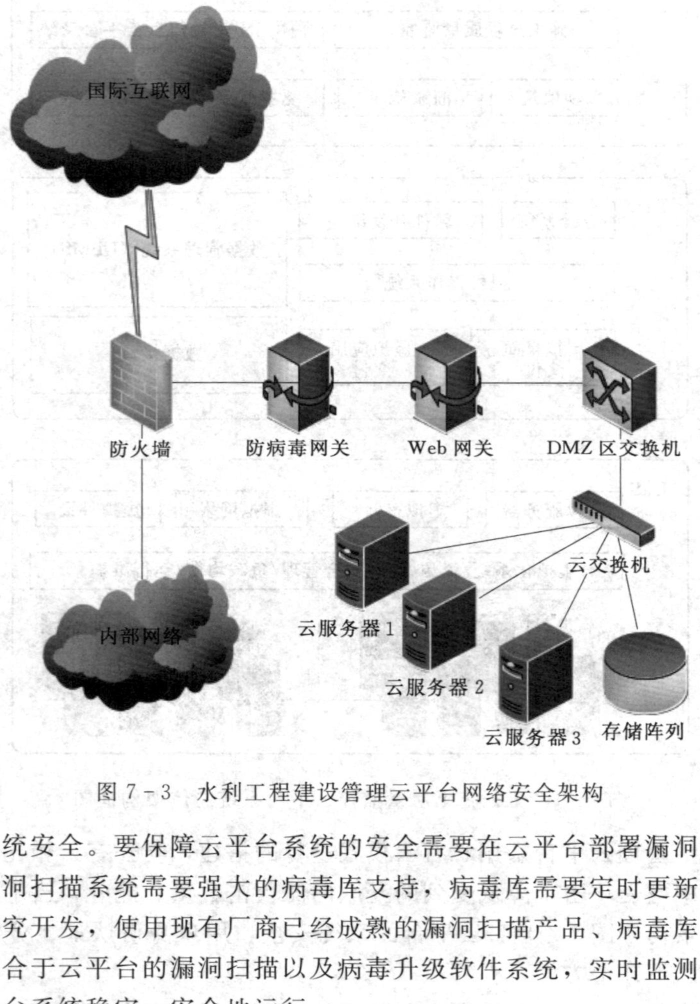

图 7-3　水利工程建设管理云平台网络安全架构

（2）平台系统安全。要保障云平台系统的安全需要在云平台部署漏洞扫描、病毒扫描等产品。由于漏洞扫描系统需要强大的病毒库支持，病毒库需要定时更新，建议与现有的安全厂商共同研究开发，使用现有厂商已经成熟的漏洞扫描产品、病毒库以及病毒软件升级系统，研究适合于云平台的漏洞扫描以及病毒升级软件系统，实时监测平台运行的安全状况，保障云平台系统稳定、安全地运行。

（3）用户认证、分级授权。以往的身份认证和访问体系中，大多数应用系统都有各自独立的一套用户信息管理子系统，负责该系统的账号管理、认证和授权工作，并且孤立地以日志形式审计操作者在系统内的操作行为。云平台环境下的身份认证和访问管理，应采用统一的身份认证和访问控制，拥有统一用户群的系统进行关联，统一用户的登录资料，并提供统一的登录认证入口。使用户一个地方一次登录之后，便可以在相应的应用系统群中遨游，而不用每到一个系统就进行一次登录，甚至使用不同的账号和密码进行登录。云平台的各个应用系统实现统一身份认证，通过对数据在传输和保存过程中的加密，保证了网站和服务的安全性、完整性和合法性。采用分级授权体系，用分级授权管理，不同级别的用户具有的权限范围不同，保障信息权限级别拥有不同的授权范围，可查看的数据、软件的下载等的权限不同。授权应用和管理模块根据用户信息数据库中的用户信息对用户进行授权。

用户授权还包括对用户行为进行审计以确保云平台的安全，并不只是登录认证通过后就认为用户是合法的安全用户，用户行为审计软件会对用户的行为轨迹进行审计，查找一些具有特殊行为的用户，一经辨别上报，人工核实后需要对此账户进行封号等管理。

(4) 访问控制，安全域管理。建议对用户及管理人员实施基于域的分级管理，不同级别的用户只能在特定域范围内操作，享有特定域环境下的权利和服务，禁止跨域的非法访问。安全域之间根据安全需求，采用防火墙进行安全隔离，确保安全域之间的数据传输符合相应的访问控制策略，确保本区域内的网络安全。同时在平台管理上，借助安全芯片，增加一个“可信域”，对用户以及管理员操作进行实时监控和日志记录，强化平台的安全审计功能。

(5) 冗余备份。它指定数据备份策略，对虚拟机进行镜像备份，有助于恢复用户个人的资料和整个服务器镜像。也可以采用物理备份，同时保护备份的数据流，包括对备份介质传输与存储进行物理控制。

(6) 虚拟化系统安全。在云计算平台中，虚拟机间能够跳过传统的物理网络链路，通过虚拟机管理程序直接通信，从而直接导致各种安全风险。为解决这一问题，首先应该为每一个虚拟机提供一个完全独立的运行环境，使之拥有独占的计算、存储和网络资源。同时，还应使用虚拟机安全机制，如虚拟机蜜罐、虚拟机镜像等，对虚拟机背板上的流量进行细粒度的监测和净化。建议把不同类别的应用程序分离，使之分别运行在不同服务器的虚拟机上，而对同台物理服务器的虚拟机实施同等级别的信任控制，防止旁侧攻击对平台造成损害。

(7) 数据加密存储。传统的加密机制与云计算平台运行机制存在着根本的矛盾，完全同态加密为这一矛盾的解决提供了新的技术途径。在理想的情况下，云端在密文上的任何操作都能够直接对应到明文上的相应操作（即完全同态加密性）。用户可以放心地要求云端对数据进行指定的计算操作而不用担心泄露自己的隐私，因为这些被操作的数据在云计算中心都是以密文的形式存在的。如果完全同态加密能够高效、安全地实现，就可以在不完全信任云计算中心的情况下保护用户的隐私，同时享有云计算中心提供的各种计算服务。

在完全同态数据加密基础上，辅以传统的数据混淆、数据完整性验证、平台软件安全验证和服务安全验证这些传统的加密措施，可以从根本上解决软件与数据在平台上的安全运行问题。

(8) 访问控制和安全域管理。对用户及管理人员实施基于域的分级管理，不同级别的用户只能在特定域范围内操作，享有特定域环境下的权利和服务，禁止跨域的非法访问。安全域之间根据安全需求，采用防火墙进行安全隔离，确保安全域之间的数据传输符合相应的访问控制策略，确保本区域内的网络安全。同时建议在平台管理上借助安全芯片，增加一个“可信域”，对用户以及管理员操作进行实时监控和日志记录，强化平台的安全审计功能。

在此基础上，采用统一的身份认证、信任服务授权和动态访问控制，将拥有统一用户群的系统进行关联，统一用户信息，提供统一的登录认证入口。使用户一次登录之后，便可以在相应的应用系统群中遨游，而不用每一个系统分别登录，甚至使用不同的账号和密码登录不同的系统。云平台的各个应用系统实现统一身份认证，通过对数据在传输和保存过程中的加密，保证了网站和服务的安全性、完整性和合法性。采用分级授权体系，用分级授权管理不同级别的用户和赋予用户不同的权限范围，保障信息权限级别拥有不同的授权范围，可查看的数据、软件的下载等的权限不同。授权应用和管理模块根据用户信息数据库中的用户信息对用户进行授权。

(9) 安全监控。云平台终端用户数据的计算、传输和存储都需要通过网络，这给数据窃取提供了便捷的条件。因此，应该通过加密数据、建立 SSL 隧道、采用 VPN 技术等方式来保证数据传输的安全性。同时，通过防火墙、防病毒墙、IDS、网路岗等安全组件对基础设施、中间件和服务软件的整个结构进行全方位的检查和全过程的监控。

7.3.2　设计原则

设计时遵循以下原则：

(1) 可重用性，是节省项目开发时间和项目成本的关键方法之一。

(2) 强内聚、低耦合，是面向对象方法论的基础，即通过 J2EE 所提供的组件化的方法，最大化业务逻辑在一个对象内的实现，对象或组件之间尽量减少依赖关系来实现业务的可重用性。

(3) 使用设计模式，是对经过实践证明的对某一个特定问题的解决方案，也是重用的一种体现。通过引入成熟的经过实践证明的设计方法来缩短开发时间、减少技术风险。

(4) 隐藏复杂性。通过 J2EE 架构所提供的分层方式，采用网络协议类似的封装技术来最小化下层服务对上层服务的复杂性。

(5) 提高软件性能，如通过缓存技术来减轻昂贵的远程调用开销和网络通信。

7.3.3　系统架构

大坝碾压施工过程监控系统，作为一个独立的应用模块，主要将安装在大坝填筑碾压设备、大坝运料设备上的相关监控仪器中得到的数据进行整理、分析以及展示，为工程建设管理人员进行施工质量评价以及施工优化等方面提供重要的支撑。

大坝碾压施工过程监控系统的架构如图 7-4 所示，主要可以分为 3 层。第一层是系统数据库及基础技术层，这个层面服务器等计算资源都是基于前述的主体工程建设信息云平台系统中 IaaS 层基础上的，其中相关物联网技术是结合安装在碾压设备以及坝料运输设备上的专有仪器开发的。第二层主要是系统中间件，也基本上与前述的主体工程建设信息云平台系统的 PaaS 层中相关内容是一致的。第三层是系统应用层，主要是将各种信息通过系统用户界面展示出来，为工程施工过程质量控制以及工程优化调整提供参考与支撑。在系统的编制中，主要以水利水电工程施工中的各种标准、规范、政策及法规为相关依据。

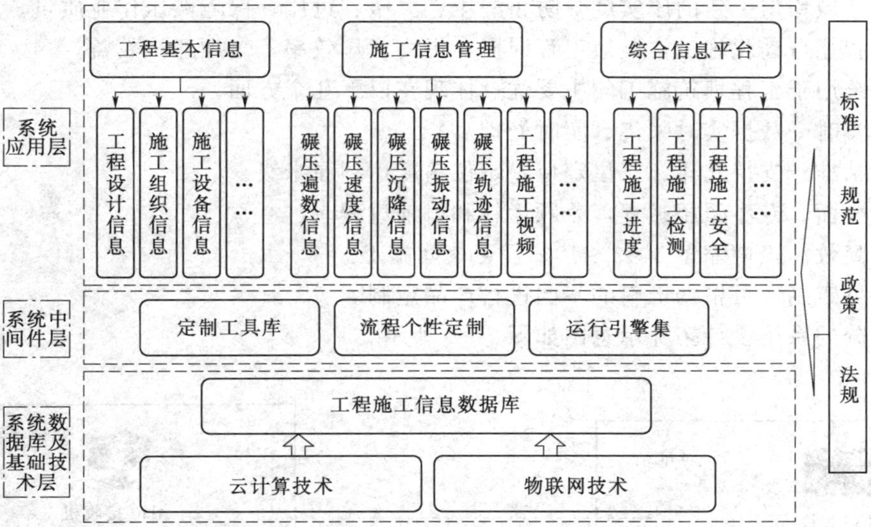

图 7-4 大坝碾压施工过程控制系统架构框图

大坝填筑碾压施工过程质量监控系统是综合了微电子技术、无线通信技术、GNSS 厘米级高精度定位等现代化技术于一体的系统集成解决方案。较传统作业模式，该系统可实现实时全程连续可视化跟踪碾压过程，向业主方、施工方、监理方和操作机手提供及时、精确定位的压实信息，辅助碾压过程管理。该模块信息传递主要途径及架构如图 7-5 所示。

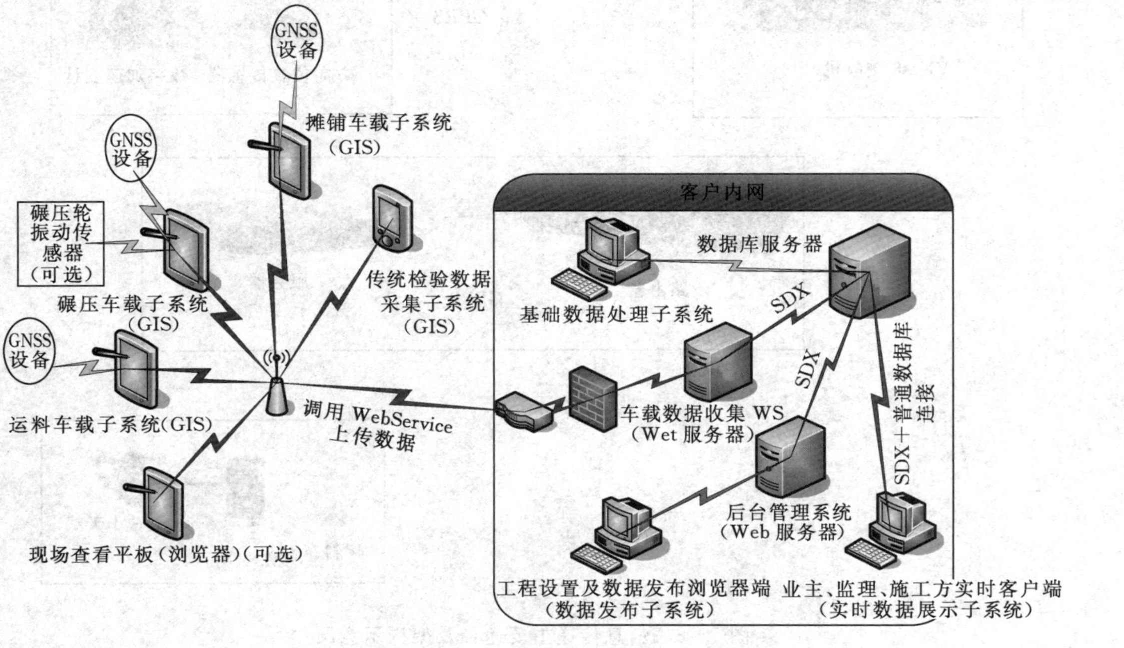

图 7-5 信息传递主要途径及架构示意图

其主要特点有以下几个方面。

（1）精确的碾压遍数、行进速度，改善碾压作业的精细度。

（2）区域均匀一致的压实度，防止漏压、欠压、过压，保障碾压作业质量。

（3）智能自动化施工，缩短工程周期，提高工作效率，增加经济效益。

本系统用于工程填筑施工的主要优点体现在以下几个方面。

（1）实时。数据实时采集、实时处理。

（2）精准。支持北斗、三星定位，定位精度达到厘米级。

（3）全面。专注碾压过程，兼顾运料和摊铺过程。

（4）高效。工期缩短 30%～40%，可夜间施工。

（5）可定制。可根据堆料的不同进行产品定制。

本部分的系统设计拓扑示意图如图 7-6 所示。

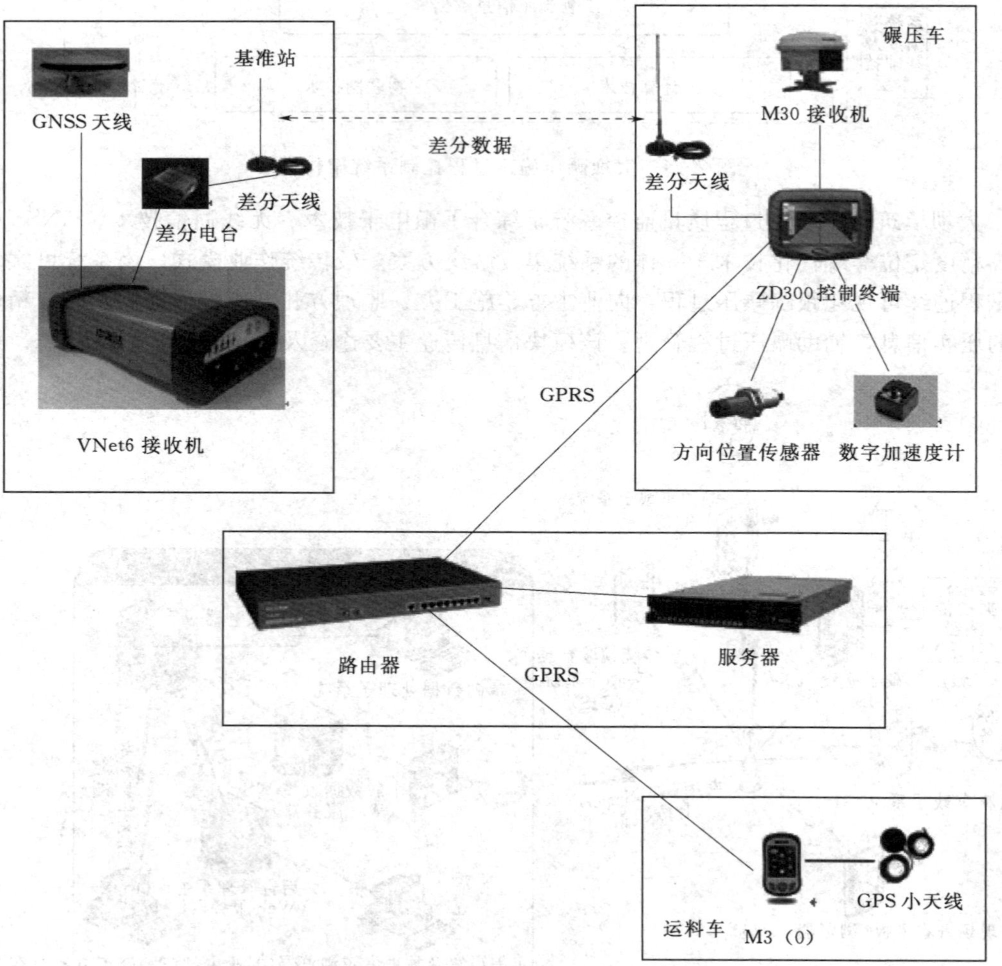

图 7-6　信息传递主要途径及架构示意图

1. 安全架构

应用系统的安全性主要通过权限的控制来实现，通过系统身份验证的用户，在系统使用过程中，由于其自身的角色、岗位不同，用户能够访问的系统功能不同，看到的系统信息也不同，用户认证支持LDAP，并且支持CA数字证书认证。采用基于角色的权限控制的思路来达到系统安全权限控制的目的，在同一个应用中，每个角色对应一定的权限，每个人会被赋予一个或者多个角色。

（1）系统级角色，主要为系统管理员。整个系统中有一个系统管理员角色，负责系统的实施和配置以及初始化设置等工作，并且可以分配应用的管理员，应用管理员可以进一步授权给其他人相应的角色。系统管理员具有最高的系统部署方面的权限，但并不意味着他具有访问系统全部资源的权限。比如，某些安全级别较高的数据，仅仅授权给了某几个领导访问，而其他人（包括系统管理员）是不能访问的，那么，系统管理员就无法访问该数据。

（2）应用管理员，是由系统管理员直接授权的，负责为其他人授权，并且具有较高的该应用的管理权限。

（3）角色的划分，需要根据应用的业务需求来制定，因需求而定，没有统一标准。

（4）权限的控制。用户被授予一定的角色后，系统会根据该角色对应的权限控制用户对系统资源的访问能力。

另外，对于系统来说，网络安全性也是保证系统安全可靠的一个重要方面，在系统中采用了以下几个方面内容来保证系统的外部网络环境安全。

（1）在重要服务器中，依据信息的内容进行分级保护，采用安全性高的操作系统。

（2）关键主机系统加固。操作系统作为计算机系统的基础软件是用来管理计算机资源的，它直接利用计算机硬件并为用户提供使用和编程接口。各种应用软件均建立在操作系统提供的软件之上。在网络环境中，网络系统的安全性依赖于网络中各主机系统的安全性，而主机系统的安全性正是由其操作系统的安全性所决定的，没有安全的操作系统的支持，网络安全也就毫无根基可言。所以，操作系统安全是计算机网络系统安全的基础，而服务器及其业务数据又是被攻击的最终目标。因此，部署安全产品、加强对关键服务器的安全控制，是增强系统总体安全性的核心一环。

本系统在核心服务器（数据库服务器、应用服务器等）上实施主机安全服务。

（3）防病毒系统。主要包括管理和技术两个方面。在管理方面，应制定一套有关的规章制度，从日常管理上堵住病毒流入和导出的途径；在技术方面，采用在两个不同网络信任域接入路由器的网络连接处，设置高速防病毒过滤网关。

2. 网络架构

大坝碾压数字化施工系统作为一个集成系统应用，必须确保系统的安全、稳定、可靠运行，根据整体规划、分步实施的总体思路，在满足低成本和具备以后升级集群能力的基础上，本系统计划采用双机互备的部署方式，在总部机房两台服务器上分别安装应用程序和数据库系统，两台服务器并列运行，互为备份，总部局域网与公网之间采用硬件防火墙和强隔离装置进行安全保障，施工单位、项目部通过公网访问系统进行信息的录入填报，确保信息系统的应用。网络部署如图7-7所示。

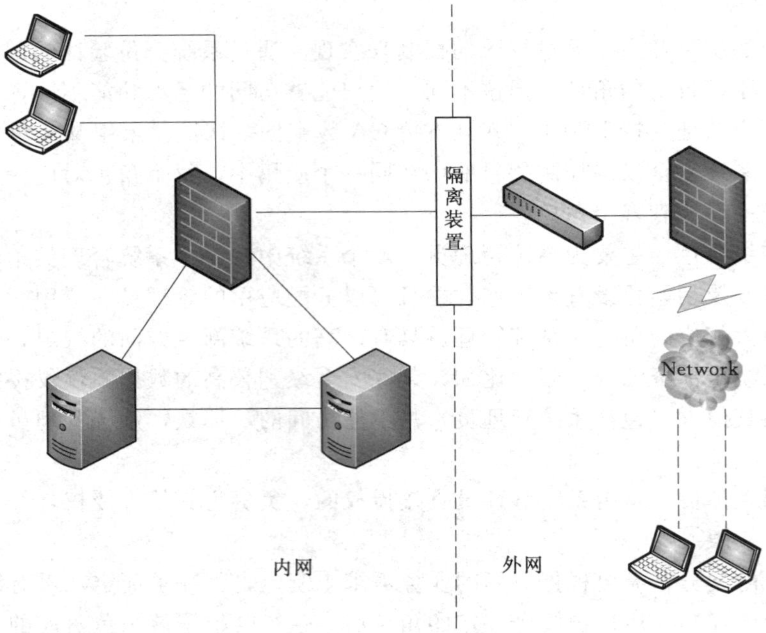

图7-7　系统网络部署

本系统数据采用集中式管理，数据库服务器是数据存储及处理的核心，要求既要满足初始建设的需要，又要有良好的可扩展性，服务器及相关硬件指标要求见表7-1。

表7-1　系统网络架构硬件设备一览表

名　称	要　求	说　明
数据库服务器	(1) 具备优良的可用指标； (2) 采用集群模式，至少配置两台，并列运行； (3) CPU 2 * 2.66 (6核) 相当； (4) 16GB以上内存； (5) 100GB以上可用空间； (6) 中高端PC服务器	
磁盘阵列	(1) 主机接口：3Gb/s SAS； (2) 集群支持：Windows、Linux、Solaris和HP-UX； (3) 存储容量：1TB及以上	磁盘阵列和数据库服务间通过光纤交换机连接
光纤交换机	(1) 端口数量：4口及以上； (2) 传输速率：4Gb/s	用于连接磁盘阵列和数据库服务器，利用现有设备
数据库软件	SQL Server	
应用服务器	(1) 具备优良的可用指标； (2) 采用集群模式，至少配置两台，并列运行； (3) CPU 2 * 2.66 (6核) 相当； (4) 16GB以上内存； (5) 100GB以上硬盘空间； (6) 中高端PC服务器即可	与数据服务器公用，不再单独采购应用服务器

3. 数据架构

数据资源是技术层、应用层、界面层的有利支撑，是系统运行的数据基础。从总体架构设计统一规划出发，将土方碾压质量检测系统数据资源来源分布、数据资源关系、数据资源结构进行梳理，统一设计在数据库结构中。本系统中首先由碾压车上的GNSS采集所有相关数据，包括碾压车的速度、位置和所对应的时间等，这些文件都是tag格式，将其传递到远程服务器上；远程服务器接收这些数据并对其进行存储；同时由SVO对数据进行转换，转换成Excel格式，由碾压系统软件对这些数据从远程服务器上进行下载，并输入到应用软件中进行处理，如图7-8所示。

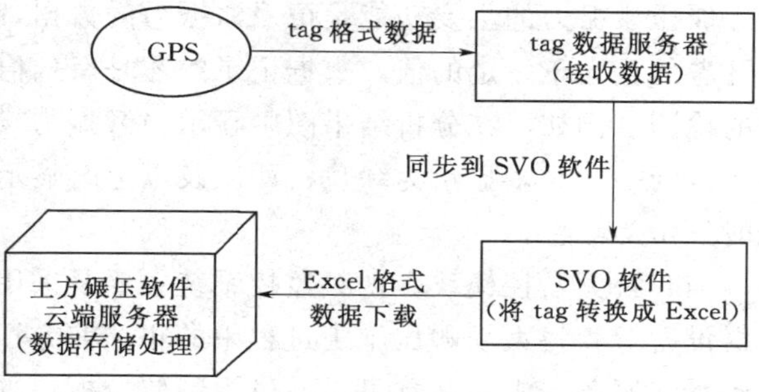

图7-8 系统数据架构框图

7.3.4 功能模块

大坝压实质量控制系统采用B/S结构，用户通过Web浏览器作为应用客户端，通过统一的应用平台进入访问系统，可以完成系统的各项操作。利用系统中的不同功能模块，结合相关工程施工过程管理业务，系统模块的主要功能介绍如下。

(1) 系统模块及主要功能。通过该模块可以对工程主要特性、大坝填筑工程分区以及施工单位等重要信息进行管理。

(2) 数据管理。根据大坝不同设计分区，进行大坝填筑施工过程中采集到的数据进行分区整理与存储，主要按照坝体分区，按施工单元、碾压层等类别进行施工过程信息管理。

(3) 质量检测分析。对实时采集到的施工过程信息系统的整理分析以及直观的系统图形化显示，主要包括碾压遍数、速度超限、激振力超限、沉降量以及行车轨迹等方面实时显示，并且在得到的大坝填筑碾压施工过程控制分析图像基础上，利用鼠标实时且方便地得到每一个坐标点上的相关碾压信息。

碾压遍数是该模快的主要功能，是对施工碾压过程的真实记录，每当碾压车的单元与(水平位置)微单元重合一次，便记录一次数据，以不同颜色表示不同的碾压遍数并且显示在图上，方便客户查询哪些区域是符合标准的，对不符合标准的区域，有相关的显示信息。同时在点附近0.5m(值可调)左右来回移动，取消数据。经讨论碾压遍数及重合问题已解决。解决方法：若规定重合区域不大于30cm，碾压后图形显示碾压车两边各缩小距离15cm，看有无漏压现象(碾压遍数检测的实质)，若还有重合现象则说明施工单位的工程还需优化。

碾压沉降的主要功能是记录每个点的沉降量，由于每个坐标点有初始的高程，经过碾压后高程有所变化，定义为上一层最后一遍和下一层最后一遍的高程变化量，并记录数据，软件会将这个高程表现在云图上。

初始的高程将依据第一层压实后的最后一次碾压数据作为初始高程，同时，为客户考虑，可以将所有的坐标进行抽稀操作，在保证矢量曲线形状不变的情况下，最大限度地抽取有效数据点个数，去除冗余数据，分不同细节显示在图上。

行车轨迹的主要功能是对行车轨迹进行监督和管理，对每个单元的每次碾压都有一个相应的记录，方便用户查看。大致示意图如下：提供按照时间维度回放车辆运行轨迹，在回放过程中，需实时显示当前时间和速度。当有多个车同时碾压时，则同时播放多个车的轨迹。

碾压激振力的主要功能是记录激振力的数据，由于数据记录的前提是激振力设备必须是开着的且大于一定的值，数据记录的才是有效值；同时记录关着时的轨迹，方便其他方面的检测。例如，在分析结果图中显示当激振力满足要求的区域显示为灰色；小于 60 时的次数为一次时，显示为绿色；两次及以上时显示为黄色，激振力关闭的次数为一次或以上时显示为红色。

（4）视频监控模块。视频监控系统主要是采用安装在碾压设备上的视频头、数据无线发射设备等，将大坝碾压施工过程中的相关前方坝料摊铺、碾压过程等方面的信息实时传输到系统服务器中，并且可以通过视频监控模块进行大坝填筑施工画面的采集与视频流的存储，支持在系统中回放。

（5）系统管理。其主要包括系统维护与管理方面功能，可以根据工程建设中业主、监理以及施工方等不同用户，分配不同的数据浏览及处理等管理权限，实现分角色、分层次的工程建设过程信息管理。

7.3.5　技术方案

基于北斗定位技术的大坝填筑过程管理系统包括硬件部分和软件部分两部分。硬件部分包括基准站、车载终端和网络环境，软件部分为配套的信息管理系统。

1. GNSS 基准站

GNSS 基准站是整个碾压信息化监控系统的“定位标准”（图 7－9）。GNSS 接收机单点（一台接收机进行卫星信号解算）精度只能达到亚米级的观测精度，这显然无法满足实际工程需要。使用动态差分技术，利用已知的基准点坐标来修正实时获得的测量结果，进一步提高 GNSS 定位的精度。通过数据链，将基准站的 GNSS 观测数据和已知位置信息实时发送给 GNSS 流动站，与流动站的 GNSS 观测数据一起进行载波相位差分数据处理，从而计算出流动站的空间位置信息，以提高碾压机械 GNSS 设备的测量精度，使精度提高到厘米级，即可满足土石坝碾压质量控制的要求。

图 7－9　GNSS 基准站安装

2. 车载终端

碾压机机载GNSS采用差分定位模式。该模式的定位原理为：由已知三维坐标的基准站通过无线电通信实时发送改正数，由待测点GNSS接收机接收并对其测量结果进行改正，以获得精确的定位结果。载波相位差分将载波相位观测值通过数据链传到流动站（碾压机机载GNSS接收机），然后由流动站进行载波相位定位，其定位精度可达厘米级，满足碾压遍数与压实厚度监控的精度要求（压实厚度的监控须经过数学运算以减小误差）。实地采用实时动态快速定位（Real Time Kinematics，RTK）技术进行监控，其特点是以载波相位为观测值的实时动态差分GNSS定位，满足碾压机施工监控的实时、快速定位要求。在碾压设备上安装的相关硬件设备如图7-10所示。

图7-10　车载终端安装

3. 网络环境

为把获取的监测数据传送到总控中心和现场监理分控站，做后续的数据应用分析，需建设系统通信网络。

根据实际情况和技术调研，制定相应的无线通信组网方案，该方案包括监控中心（总控中心和现场监理分控站）通信网络、高精度GNSS基准站无线电差分网络、施工机械流动站GPRS传输网络3个部分，整个系统网络结构如图7-11所示。

在系统建设过程中，部分网络主要采用工程建设管理单位的通信网络进行搭建。局部网络利用了已建设的内部网络以及相关的CDMA网络系统进行搭建，能够满足不同的用户对系统服务器的访问与数据调取。在项目管理方对通信网络的网速和网络质量都要求比较高，同时要求能够满足对施工现场中相关硬件设备上采集到的相关施工数据进行及时访问与获取，以保证现场数据能稳定、快速、方便地和系统服务器系统进行数据交换。

考虑到地形起伏较大，同时要满足施工监理监控中心能够在大坝施工现场自由移动，采用“有线网络＋无线局域网”的网络组建方式。

4. 碾压管理系统

（1）工程基本信息整理与展示。根据工程建设中对大坝所进行的不同施工单元的划

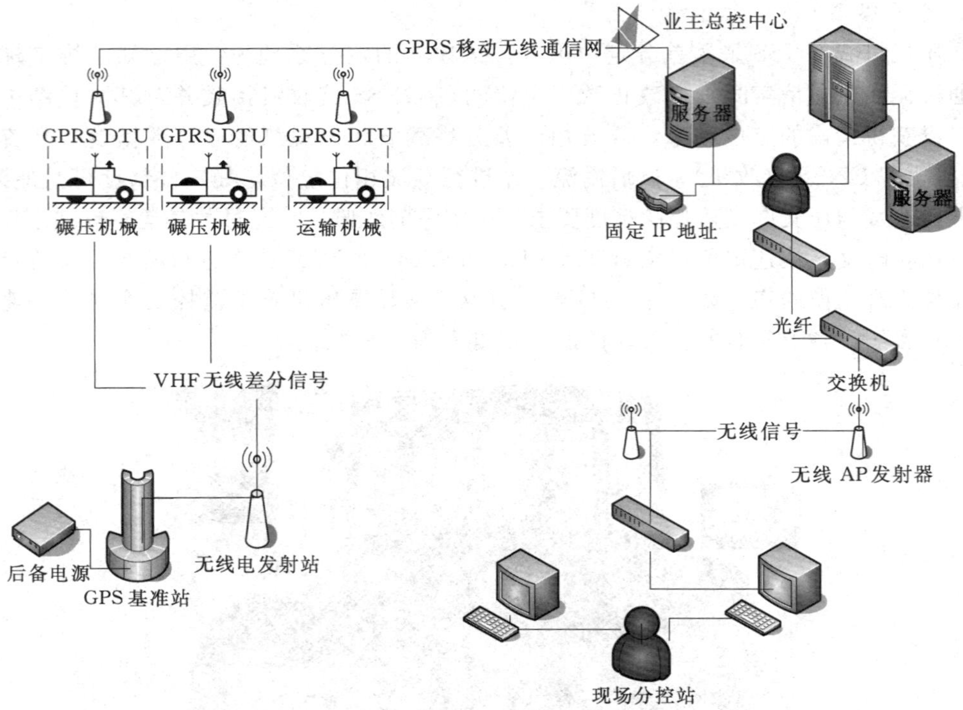

图 7 - 11　系统网络通信拓扑示意图

分与确定，在基础信息部分中除了对工程基本信息进行了维护外，还按照大坝分区、大坝分段、大坝分层以及大坝中不同的单元工程信息进行了整理与维护，这样就可以利用这些基本信息对大坝施工过程中采集到的相关数据进行不同区域与施工部位的整理与分析，为数据管理与质量检测分析提供了最重要的基础信息。该部分相关示例界面如图 7 - 12 所示。

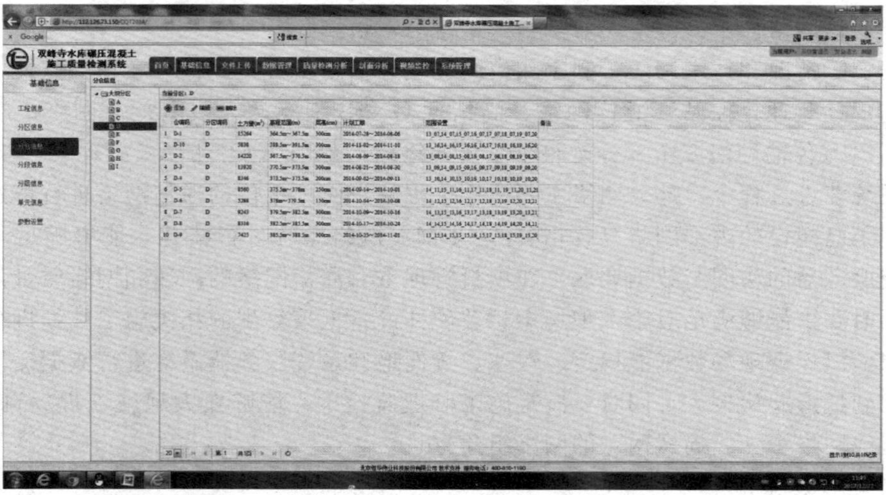

图 7 - 12　大坝填筑施工过程控制系统中基础信息相关界面

另外，在这一部分中，还对工程中碾压施工参数进行了设置，这部分设置工作是根据目前大坝施工组织计划以及碾压试验后确定的最终施工过程控制参数，是大坝施工质量分析中重要的评价标准。在这个模块中，一般可以采用不同的颜色等信息对不同的施工状态进行描述，如图 7-13 所示。

图 7-13 系统中碾压基本参数维护与设置界面

在这部分中，主要的参数设置有以下几个方面。基本参数，用来确定碾压设备特征参数以及施工方案参数中的搭接宽度等数据；碾压遍数云图，用来确定不同碾压遍数的颜色，使得数据分析结果能够以颜色层次的云图进行展示，在超限次数云图、机车速度云图、激振力大小云图等设置中的功能基本上都与碾压遍次云图设置功能相同，如图 7-14 所示。

图 7-14 系统中碾压遍次云图相关信息设置界面

(2) 文件上传与数据管理模块。文件上传模块的主要功能是用来人工手动将物联网设备采集到的碾压施工信息上传到系统中，便于接下来的数据管理与质量分析，如图 7-15 所示。

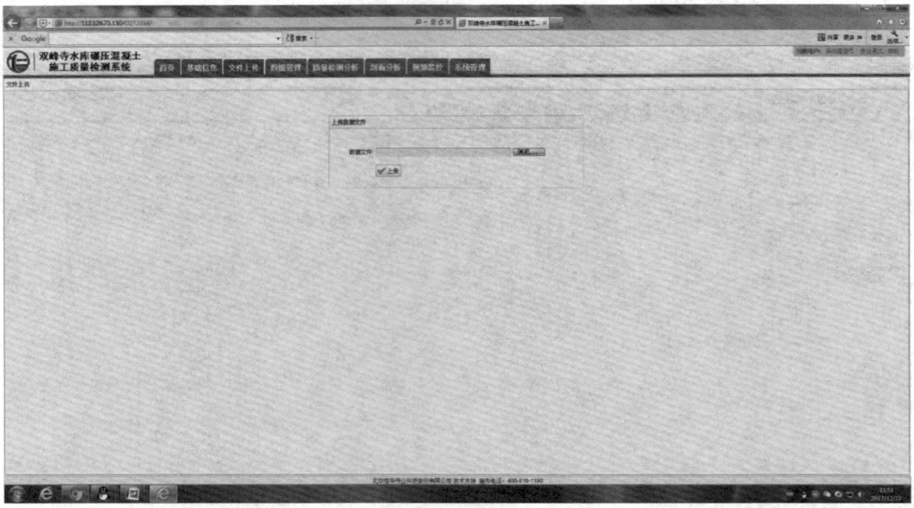

图 7-15　系统中数据上传界面

在数据管理模块中，主要按照工程划分的结果对采集到的碾压施工过程数据进行系统管理与分析，并且能够通过不同的大坝分区进行数据查找与查看。另外，在该模块中还对系统中的每条数据的开始时间与结束时间以及不同的碾压设备都进行了区分，这样就为工程管理人员对于施工控制提供了重要的资料，如图 7-16 所示。

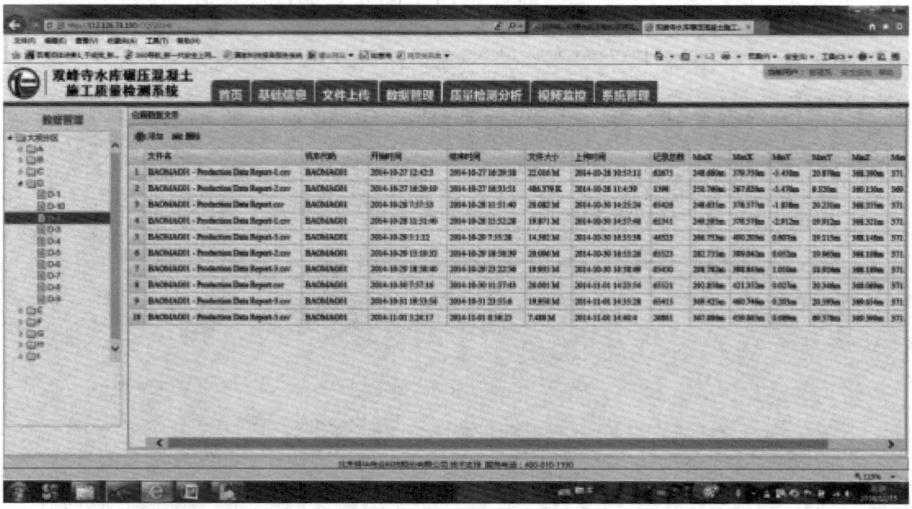

图 7-16　大坝碾压施工过程系统中数据管理界面

需要说明的是，在该模块中，数据文件上传到系统服务器中时，系统会实时分析数据文件，提取重要的信息对数据文件的归类进行判别，主要判别的指标有机车代码、施工开始与结束时间以及相关的数据采集点的坐标，这样就可以将数据文件精确地归到某一个大坝分解单元中去，便于数据管理与分析。

（3）质量检测分析模块。质量检测分析模块是大坝施工过程控制系统中最重要的模块，主要针对施工过程中的碾压遍数（总数、静碾及振动碾）、速度超限次数、碾压设备速度平均值、碾压设备速度最终值、碾压设备激振力超限次数、激振力平均值、激振力最终值、碾压沉降量以及行车轨迹几个方面的分析。通过这个模块可以重演大坝施工实施过程，这对于工程检测以及后期施工优化有着重要的意义。典型的施工质量分析界面如图7－17～图7－20所示。

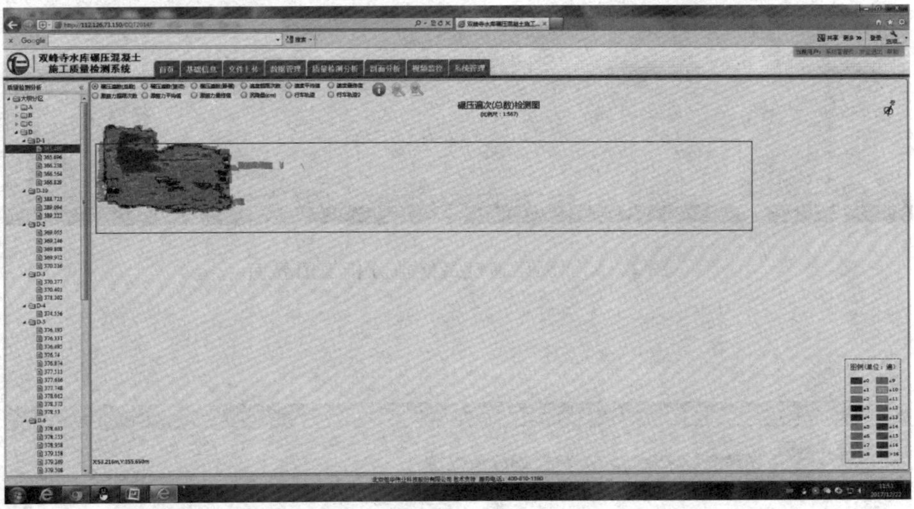

图7－17　碾压遍数分析云图界面

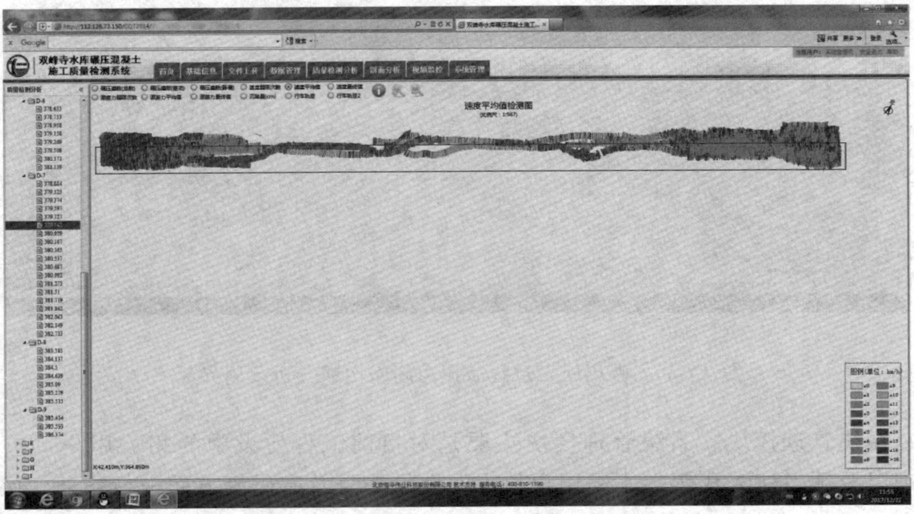

图7－18　碾压速度分析云图界面

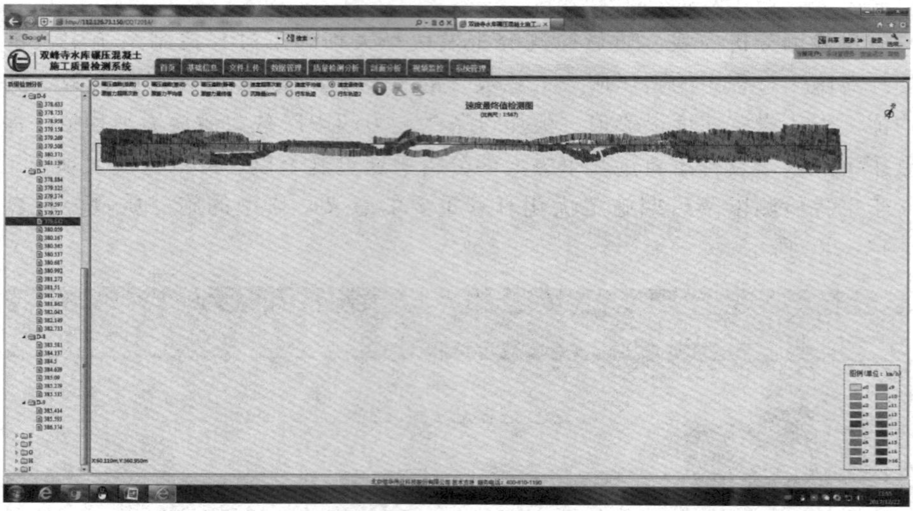

图 7－19　碾压速度最终值分析云图界面

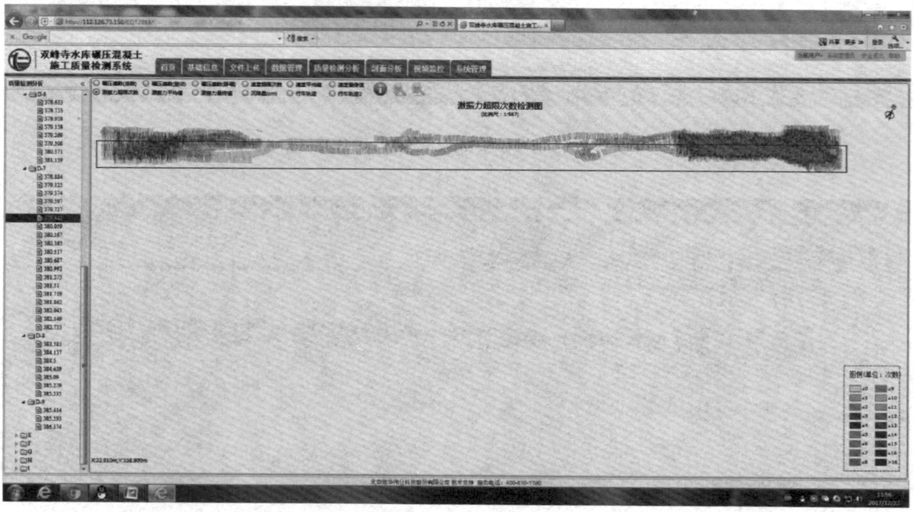

图 7－20　碾压施工过程激振力超限次数分析云图界面

(4) 系统管理模块。系统管理模块主要是对目前工程建设中的相关用户，包括施工方、监理以及项目法人代表等不同用户权限、登录账号及密码等方面进行管理，保证不同的用户能够在各自的权限内进行数据分析及相关管理功能，系统管理模块如图 7－21 所示。

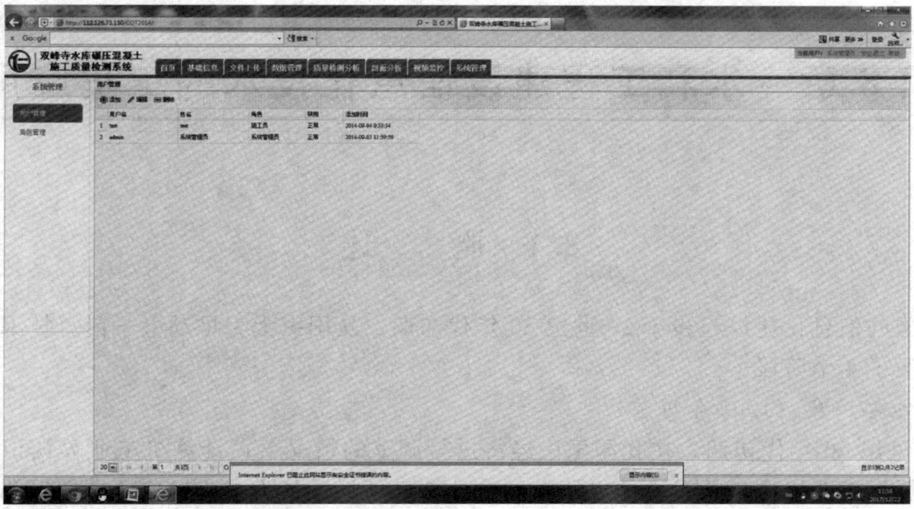

图 7-21 系统管理操作界面

第8章　水利工程建设信息化技术的工程应用

8.1　概　　述

我国的信息化建设起步于20世纪80年代初期，从国家大力推动电子信息技术应用开始，经历了4个阶段。

1. 准备阶段（1993年以前）

20世纪80年代初期，在我国国民经济进行调整的情况下，计算机工业界认识到发展我国计算机工业，应该从过去的以研究制造计算机硬件设备为中心迅速地转向以普及应用为重点，以此带动研究开发、生产制造、外围配套、应用开发、技术服务和产品销售等工作。

1983年5月15日，计算机与大规模集成电路领导小组在北京召开全国计算机与大规模集成电路规划会议，提出若干政策措施正确处理自己研制与技术引进的关系，积极引进国外先进技术，增强自力更生的能力，抓紧、抓好现有企业的技术改造，把品种、质量放在首位，要把发展中小型机，特别是把微型机和单板机作为重点方向面向应用，大力加强计算机软件工作，迅速形成软件产业，把计算机的推广作为整个计算机事业的重要环节来抓，加速人才培养，建立一支强大的科技队伍。

1984年，中央领导同志指出，新的“工业革命”表明西方国家要从工业社会转入信息社会或称为知识、智力社会。为了研究我国新技术革命的对策，国务院成立了新技术革命对策小组，组织了计算机专项和光纤通信专项研究。为了加强对电子和信息事业的集中统一领导，有效地推动这项工作，1984年9月国务院决定将国务院计算机与大规模集成电路领导小组改为国务院电子振兴领导小组。

1984年11月，经国务院同意，电子振兴领导小组发布了“我国电子和信息产业发展策略”，指出了我国电子和信息产业要实现两个转移。一是把电子和信息产业的服务重点转移到为发展国民经济、为四化建设、为整个社会生活服务的轨道上来；二是电子工业的发展要转移到以微电子技术为基础、以计算机和通信装备为主体的轨道上来。

“七五”期间，电子振兴领导小组重点抓了12项应用系统工程，即邮电通信系统、国家经济信息系统、银行业务管理系统、电网监控系统、京沪铁路运营系统、天气预报系统、科技情报信息系统、民航旅客服务计算机系统、航天实时测控和数据处理系统、公安信息系统、财税系统、军事指挥系统，并建立电子信息技术推广应用贴息贷款，支持应用电子信息技术改造传统企业。这些信息系统的建设和发展，为以后的信息化建设奠定了广泛的技术和社会基础，培养了一大批信息技术应用人才，并在一些领域取得了明显的经济效益。

1988年5月，根据国务院机构改革方案，成立了机械电子工业部，并将振兴电子产业的任务交机械电子工业部承担。随后，国务院常务会议决定，将国务院电子振兴领导小组办公室更名为国务院电子信息系统推广应用办公室，继续支持各行各业应用电子信息技术。

2. 启动阶段（1993 年 3 月至 1997 年 4 月）

我国信息化正式起步于 1993 年，先后启动了“金卡”“金桥”“金关”等重大信息化工程，拉开了国民经济信息化的序幕。1994 年 5 月，成立了国家信息化专家组，作为国家信息化建设的决策参谋机构。1996 年以后，中央和地方都确立了信息化在国民经济和社会发展中的重要地位，信息化在各领域、各地区形成了强劲的发展潮流。

3. 展开阶段（1997 年 4 月至 2000 年 10 月）

经过 1993—1997 年的建设与发展，符合我国国情的信息化发展思路初步形成。国务院信息化领导小组确立了国家信息化的定义和国家信息化体系六要素，进一步充实和丰富了我国信息化建设的内涵，提出了信息化建设“统筹规划、国家主导、统一标准、联合建设、互联互通、资源共享”的二十四字指导方针。

1997 年 4 月，国务院信息化工作领导小组首次召开了全国信息化工作会议，会议全面部署了国家信息化工作，通过了《国家信息化“九五”规划和 2010 年远景目标》，成为我国信息化建设的里程碑。

1998 年 3 月以后，随着国务院机构的新一轮改革，将原国务院信息化工作领导小组办公室整建制并入新组建的信息产业部，负责推进国民经济和社会服务信息化的工作。1999 年 12 月 23 日，国务院办公厅发出《关于成立国家信息化工作领导小组的通知》，由国务院副总理吴邦国任组长的国家信息化工作领导小组成立，并将国家信息化办公室改名为国家信息化推进工作办公室。

4. 发展阶段（自 2000 年 10 月至今）

2000 年 10 月发表的《中共中央关于制定国民经济和社会发展第十个五年计划的建议》指出，信息化是当今世界经济和社会发展的大趋势，也是我国产业优化升级和实现工业化、现代化的关键环节。要把国民经济和社会信息化放在优先位置。“大力推进国民经济和社会信息化，是覆盖现代化建设全局的战略举措。以信息化带动工业化，发挥后发优势，实现社会生产力的跨越式发展”。

2002 年 6 月，国家信息化工作领导小组确定了将冶金、煤炭、纺织等 8 个传统行业作为对传统企业进行信息化改造的重点。

为了加速现代化的进程，使我国由经济大国变成经济强国，必须加快我国的信息化建设。中共中央政治局常委、国务院总理、国家信息化领导小组组长朱镕基 2002 年 7 月主持召开了国家信息化领导小组第二次会议。会议讨论通过了《国民经济和社会信息化专项规划》《关于我国电子政务建设的指导意见》，并讨论了振兴软件产业的问题。朱镕基指出，要适应时代进步和世界发展的新形势，从我国现代化建设全局和战略高度出发，大力推进国民经济和社会信息化，要发挥我国智力资源优势，加快发展软件产业，要抓好电子政务，推动其他领域的信息化，努力走出一条有我国特色的信息化道路。会议通过的信息化专项规划，是我国第一个信息化发展规划。会议指出，推进信息化要着力抓好信息资源开发、信息基础设施、信息化应用和信息产品 4 个方面的重大工程。在实现规划中，要突出重点，抓好先后，着重抓好电子政务、电子商务和企业信息化。会议提出，“十五”期间，我国电子政务建设的目标是初步建成标准统一、功能完善、安全可靠的政务信息网络平台重点业务系统建设，基础性、战略性政务信息库建设取得实质性成效，信息资源共享程度有较大提高，初步形成电子政务安全保障体系，人员培训工作得到加强，与电子政务相关法规和标准的制定取得重要进展。会议强调，要高度重视信息安全体系建设，坚持一手抓信息化、一手抓网络信息安全，要改进技术手段，全面强化管理，建立健全信息安全保障体系和防范机制。

8.2　出山店水库建设信息化技术应用

8.2.1　水利工程建设管理云平台建设及应用

在出山店水库展开的水利工程建设管理云平台示范工程应用方面的研究，内容包括工程项目划分、工程质量管理、工程进度管理、工程检测管理以及工作平台方面的应用研究工作。

截至 2016 年，系统中已有的工程建设单元质量评定表标准表格已有 3000 余份，主要涉及常规混凝土工程、土石方工程。另外，根据出山店水库项目划分情况，利用目前系统中已有的工程项目划分的子模块，建立了出山店水库工程划分体系，在此基础上，开展了水利工程建设管理系统云平台应用工作，出山店水库工程建设管理云平台系统界面如图 8-1 所示。

图 8-1　出山店水库工程建设管理云平台系统界面

1. 工程项目划分

该模块主要是对出山店水库项目工程中的单位工程、分部工程、单元工程进行逐层清晰明了的工程划分，更加直观地体现出了单位工程划分到相应的分部工程，再由分部工程划分到单元工程的过程。通过添加、修改、删除功能对各工程进行了不同的操作，更加完善地管理到各级工程的具体情况，工程部位：坝横、坝纵、高程、桩号起、桩号止、坐标 X、坐标 Y、坐标 Z 等详细指标，充分体现出各工程的全面性，可通过项目编号和名称对单位工程进行模糊查询和精确查询，最终形成项目划分报审，通过施工单位如实填写上报，监理单位严格把关及审核，最后由业主单位签批通过，促使项目工程划分工作更加明确、更加直观可控。

结合出山店水库工程建设，在系统中进行了单位工程、分部工程以及单元工程的划分。

(1) 单位工程划分界面，如图 8-2 所示。

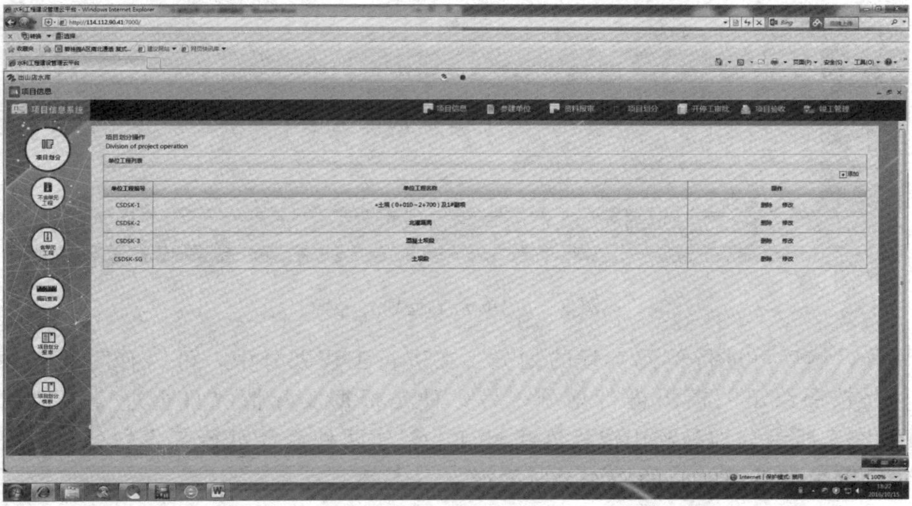

图 8-2 单位工程划分界面

(2) 分部工程划分界面，如图 8-3 所示。

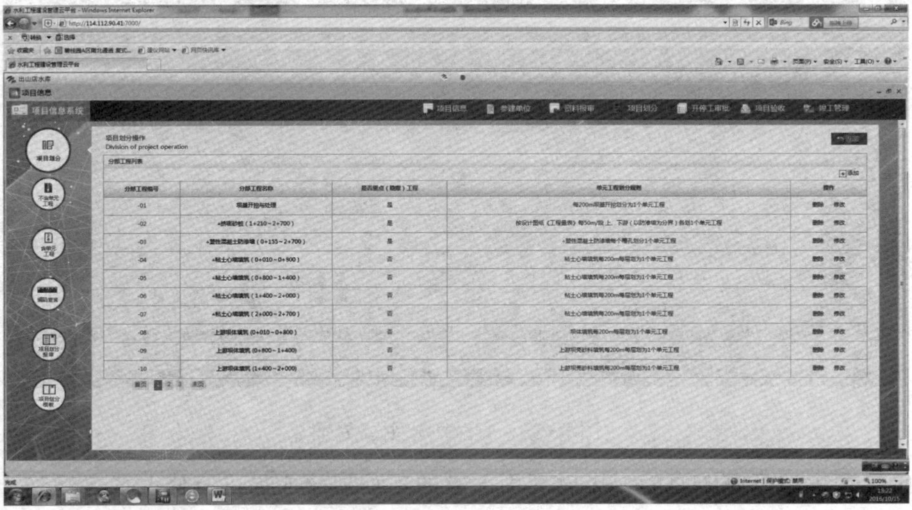

图 8-3 分部工程划分界面

(3) 单元工程划分界面，如图 8-4 所示。

项目划分的流程主要根据工程实际情况，首先划分单位工程，在此基础上再进行分部

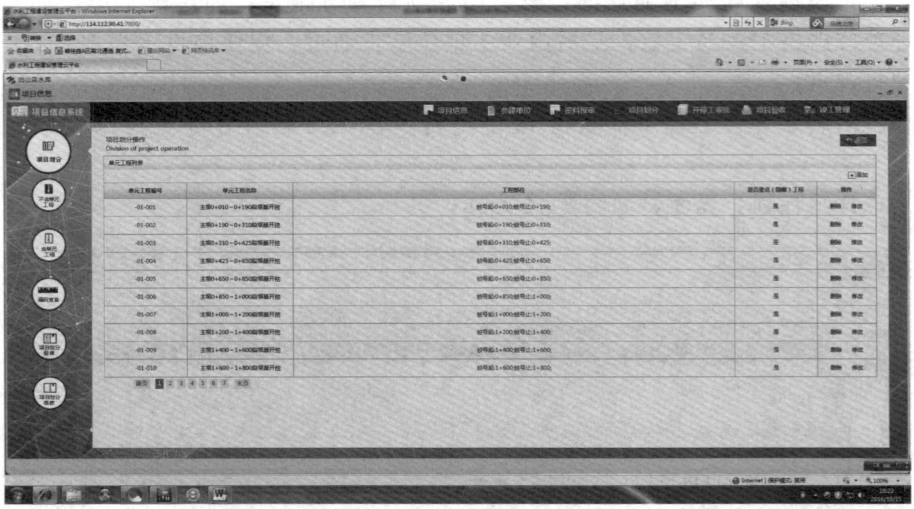

图 8-4　单元工程划分界面

工程的划分，然后再进行单元工程的划分。在进行工程划分中，可以有两种方法进行划分：一种是按照给定的模板进行划分；另一种是根据实际情况自主进行工程划分。图 8-5～图 8-7 所示分别是利用模板创建与自主创建两种途径进行工程划分。工程划分的相关操作可以根据系统实际的操作手册进行。

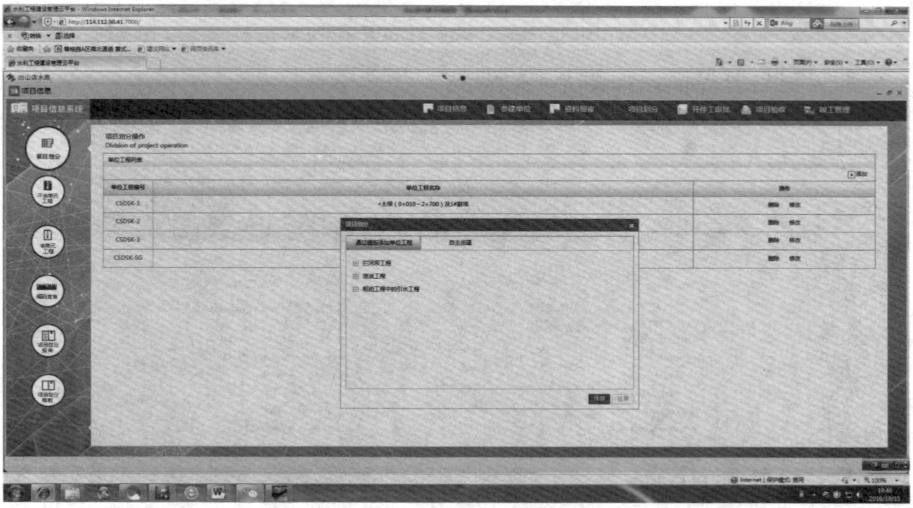

图 8-5　工程划分主要界面

对单元工程划分完成之后，可以利用已有的工程划分成果进行修改或者删除。在完成单元工程划分之后，可以选择单位工程进行添加该单位工程之下的分部工程，在选择分部工程后可以进行该分部工程之下的单元工程的划分。依此类推，一级一级地对工程进行分解，为信息化的管理提供重要的基础。

在完成工程划分之后，可以利用审核流程对已建立的工程划分结果进行上报审核。在

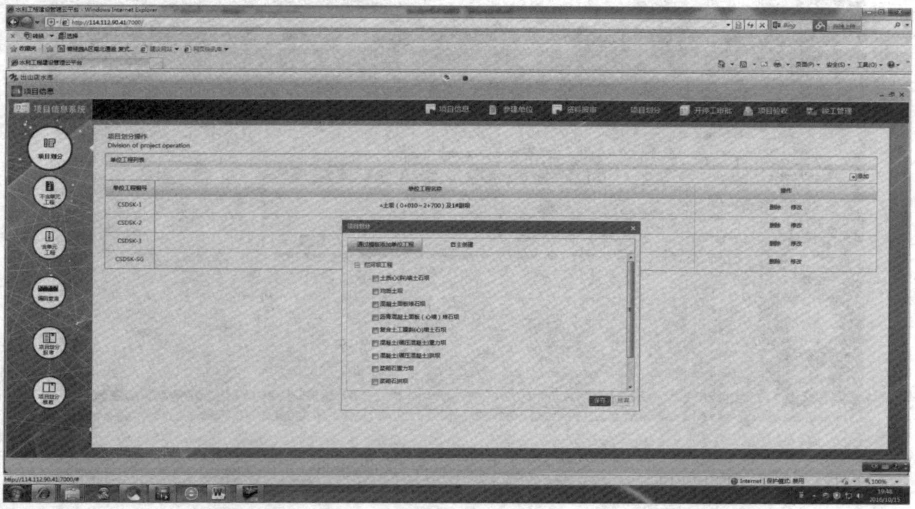

图 8-6 通过模板添加单位工程界面

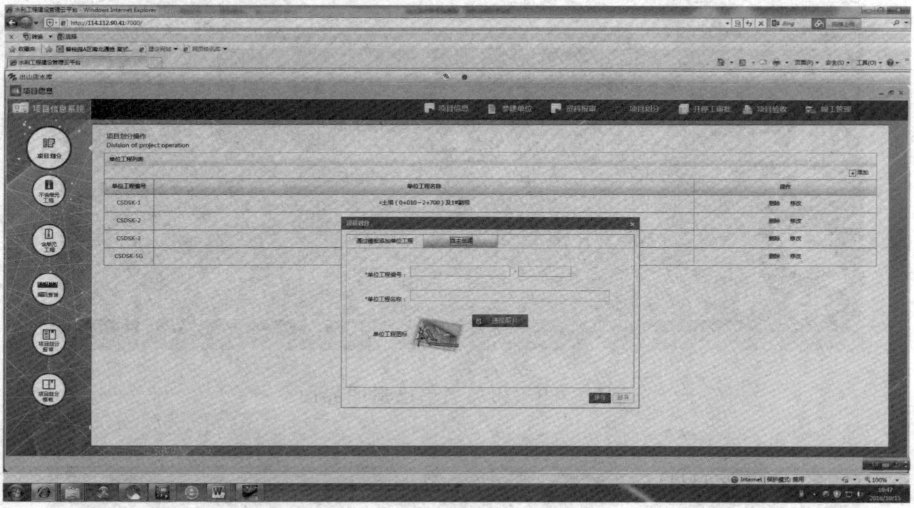

图 8-7 自主进行工程划分界面

审核流程中可以根据实际工程划分结果选择通过或者驳回，并在相关备注栏中标记审核意见，以便下一级用户进行表单处理。相关操作界面与程序如图 8-8～图 8-10 所示。

另外，在项目信息模块中，还有项目信息、参建单位、资料报审、开停工审批、项目验收以及竣工管理等模块。目前项目信息已经完成录入，如图 8-11 所示。参建单位已经把目前出山店水库中各参建单位信息以及相关工作人员信息进行了录入，如图8-12和图 8-13 所示。

2. 施工质量管理应用

该模块是对水利工程项目中的单元工程、分部工程、单位工程逐级地进行严格控制管理，从而实现对项目整体质量的控制与管理。要特别关注重要的关键部位以及隐蔽工程的

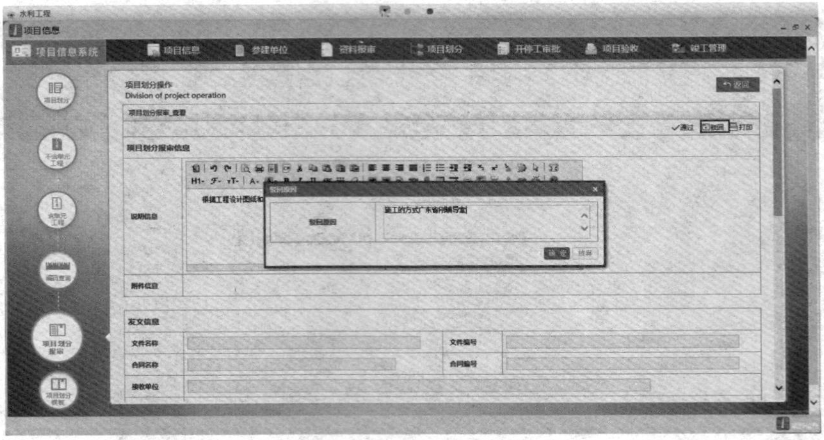

图 8－8　相关表单驳回界面

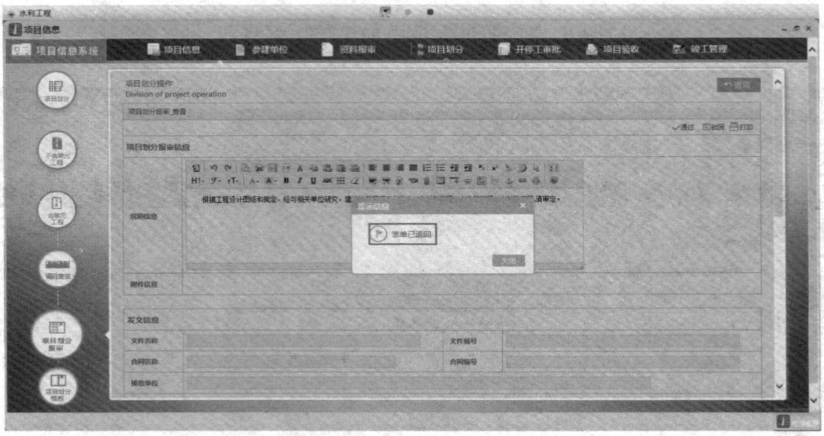

图 8－9　相关表单已退回界面

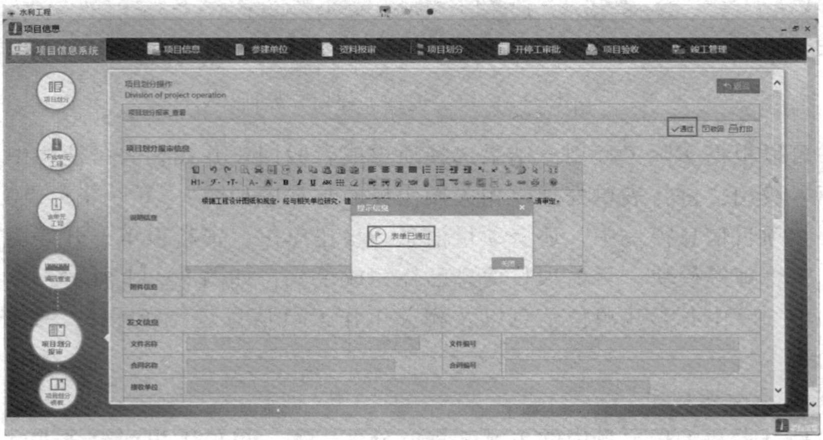

图 8－10　相关表单已通过界面

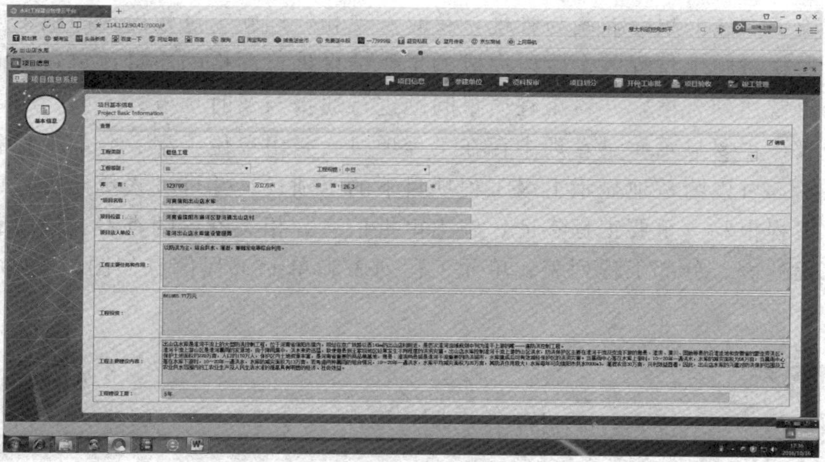

图 8－11　出山店水库项目信息界面

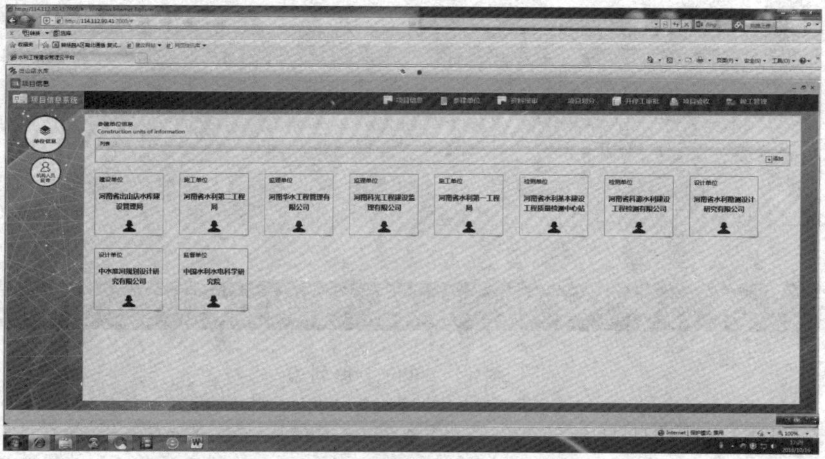

图 8－12　出山店水库项目参建单位列表界面

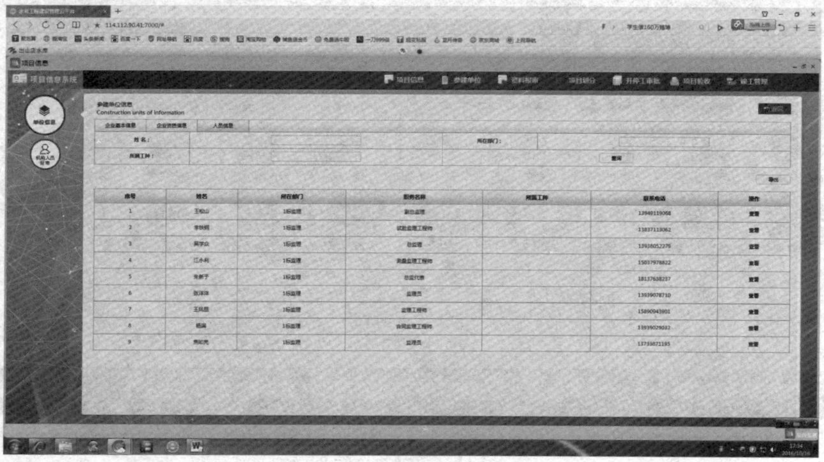

图 8－13　出山店水库项目建设单位人员信息界面

施工工艺与施工方法的跟踪控制与管理，及时发现和处理施工过程出现的施工质量问题与质量事故，通过对施工过程各个阶段完成的工作结果进行严格的质量评定，从而保证整个项目的工程质量达到合格，并对工程质量问题进行通报与及时预警。

工程列表：主要显示质量管理中存在工程项目。它由单位工程、分部工程和单元工程逐级分步显示，可以清楚地显示上级工程项目下的子项目，并可进入单元工程项目中进行施工信息、工程报验、重要工程签证、施工审批信息、相关资料的查看、修改和创建等操作。单位工程列表、分部工程列表、单元工程列表和单元工程信息如图 8－14～图 8－17 所示。

图 8－14　单位工程列表

图 8－15　分部工程列表

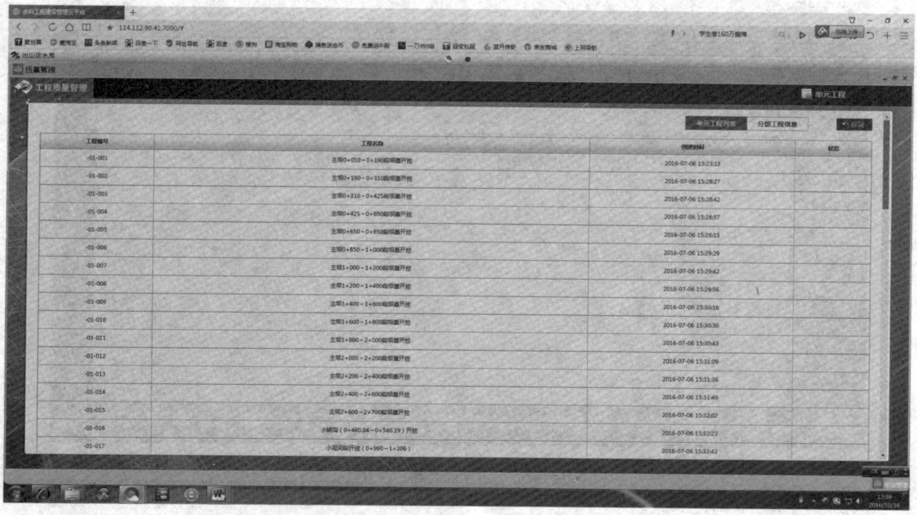

图 8-16 单元工程列表

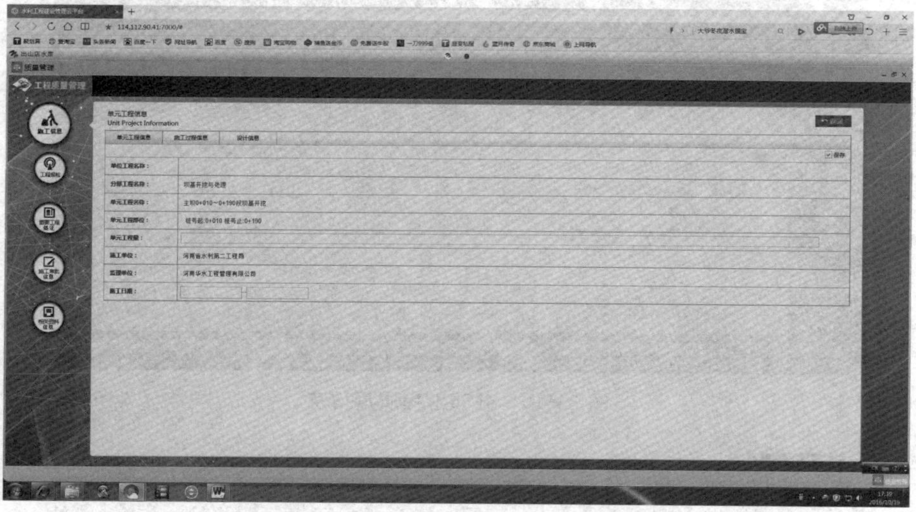

图 8-17 单元工程信息

其中，质量工程报验是由施工队对工程质量评定表进行选择，填报完成后上报给工程部进行审核，在审核过程中可以将评定表驳回，如表单审核通过后，提交给质检部门负责人审批，质检部门负责人审核通过，最终由监理员审批，审批流程如图 8-18 所示。

工程质量信息：通过单位工程状态信息和分部工程状态信息对项目进行统计信息查看，从而对项目进行质量评定，最终将评定完的项目进行项目验收，分别由施工单位上报、监理单位负责将上报的信息进行复核、经过项目法人认定后，由监督机构进行最终核定。分部工程质量信息和单位工程质量信息如图 8-19 和图 8-20 所示。

在该模块中也配置了相关流程，方便所形成的单元工程质量评定表在云平台中实现自动的流转审签。在流转过程中，首先由项目施工单位发起表单向上一级进行流转，待施工

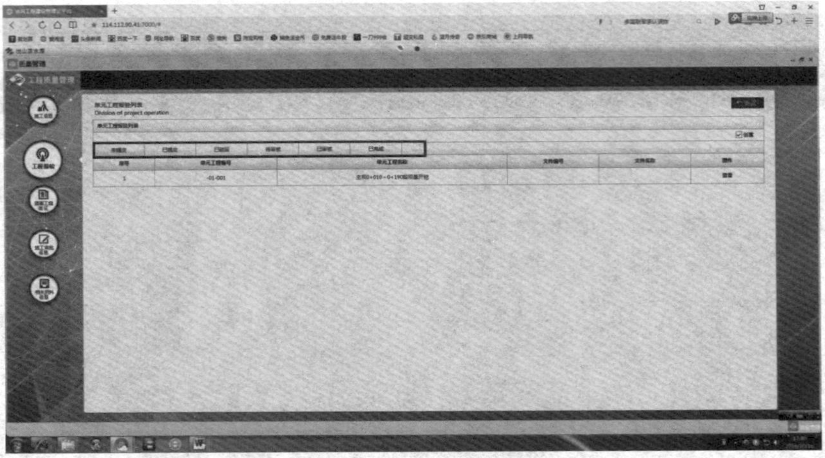

图 8-18　工程报验审批流程

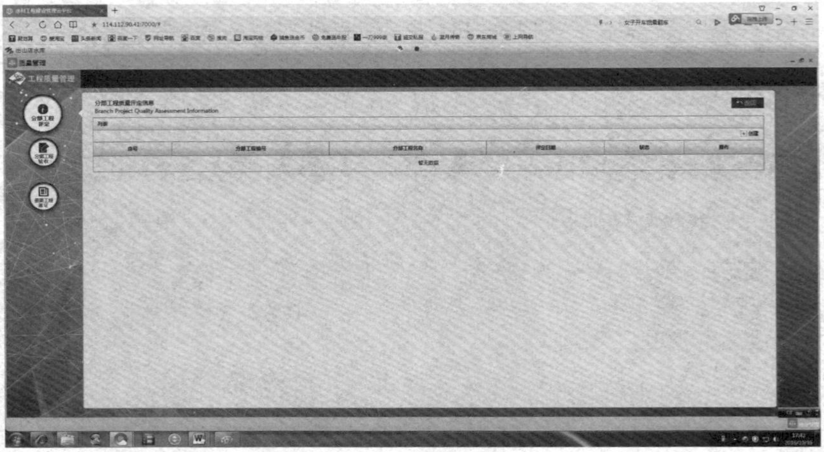

图 8-19　分部工程质量信息

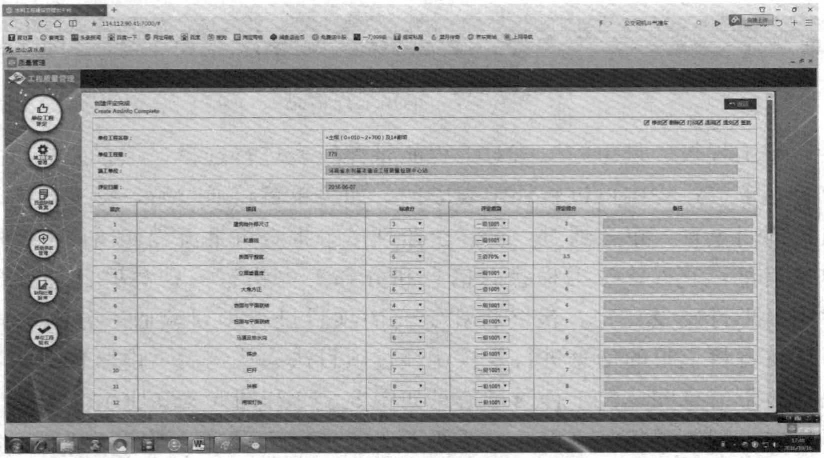

图 8-20　单位工程质量信息

单位负责人审批完成之后报送监理单位负责人，在监理单位负责人审批之后报送水利工程项目法人单位，在单元工程质量评定表的流转审批中，可以实现表单的审批意见批注以及相关表单的驳回修改等操作。目前这两部分工作还没有实质性的开展信息维护。

在实际应用过程中，按照项目划分好的工程分解进行项目信息录入，包括项目单元工程质量评定表的信息录入，并且包括已经完成电子签名的相关三检表的附件上传，这样可以较为真实地将水利工程建设的单元工程质量评定表实时地保存下来，并且是按照实际的工程项目划分进行保存的，可以利用系统进行实时查询与层层的签审批示，如图 8－21～图 8－23 所示。

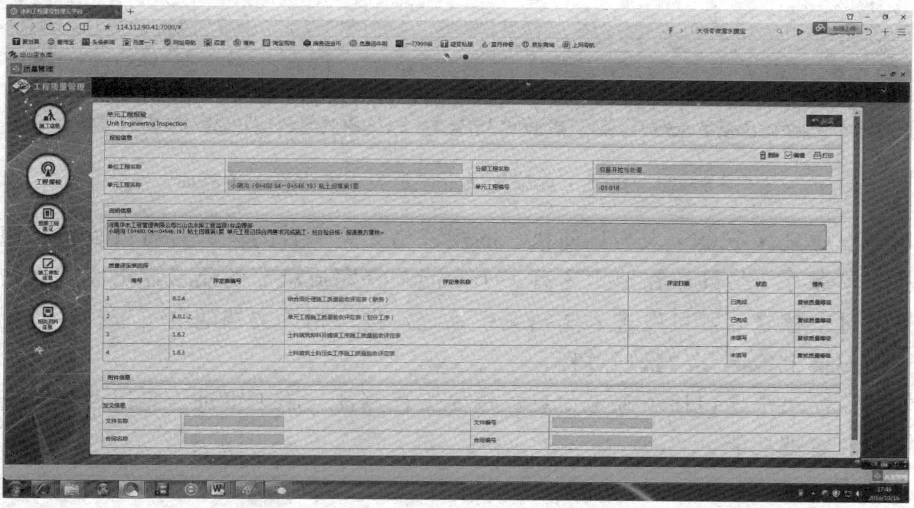

图 8－21　单元工程施工质量评定表界面

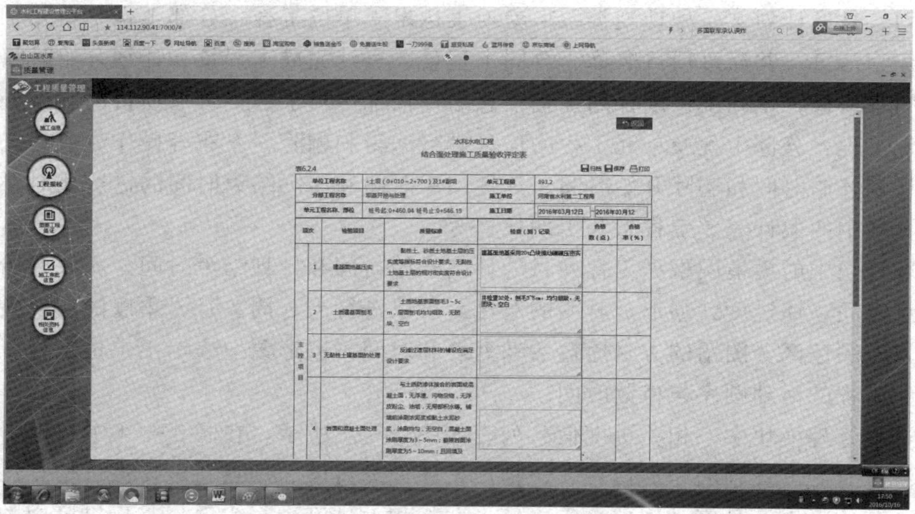

图 8－22　单元工程施工质量评定表的录入界面

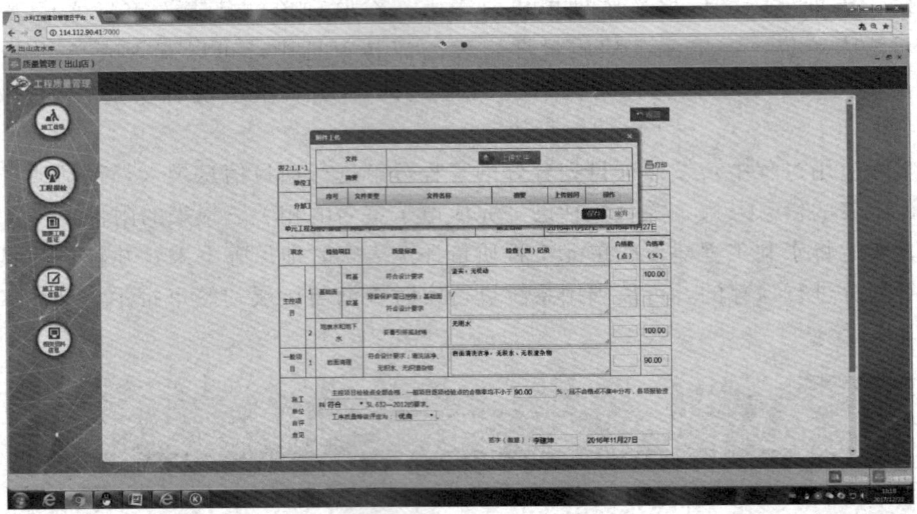

图 8-23　单元工程施工质量评定表中的附件上传界面

单元工程质量评定表录入与目前执行的规范格式是一致的，并且可以直接打印出来作为实际的表单保存。另外，在这里还有一个功能是将完成填写的质量评定表进行归档，归档的表格经过审核之后，可以进入文档关系系统，进行相关文档的电子管理，避免了目前的纸质文档扫描上传保存的繁琐过程。

另外，该模块中还包括了施工信息、重要工程签证、施工审批信息以及相关资料信息等信息维护与管理功能。

3. 进度管理应用

该模块主要体现出出山店水库工程建设中的施工形象进度图现状，通过施工进度计划和实际进度信息，充分体现出该项目工程的进度管理情况，分部从整体计划、年度计划、季度计划、月度计划这 4 种计划类型形象地表达出了单位工程、分部工程、单元工程的进度计划详细信息，并通过项目名称、合同工程量、累计完成工程量和计划开始时间、计划结束时间等指标，使施工进度计划工程信息跟踪情况一目了然，可对项目的施工进度计划中的单位工程、分部工程及单元工程的信息进行编辑和删除、发布等操作。成功完成进度计划的计划开始时间和实际开始时间、计划结束时间和实际结束时间的进度比对，自动完成进度计划中的累计完成工程量和工期核算等。

进度计划中的横道图根据工程项目的计划开始时间和计划结束时间、实际开始时间和实际结束时间，使进度计划形成鲜明的对比，可以进行天、周、月、季度的切换显示，以不同背景条颜色区分图示的方式通过活动列表和时间刻度形象地表示出单位工程、分部工程、单元工程的活动顺序与持续时间。

在进度管理模块中，相关进度信息列表如图 8-24 所示，在图 8-24 中列出了系统中所包含的所有进度计划的相关信息，包括项目建设总进度、项目建设年进度信息、项目建设季度进度信息以及月度进度信息等内容。选择相关进度进行查看，查看进度内的主要相关内容，在此基础上进行相关进度内容的修改与删除，如图 8-25 所示。

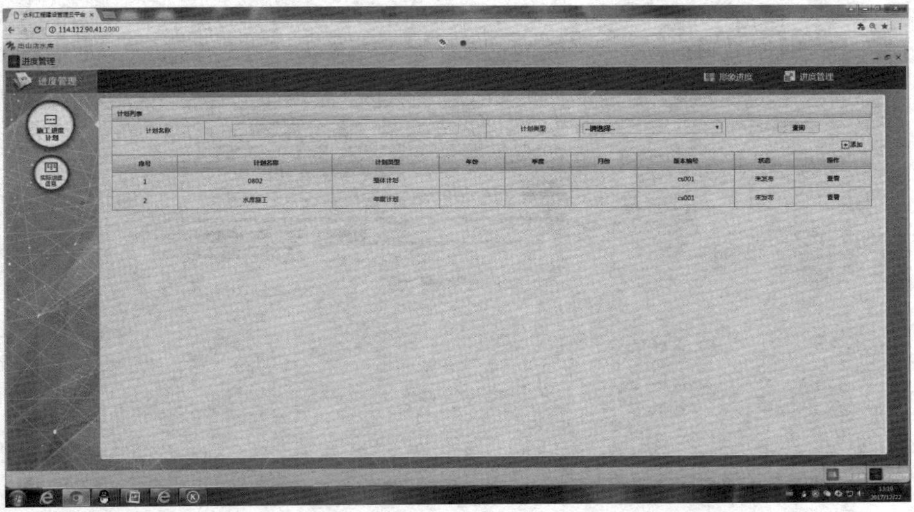

图 8-24 系统内相关进度信息列表

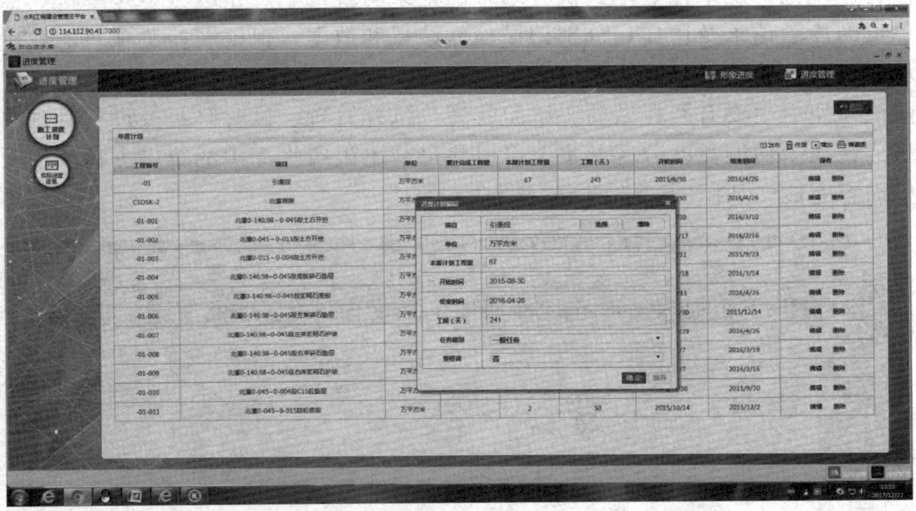

图 8-25 对进度内相关信息进行查看与修改

系统模块中还可以通过横道图对相关进度信息进行形象展示，并通过不同颜色的进度条进行对比，来表示计划进度与实际进度之间的区别，在此基础上可以根据具体实际进度的情况调整下一阶段的进度计划，为工程决策提供重要的参考依据，如图8-26所示。

利用该模块相关功能，在系统内建立了不同阶段的出山店水库工程进度内容，并且可以利用相关的流程管理制定好的相关工程建设进度的不同用户之间的层层审批，最后进行进度信息发布。另外，在该模块中还可以对所建立的进度文件进行存档等一系列的相关操作。

4. 检测管理应用

检测试验模块是对水利工程建设过程中使用的原材料、中间产品等的质量进行检测，

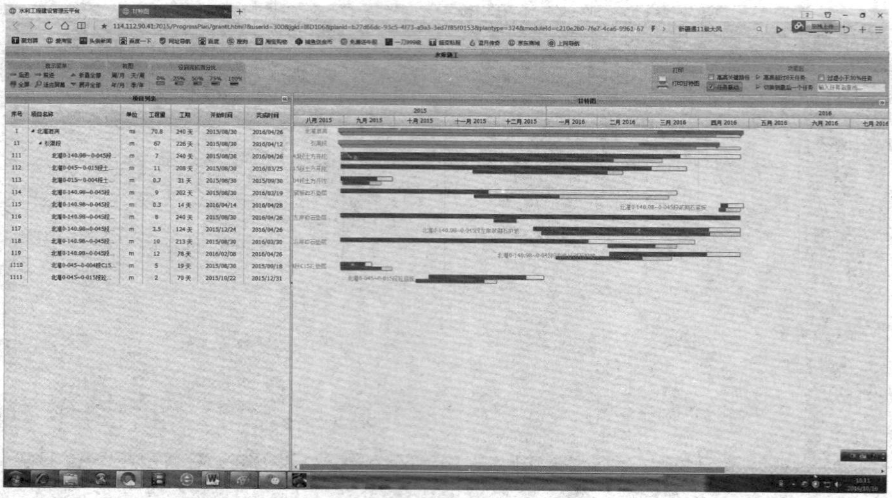

图 8－26　进度管理中横道图的形象展示

按照质量管理规范，从来样登记到试验结果的记录与查询。严格区分承包单位、监理单位和监督单位的检验请求及留样，分别记录检验结果和数据，保证了检测项目的准确度、精确度，从而确保检验结果是真实和可靠的。

目前该模块中主要有委托试验、试验管理、试样管理、试验月报及设备管理 5 个主要功能类型，这几个功能类型分区基本上可以将目前出山店水库中的第三方检测以及施工方质量自检内容完成，如图 8－27 所示。

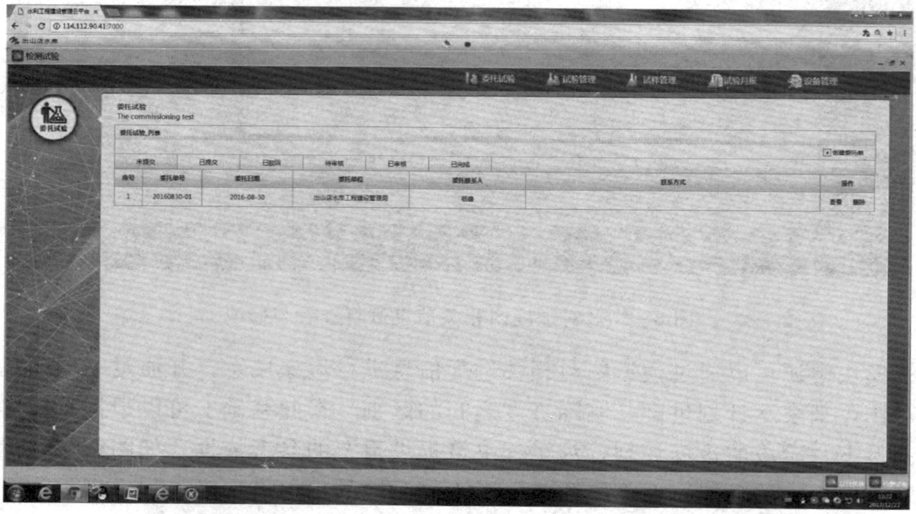

图 8－27　工程检测中主要功能模块示意图

委托试验：主要对委托单位信息、样品信息、委托试验信息进行管理。试验委托单主要是由下层的施工单位或监理单位发起，并且在实际过程中，还要考虑是否存在见证取样等信息，一同录入相关的委托试验单中，如图 8－28 所示。

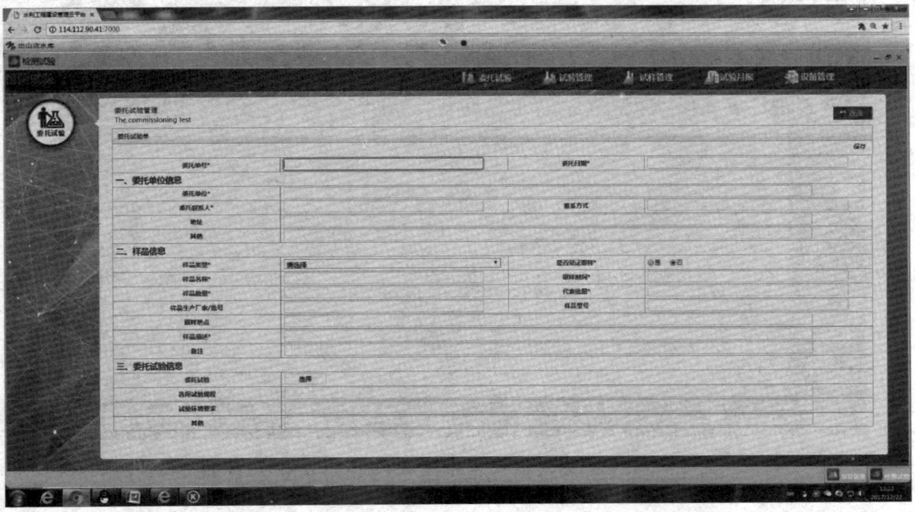

图 8-28 委托试验相关信息录入界面

委托试验管理，由施工人员对表单进行上报到监测校核者，监测校核者审核通过后提交到检测监理员，最后将由检测部门负责人进行审批。在承德双峰寺水库工程建设中，结合目前国家行业相关的工程建设材料等法律法规，并且考虑了实际操作的可行性等方面的内容，在本系统内委托试验基本上是由施工人员发起的，检测校核人员在接受委托后开始试验，最后由工程管理委托单位进行信息共享，实现检测工程管理的自动化、信息化的流转审批等活动。图 8-29 表示的是检测模块内的相关业务流程。

试验管理：试验管理主要通过委托试验信息，对委托方所委托进行的试验主要内容等信息（主要对试验信息的单元工程信息、检测试验编号和类型、检测试验单位及试验者等一些基本信息进行维护）、试验实现试验过程记录、试验报告（试验报告所包含的试验编号、试验日期等信息进行记录）生成的功能，如图 8-30 所示。

试样管理：主要用于满足对试样编号、样品类型、样品名称、取样地点、取样时间、取样人员、试验项目、是否留样等一些基本信息的登记进行查看和管理，如图 8-31 所示。

试样月报：对试样进行月报管理和记录相应的月报详情，形成质量检测月报，在检测的月报中将抽取月报进行检查，如图8-32 所示。

设备管理：主要检测设备的规格型号、厂家信息、采购和安装信息，对鉴定好的设备进行日常维护，如图 8-33 所示。

委托试验单填写完成后，在提交前还可以对委托试验单进行修改，但是委托单号不能再改动，所以在创建委托单时，委托单号一定要填写正确，并且通过相关的委托单号进行相关信息的查询阅览。

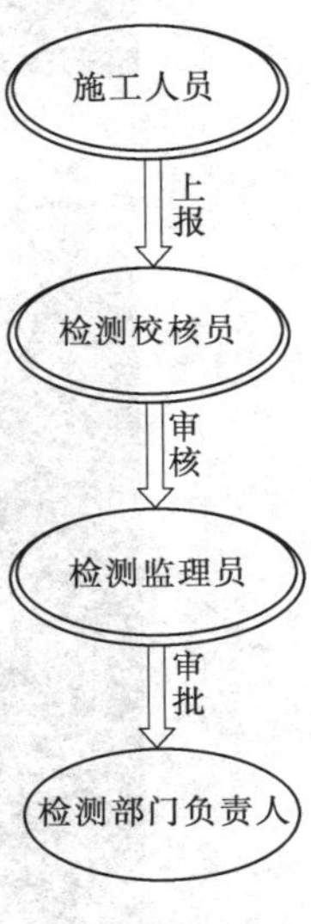

图 8-29 检测模块内的相关业务流程

在出山店水库工程建设过程中，拟开展相关的检测模块试用与

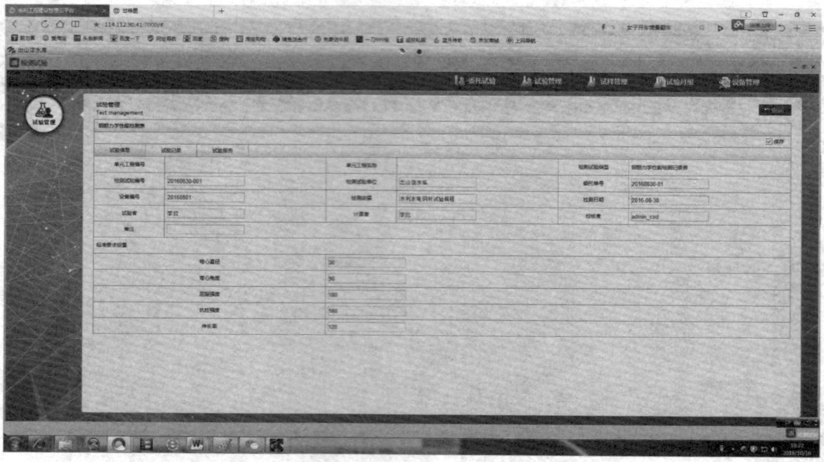

图 8－30　检测试验管理中主要内容以及相关界面

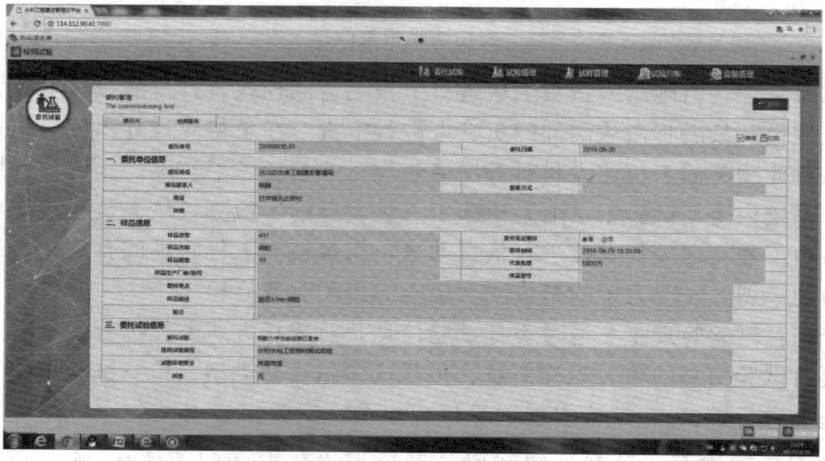

图 8－31　试样管理相关信息录入界面

图 8－32　试样月报相关操作界面

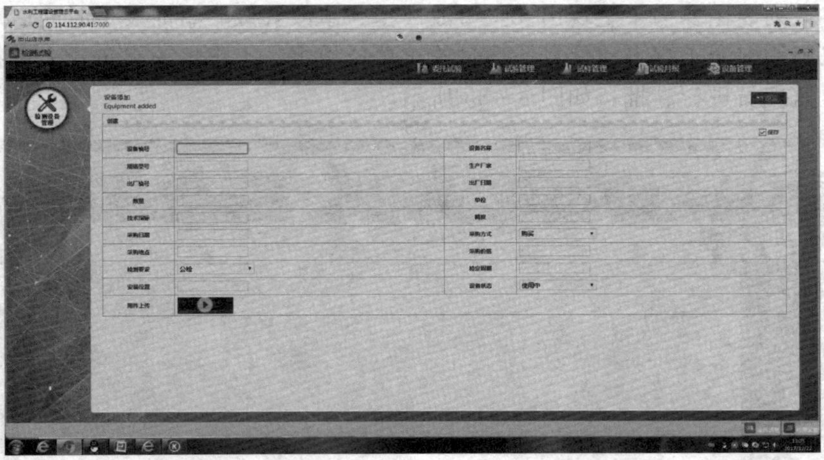

图 8-33 检测模块中相关的检测设备信息登录界面

反馈分析工作，并且在实际应用中，检测模块产生的电子表单作为相关单元工程建设质量评定表中的附表，一同进入到工程质量管理中来。

5. 安全管理应用

安全管理模块包括在建设单位、施工单位、监理单位建立健全的安全管理体系，确保安全责任落实到部门和个人。根据安全计划每月定期进行安全检查，并及时通报安全检查发现的问题。在承担施工任务的施工队定期开展安全教育和培训，提高全员的安全意识和观念。对施工过程发现的安全隐患与安全事故进行及时教育和处理。每月对施工安全管理的情况进行总结，同时形成安全月报。

事故信息：主要维护事故的类型、事故的等级、事故发生时间、事故名称、直接损失金额、事故简述等一些基本信息，并将水利工程质量事故划分为分类标准，根据损失情况将事故划分为不同的类别，分别为特大质量事故、重大质量事故、较大质量事故、一般质量事故；事故可以进行自主创建，具有编辑和删除等一些基本操作，如图 8-34 所示。

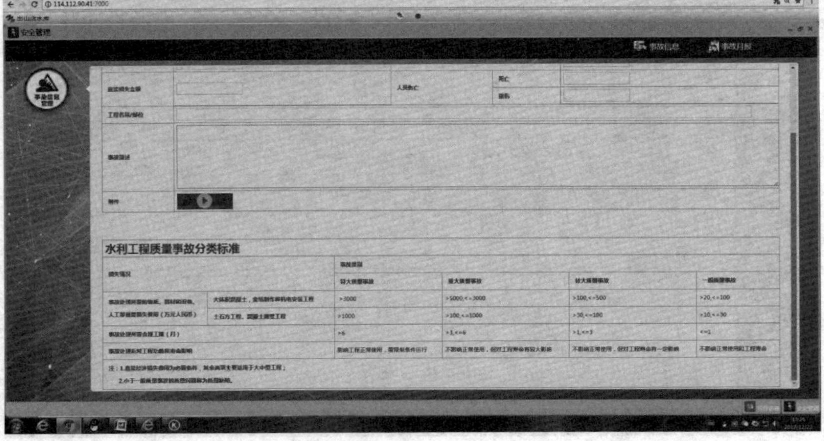

图 8-34 水利工程事故管理模块中信息录入界面

工程事故列表主要为了呈现出安全事故类型、事故等级、事故发生时间、事故名称等信息，可以新增安全工程事故信息，通过施工单位填报、上报给项目负责人审批，审核通过后，再由监理员进行签批，如图 8－35 所示。

图 8－35　水利工程事故列表以及相关处理意见界面

事故月报：根据年月实现对每月事故的统计和管理，月报管理主要对事故的年份、事故的月份、事故名称和事故发生的状态、事故所编制的单位进行发布和作废等操作，以及记录所有事故的详细情况，根据每月的事故案例进行汇总，以便进行导出查看，主要包含事故发生时间、事故发生地点、工程名称、事故等级，事故发生直接带来的经济损失，事故对人员伤亡中死亡的人数和重伤的人数进行统计汇总，以及对事故的所有基本情况进行事故分析，进一步进行事故综述。事故月报是通过月报管理和事故详情而进行的管理，月报管理主要是针对年份、月份、事故名称等信息进行管理；事故详情是管理事故发生时间、事故地点、工程名称、事故等级、人员伤亡等信息，对信息可进行删除和导出等操作，如图 8－36 所示。

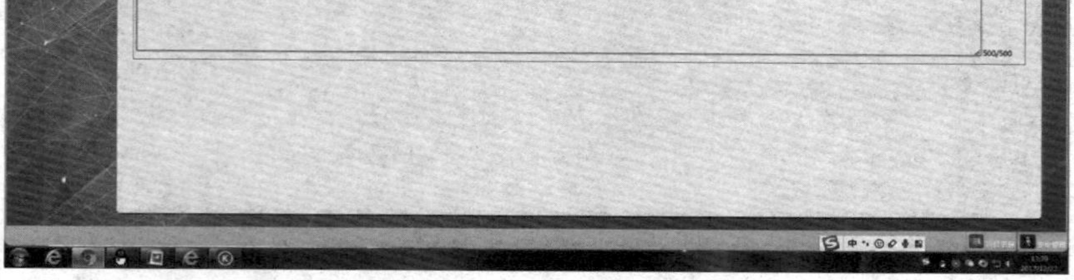

图 8－36　安全管理模块中事故详情处理界面

在安全管理模块中，结合双峰寺水库工程中相关管理规定，初步建立了水库工程建设总的安全生产管理档案，为水利工程建设中相关安全信息的管理与上报审批提供了重要的操作平台。

6. 工作平台模块应用

工作平台是为水利工程项目的管理层，如项目经理、总工程师、总监理工程师等提供一个能够快速了解工程项目整体情况，如项目的进度、质量、经费与安全等实时状态的窗口，如图 8－37 所示，能展现整个项目进展的全貌，从而使项目管理者对工程情况有更全面的了解，以便做出正确的分析判断与决策。

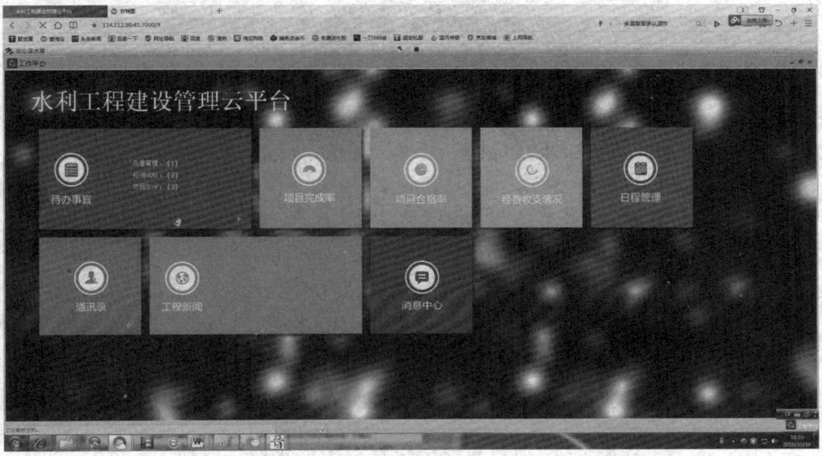

图 8－37　水利工程建设管理云平台中的主要操作界面

在工作平台内主要显示登录用户的待处理相关事物，根据当前用户的身份，整理出质量管理、检测试验和项目划分 3 个模块中需要处理的各项事宜，并且通过连接实现直接跳转至相关待处理事物界面，如图 8－38 所示。方便了不同用户的实际工程管理需求。另外，在工作平台模块中建立了相关的工程建设统计信息的相关应用模块。

图 8－38　水利工程建设管理云平台中待办事宜主要操作界面

项目完成率统计了工程项目的总体完成率和每个单位工程与分部工程中单元工程的具体完成率；项目合格率统计了工程项目的总体合格率和每个单位工程与分部工程中单元工程的具体合格率；经费收支情况记录了完成工程项目过程中所有的进出账明细。

这主要有助于工程建设管理单位相关技术人员进行信息统计上报以及上级水行政主管部门的迅速了解工程建设现状的需求，如图 8－39～图 8－41 所示。

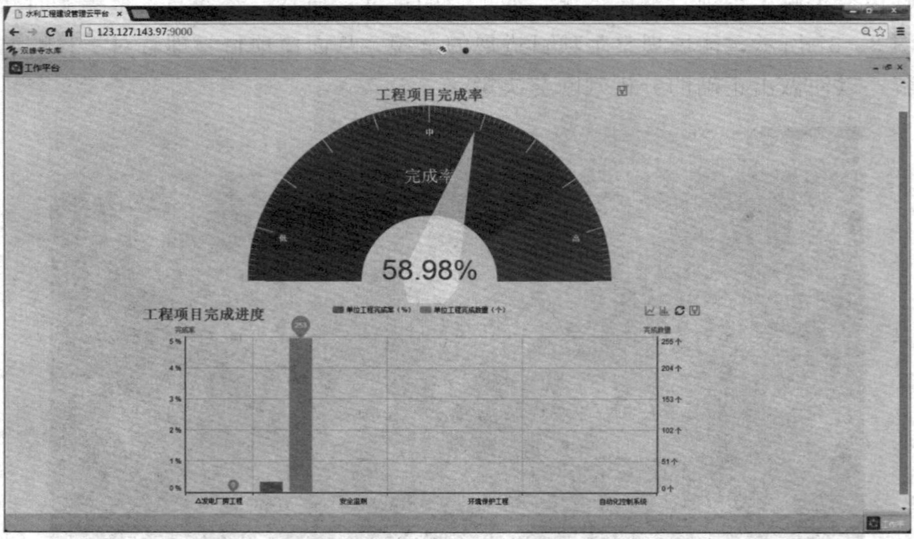

图 8－39　项目完成率信息的图形化展示界面

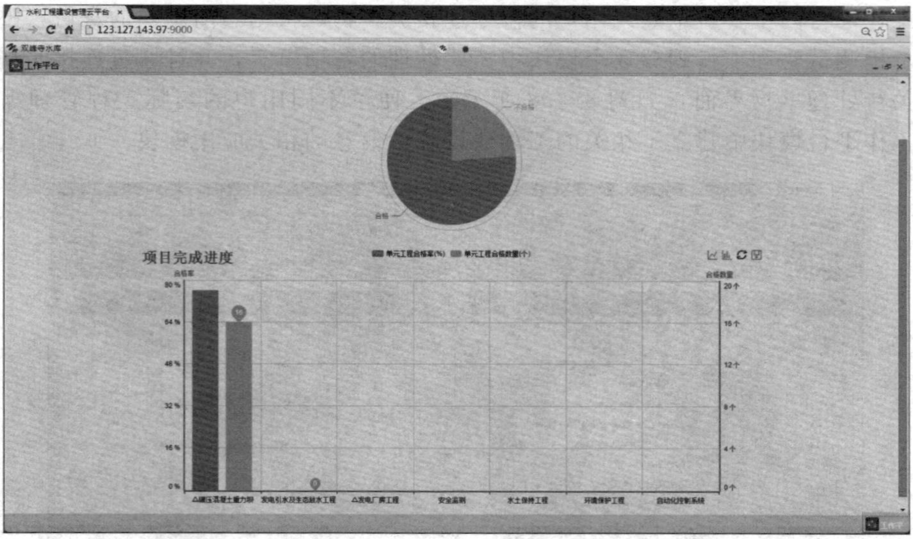

图 8－40　项目质量合格率信息的图形化展示界面

在工作平台中，还有日程管理相关功能，主要实现平时日常工作中的日志信息，用日历的方式记录日志信息，将每天的工作和事务安排在日历中，并做一个有效的记录，方便

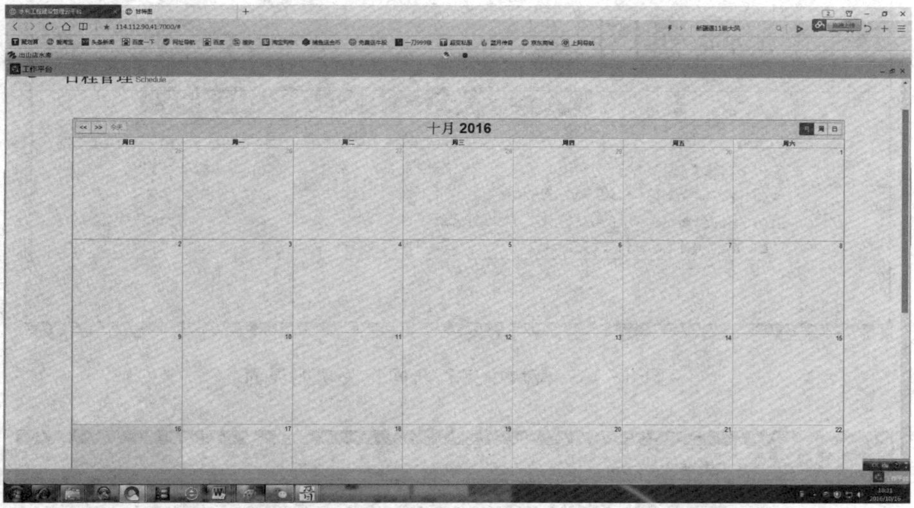

图 8-41　日常管理中的日历图形化展示界面

管理日常的工作和事务，达到工作备忘的目的，从而实现对日志进行管理的目的。在项目模块中包含的通讯录，可将项目工程的所有相关人员联系方式存储进行共享，形成方便联系的通讯录，如图 8-42 所示。

图 8-42　模块中通讯录相关功能界面

另外，在个人工作平台中还包括工程新闻与消息中心的功能，主要对工程新闻的标题、类别、开始日期、结束日期及发布通知进行添加、删除维护等操作；以及对平台中的技术人员利用模块进行简短交流的渠道，如图 8-43 和图 8-44 所示。

7．“施工三检表”建设管理

（1）启动安卓设备找到“施工三检表”应用，单击打开，如图 8-45 所示。

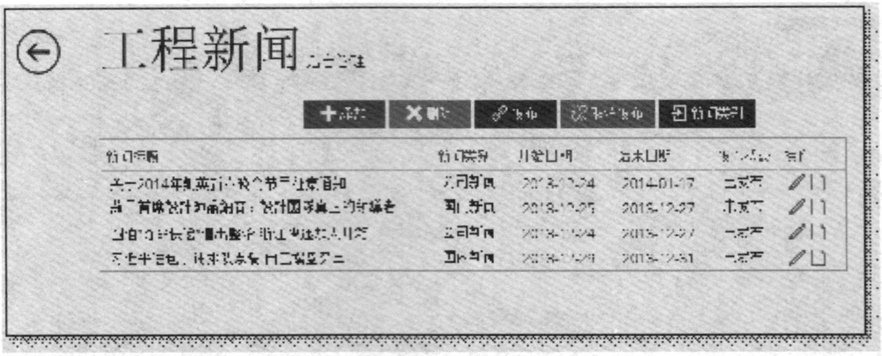

图 8-43　模块中工程新闻相关功能界面

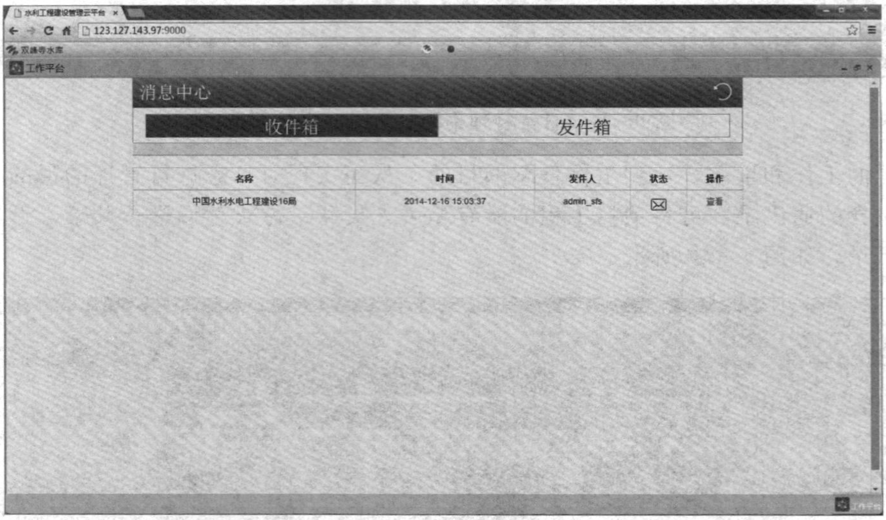

图 8-44　模块中消息中心相关功能界面

图 8-45　“施工三检表”登录界面

(2) 输入登录人姓名和密码（确保输入的用户名和密码是正确的），然后单击“登录”按钮，如图 8-46 所示。

图 8-46 人员登录界面

(3) 登录进入系统后，在主界面上有以下标明的功能，“用户相关功能”“筛选”“添加”“划分工序”及“最新表单”，如图 8-47 所示。

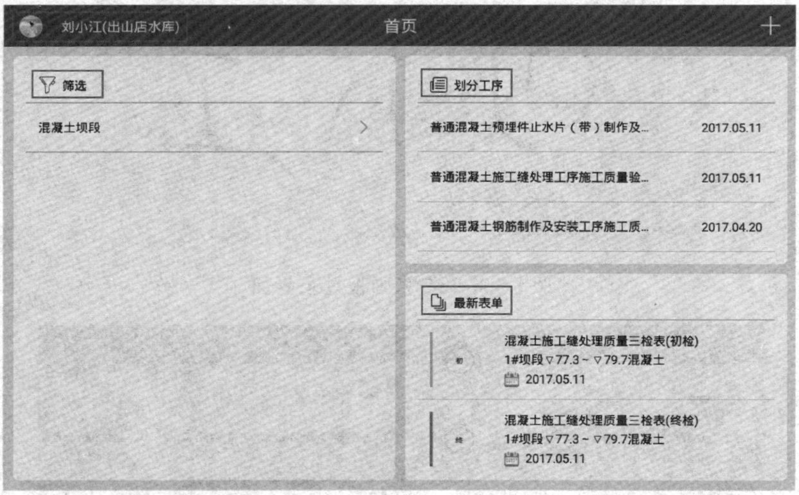

图 8-47 施工工序登录界面

(4) 单击用户名可以进入用户界面，可以进行“签名”“清除缓存”“软件更新”“退出登录”等操作。清除缓存：清除本地的缓存数据；软件更新：更新到最新版本；退出登录：单击该按钮后就退出本系统的登录，如图 8-48 所示。

(5) 单击“签名”按钮，会进入签名画板，可以进行签名修改、清除原来的签名、重新签名，然后保存，如图 8-49 所示。

(6) 进行三检表添加时，单击主界面上的“+”（加号），如图 8-50 所示。

图 8-48　审批登录界面

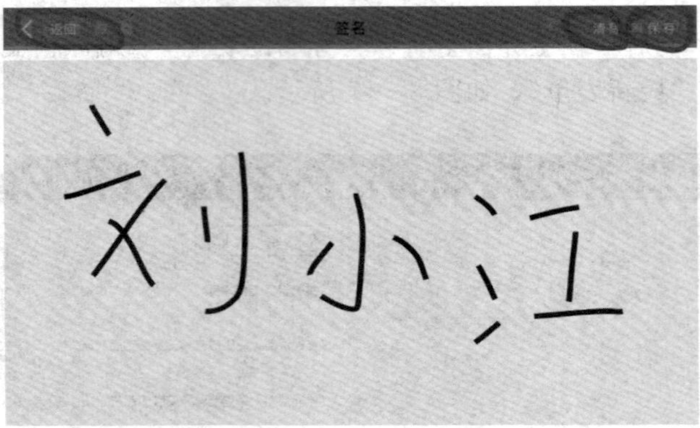

图 8-49　签名画板登录界面

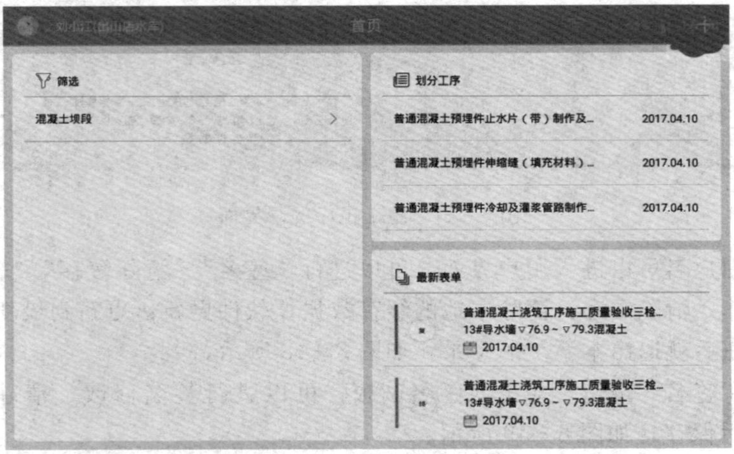

图 8-50　表单登录界面

（7）这时会弹出新的界面，选择对应的“单位工程”→“分部工程”→“单元工程”→对应的“初”“复”“终”三检表，如图 8-51 所示。

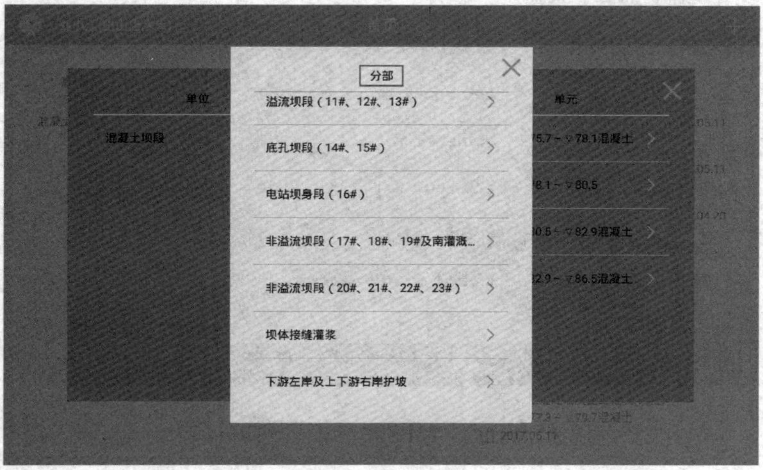

图 8-51　增项登录界面

（8）选好对应的三检表之后，进入图 8-52 所示界面，在界面中添加对应数据，单击“保存”按钮，保存数据，保存成功之后，单击“导出”按钮，可以对三检表导出对应附件保存到服务器，相关文档可以在对应的工序表的附件中进行查看。在档案管理中也会有对应的统计，如图 8-52 所示。

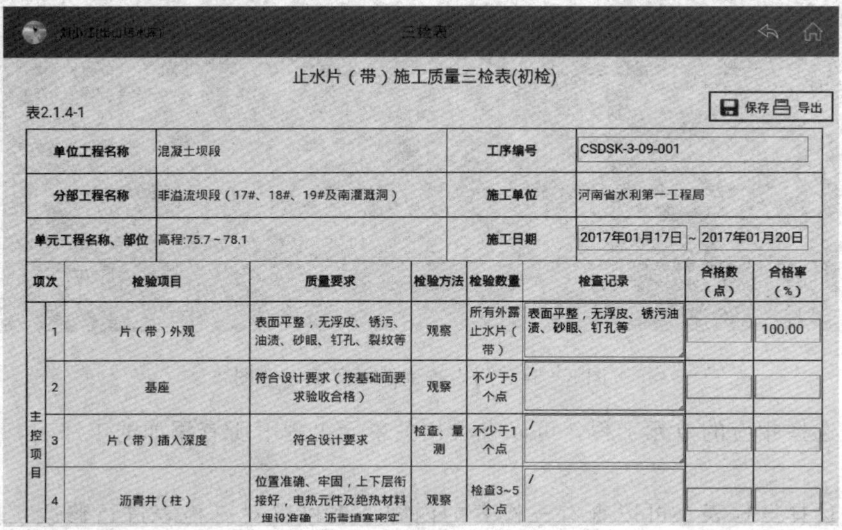

图 8-52　检验登录界面

（9）数据保存结束后，返回到主界面，在主界面单击“筛选”下对应的单元工程，也会出现如图 8-53 所示界面。

（10）进入三检列表，如果表单太多，可以进行条件筛选，条件选择完成后，单击“筛选”按钮，如图 8-54 所示。

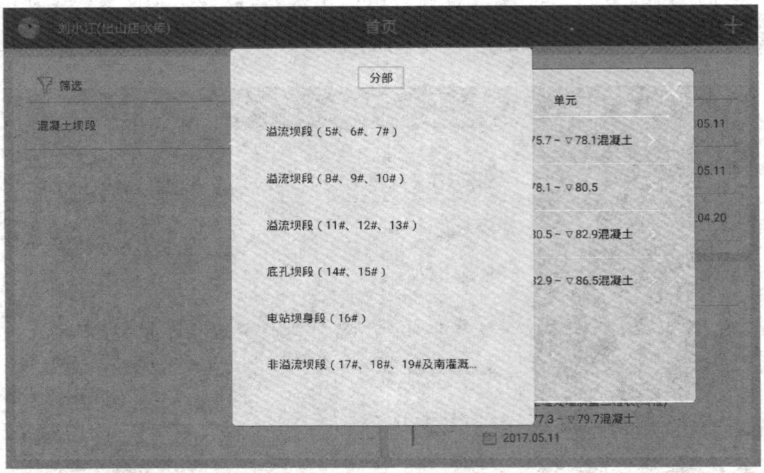

图 8-53　单元工程查询登录界面示意图

图 8-54　列表查询登录界面示意图

（11）选择相应的单元工程，可以查看相关单元工程下所有添加的工序表，如图8-55所示。

（12）选择三检表，可以查看三检表的内容，也可以对三检表进行修改，然后保存，也可以导出对应的附件，功能与步骤（8）一致，如图 8-56 所示。

（13）划分工序选择对应的工序表，会进入步骤（11）的界面，操作和步骤（11）一致，如图 8-57 所示。

（14）在最新表单，单击对应表单，进入三检表详细界面，界面功能与步骤（8）的功能一致，如图 8-58 所示。

图 8-55　单元工程查询登录界面

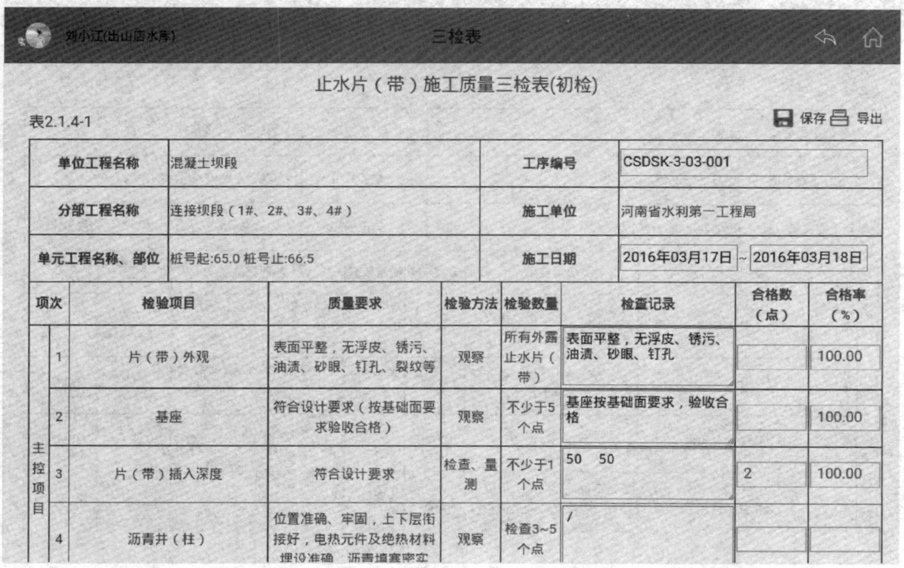

图 8-56　检验登录界面

8.2.2　大坝碾压施工实时监控系统建设及应用

1. 登录界面

(1) 展示大坝施工的平面布置情况，如图 8-59 所示。

(2) 展示大坝施工的三维模型及填筑情况，如图 8-60 所示。

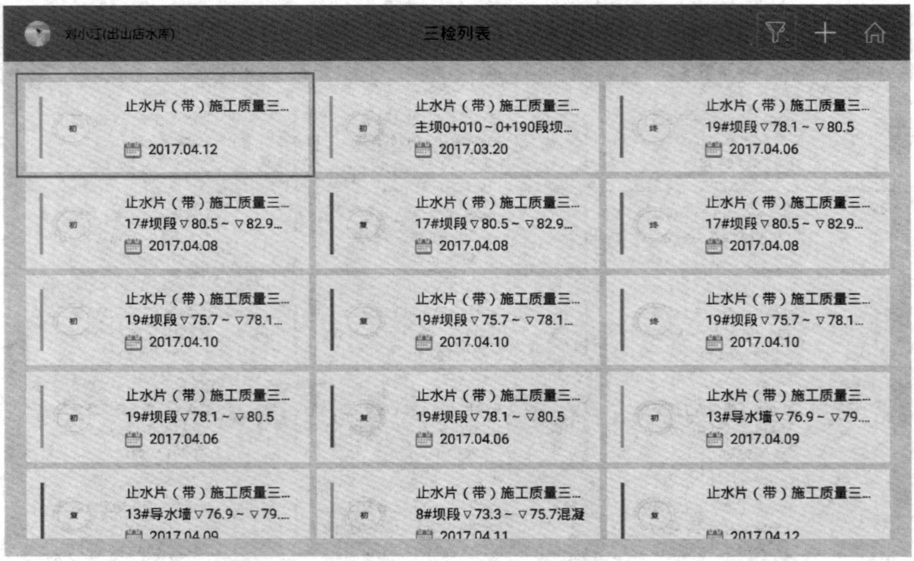

图 8－57　查询登录界面示意图

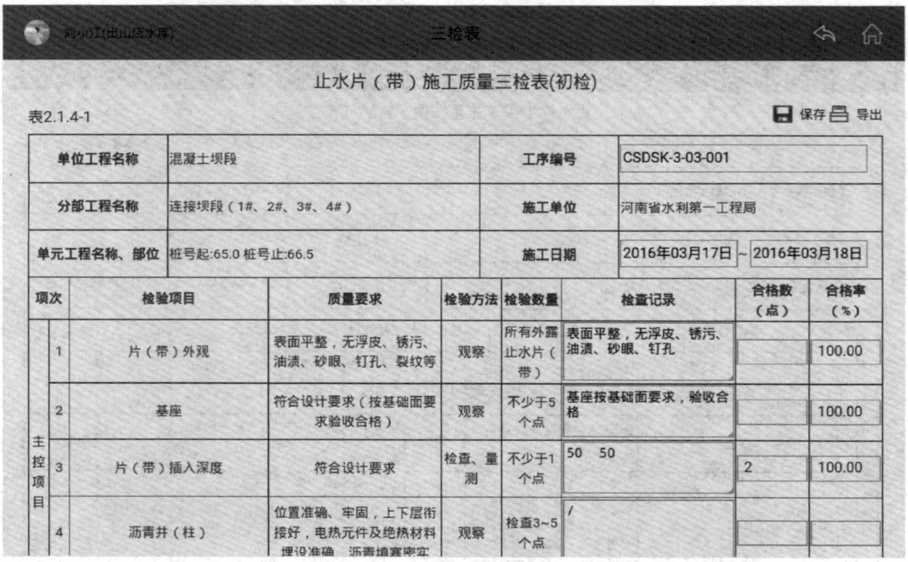

图 8－58　三检表检验登录界面

2. 基础信息

对大坝施工的工程信息进行管理，包括大坝工程、单位工程、分部工程、单元工程、工作仓、车辆信息和司机信息，以树结构进行组织。其中，最重要的是工作仓的管理，它为后续进行流程化作业提供基础，如图 8－61 所示。

单位工程信息包括项目名称、项目编码、业主单位、施工单位、监理单位、设计单位以及开始和结束施工时间等。可以在修改内容和单击“提交”按钮后完成修改。在工程组

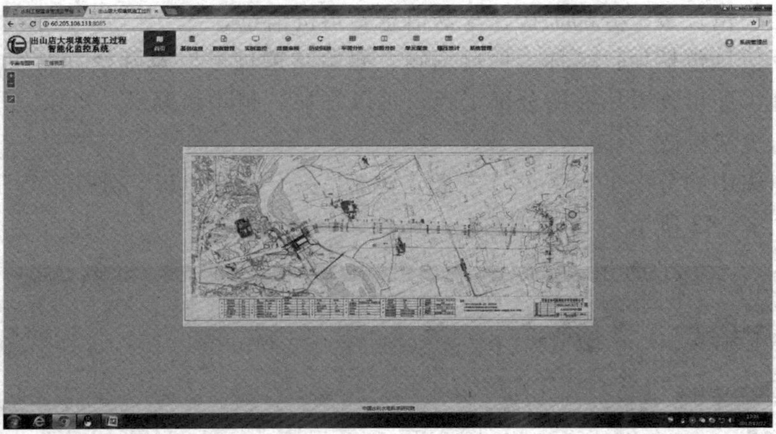

图 8-59 平面布置

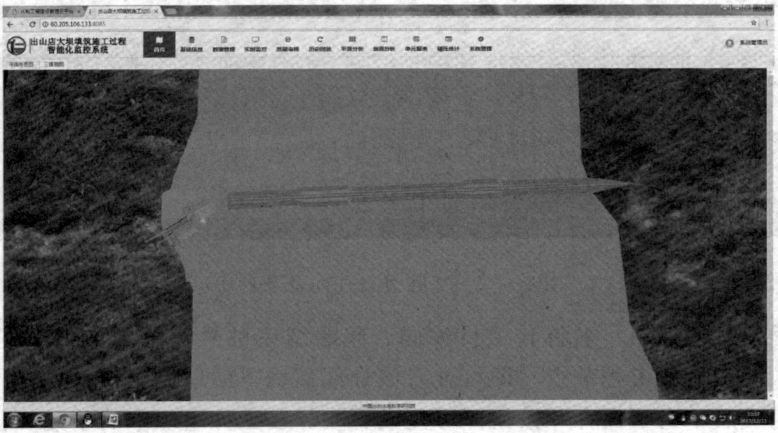

图 8-60 三维模型布置

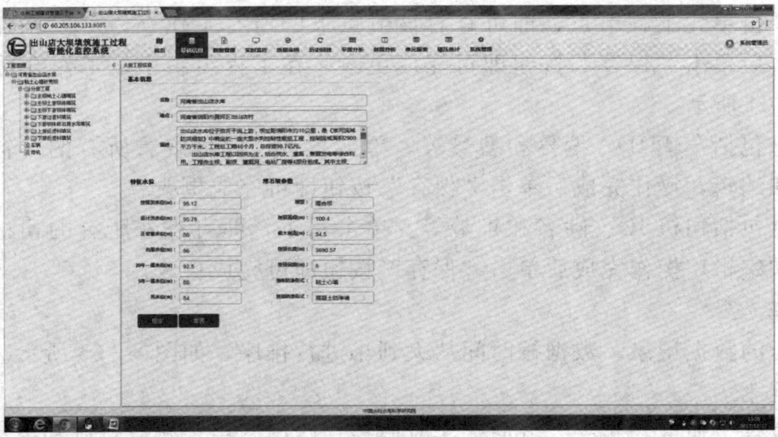

图 8-61 基础信息登录界面

织中，单位工程包含多个分部工程、车辆信息和司机信息。

分部工程信息包括项目名称、项目编码、起始结束桩号以及开始和结束施工时间等。单击分部工程，即可查看所有的分部工程，可以添加、删除和编辑，操作完成后单击“保存”按钮即可完成更改。

在工程组织中的分部工程下，每一个节点都是一个分部工程，分部工程下包含多个单元工程，如图 8－62 所示。

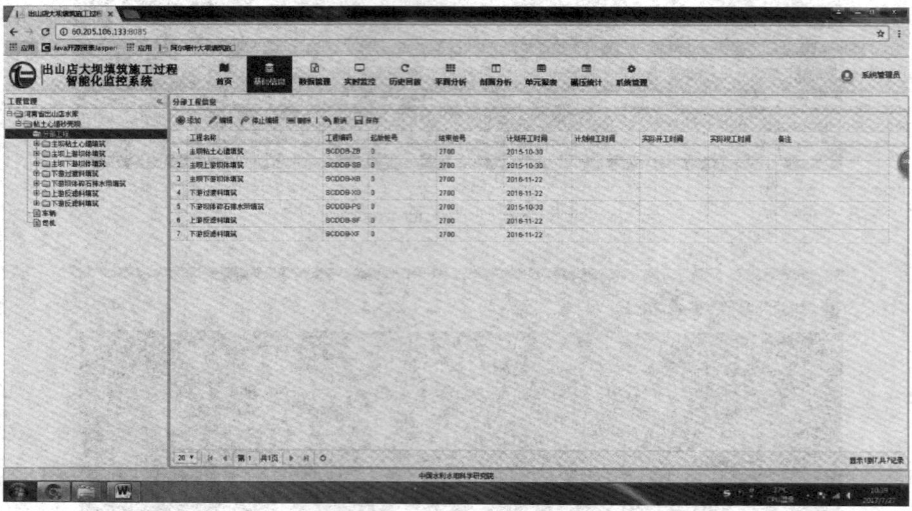

图 8－62　基础信息查询登录界面

单元工程信息包括项目名称、项目编码、起始结束桩号、起始结束 Y 坐标以及开始和结束时间。单击分部工程节点，即可查看该分部工程下的单元工程，可以添加、删除和编辑，操作完成后单击“保存”按钮即可完成更改。在工程组织中的单元工程下包含多个工作仓，如图 8－63 所示。

工作仓信息包括项目名称、项目编码、起始结束桩号、起始结束 Y 坐标以及开始和结束时间。单击单元工程节点，即可查看该节点下的所有工作仓，可以添加、删除和编辑，操作完成后单击“保存”按钮即可完成更改。在工程组织中，工作仓是最小施工单位，如图 8－64 所示。

车辆信息包括车辆 ID、编号和型号等。单击车辆，即可查看所有的车辆信息，可以添加、删除和编辑，操作完成后单击“保存”按钮即可完成更改。

司机信息包括司机 ID、姓名和年龄等。单击司机，即可查看所有的司机信息，可以添加、删除和编辑，操作完成后单击“保存”按钮即可完成更改。

3. 数据管理

显示碾压的数据记录，数据按时间从大到小进行排序，如图 8－65 所示。

4. 实时监控

对车辆位置、速度、频率、方向等实时监控；碾压遍次、碾压轨迹和搭边效果实时查看；在施工流程中，对工作仓进行开仓和闭仓操作，如图 8－66 所示。

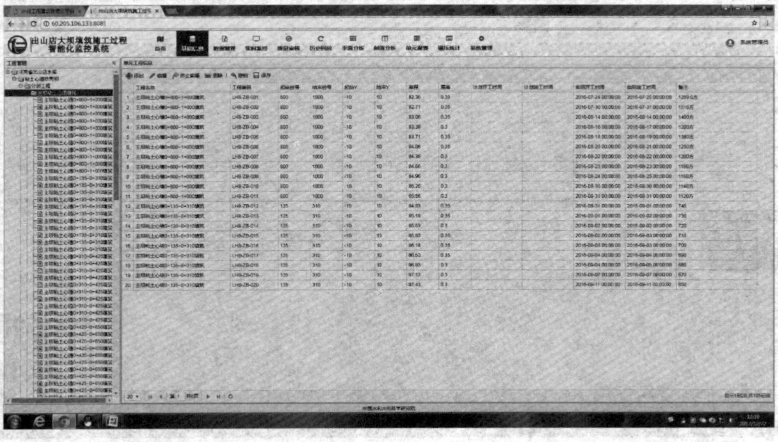

图 8-63 单元工程信息登录界面

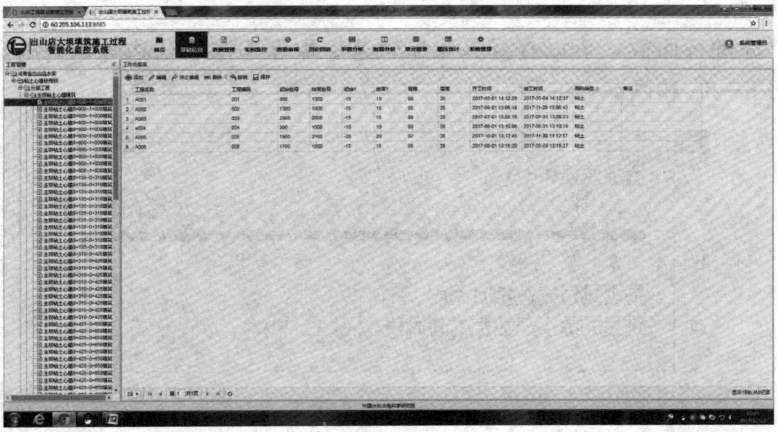

图 8-64 工作仓信息登录界面

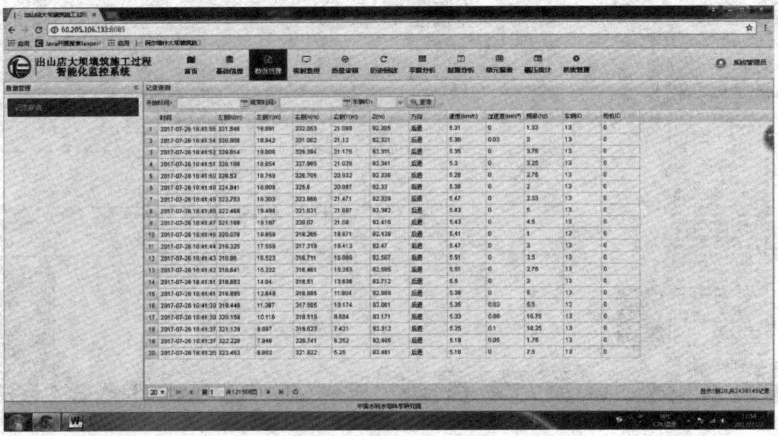

图 8-65 数据管理登录界面

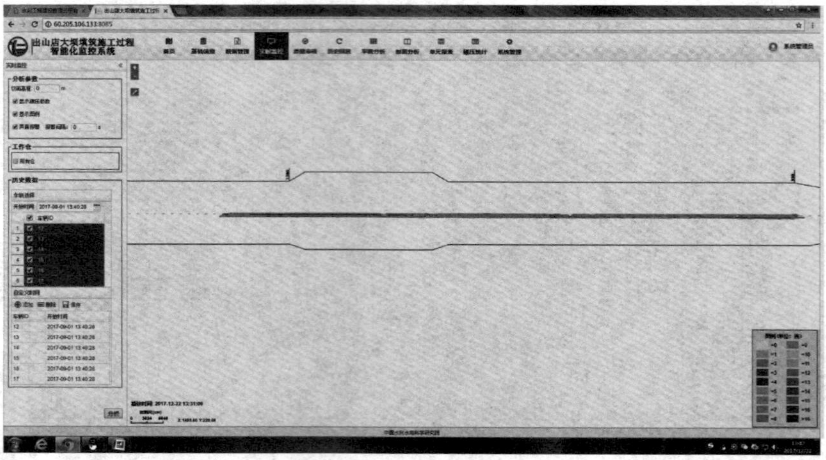

图 8-66 实时监控登录界面

5. 历史回放

对历史数据进行回放，可以查看其碾压轨迹、碾压遍次、搭边等，对有异议的数据进行复议，如图 8-67 和图 8-68 所示。

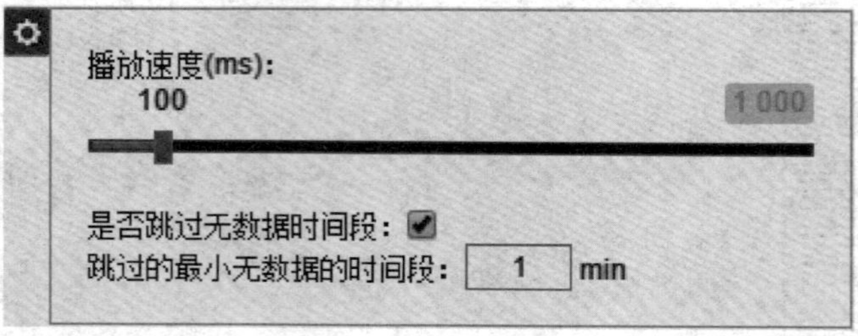

图 8-67 回放速度设定界面

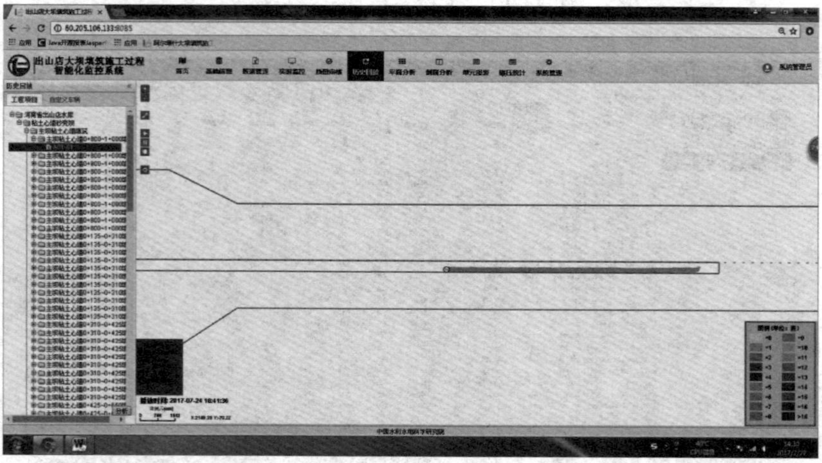

图 8-68 碾压回放登录界面

6. 质量审核

通过对已经闭仓的工作仓进行平面分析，确定其施工的质量，如图 8-69 所示。

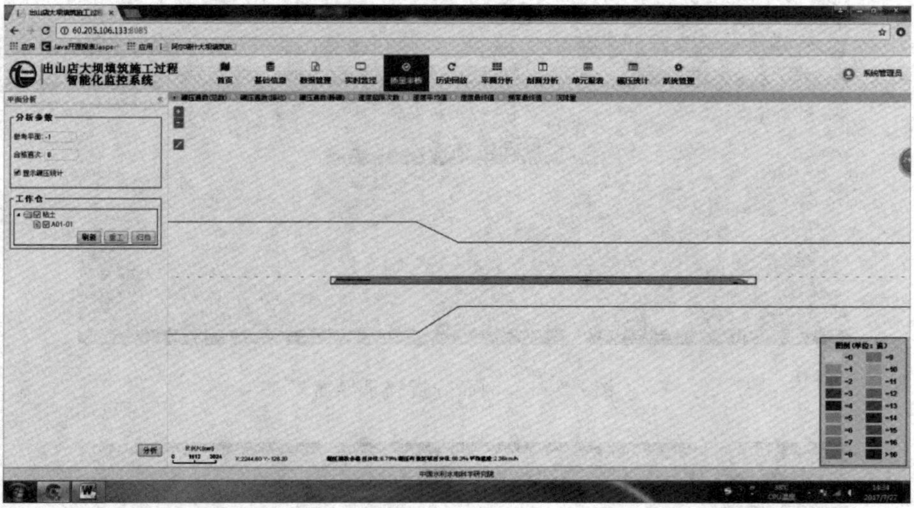

图 8-69 质量审核登录界面

7. 平面分析

通过对历史数据进行平面分析，确定其施工的质量，如图 8-70 所示。

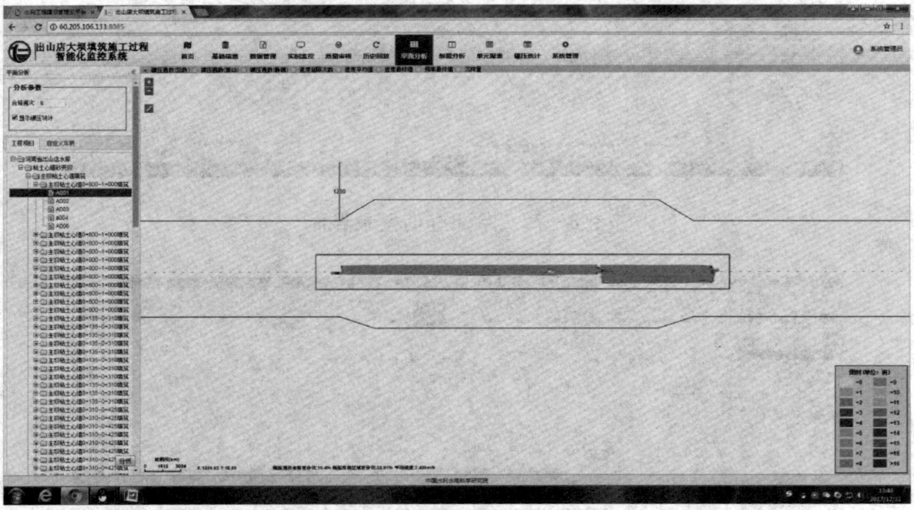

图 8-70 平面分析登录界面

8. 剖面分析

查看层的分布情况，包括层的厚度和平整度等，如图 8-71 所示。

9. 单元报表

对采样点进行分析，形成报表，供质量检测参考和归档。如图 8-72～图8-74所示。

图 8-71　剖面分析登录界面

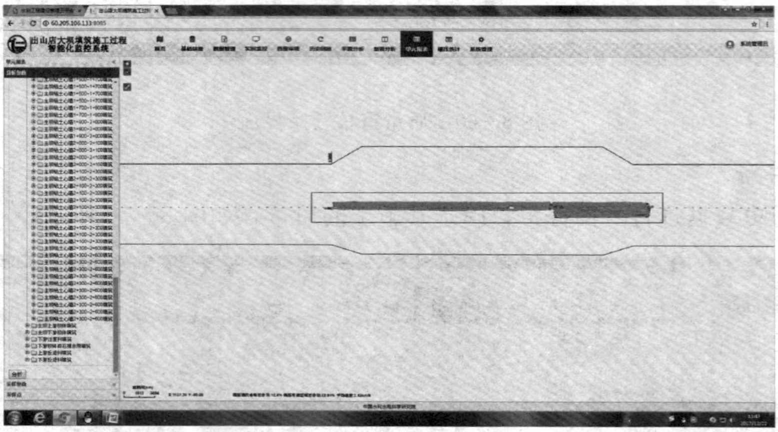

图 8-72　单元查询登录界面

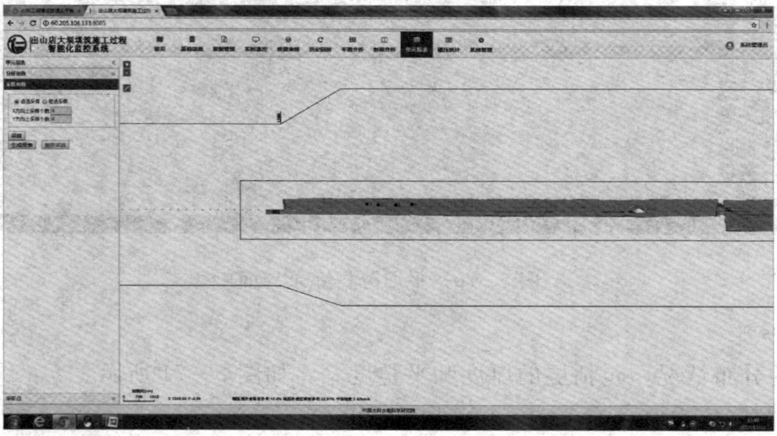

图 8-73　单元选点查询登录界面

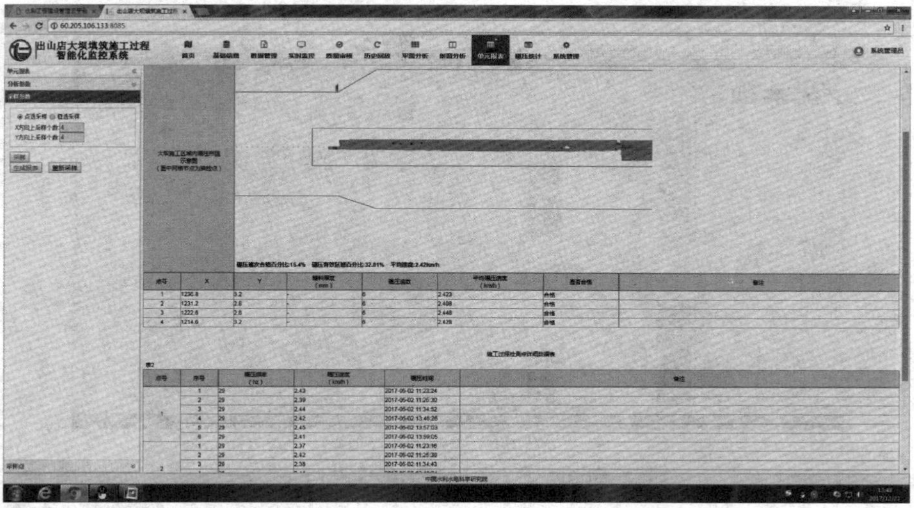

图 8-74　单元工程施工报表生成界面

10. 碾压统计

统计单辆车某天的碾压情况，包括碾压总长度、碾压总面积以及碾压遍次分布直方图和碾压遍次百分比饼图，如图 8-75 所示。

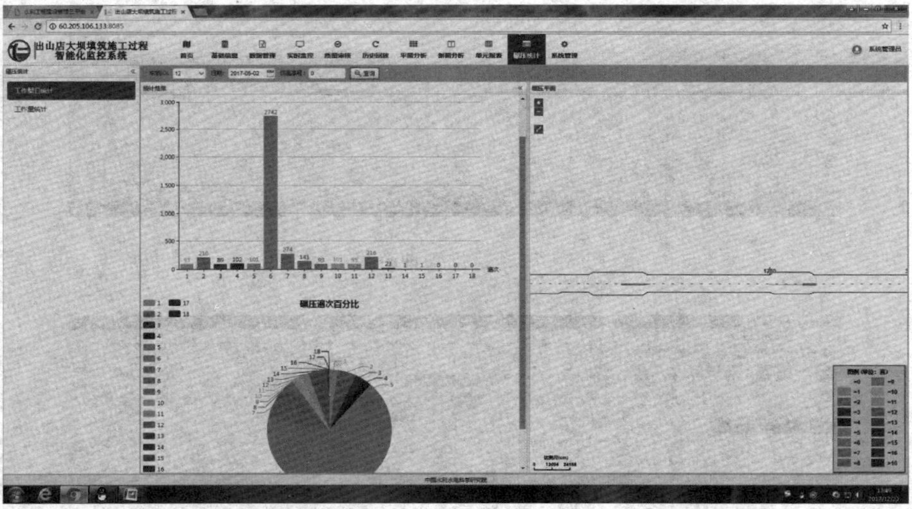

图 8-75　碾压遍数统计界面

统计所有车辆在一段时间内的碾压情况，包括碾压长度分布直方图、碾压面积分布直方图和碾压遍次达标分布直方图，如图 8-76 所示。

11. 系统管理

单位管理，可以添加、编辑、删除单位信息。此功能需要管理员权限，如图 8-77 所示。

用户管理，可以添加、编辑、删除用户信息。此功能需要管理员权限，如图 8-78 所示。

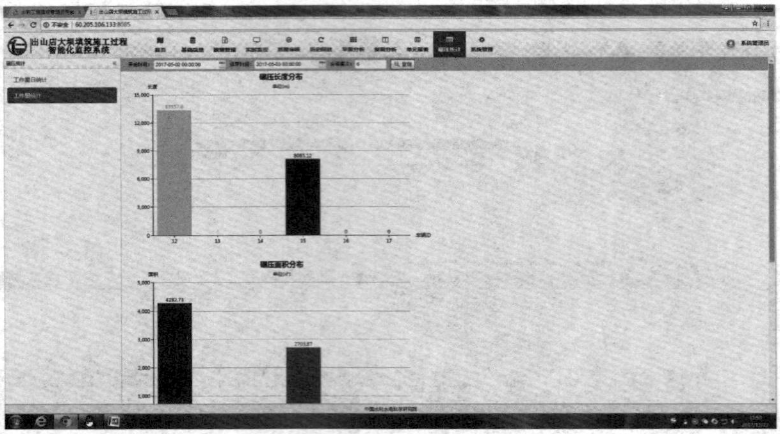

图 8-76　碾压面积统计界面

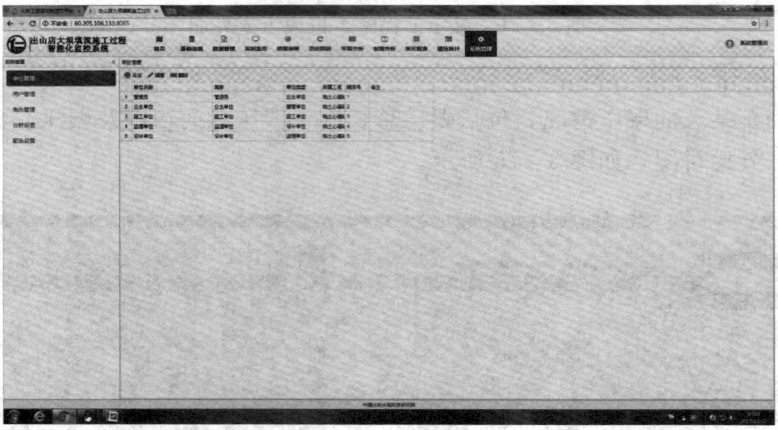

图 8-77　单位管理登录界面

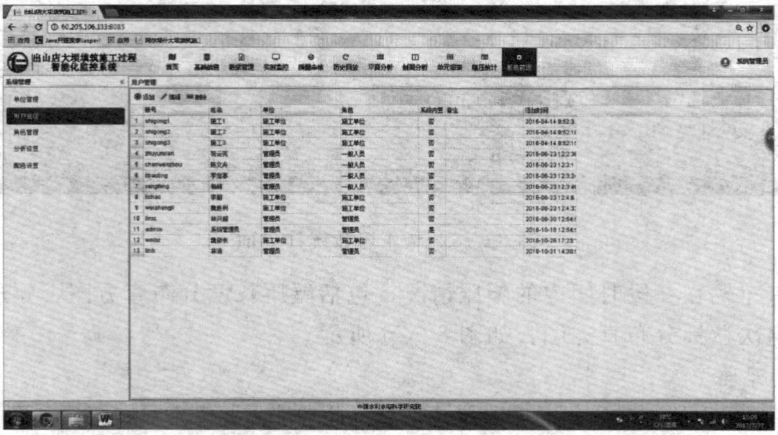

图 8-78　用户管理登录界面

角色管理，可以添加、编辑、删除角色信息。此功能需要管理员权限，如图 8-79 所示。

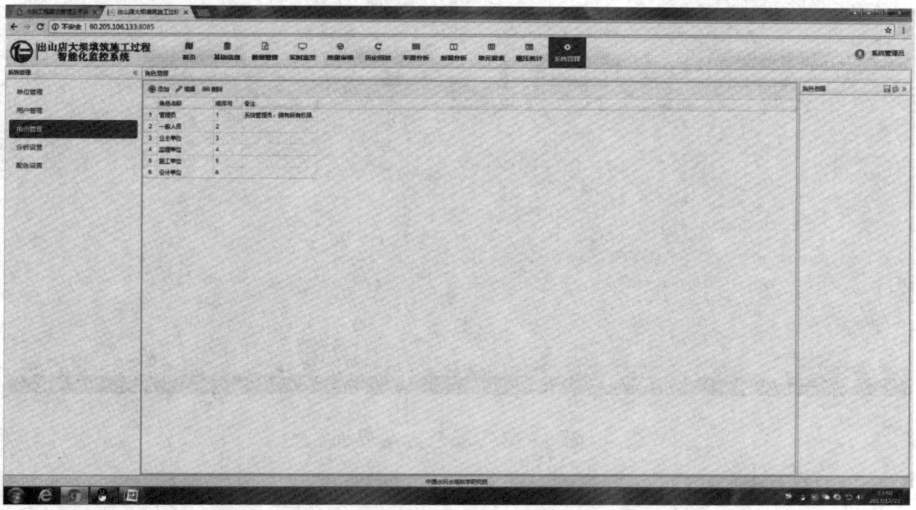

图 8-79 角色管理界面

分析设置，此处用于坐标转换、绘制网格等的设置，需开发人员设置。此功能需要管理员权限，如图 8-80 所示。

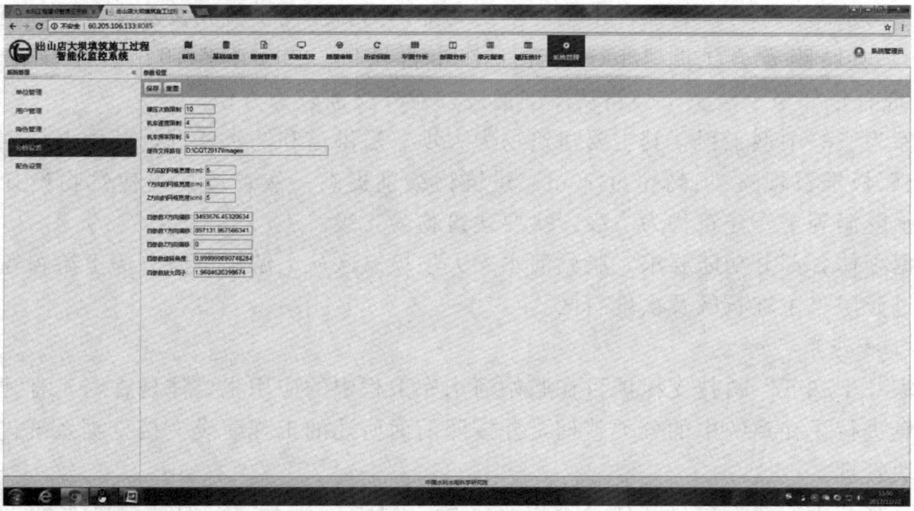

图 8-80 分析设置界面

配色方案，用于分析图中各个质量段显示颜色的配置。此功能需要管理员权限，如图 8-81 所示。

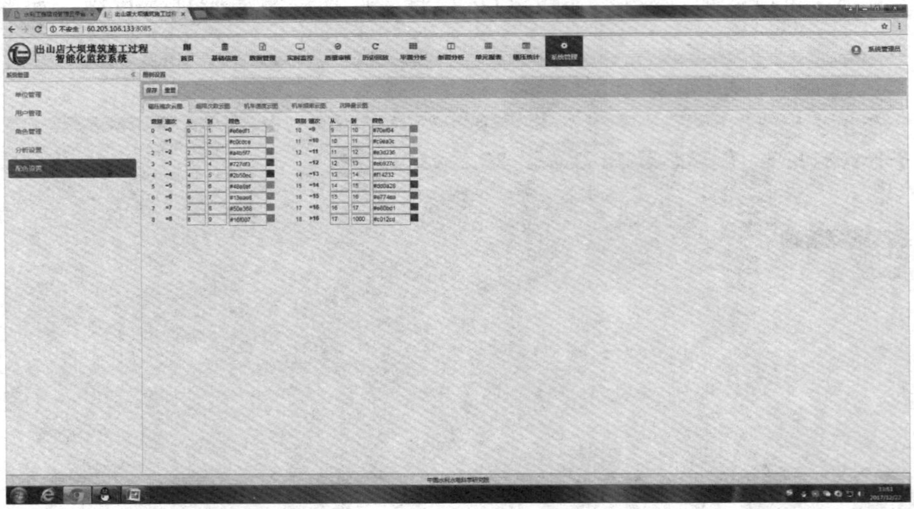

图 8-81　配色方案界面

8.3　其他水利工程建设信息化技术应用

8.3.1　腊姑河水库工程应用

1. 工程简介

腊姑河水库位于云南省丽江市华坪县西北部，为新庄河干流龙头水库。水库距华坪县城 62km，县城距省会昆明 420km、距丽江市古城区 220km、距四川省攀枝花市市区 71km，现有华坪至宁蒗主干公路从库区通过，对外交通较为方便。

水库为三等中型工程，其主要建筑物为大坝、溢洪道和输水隧洞，其中大坝坝高 84m（混凝土面板堆石坝），坝高超过 70m，建筑物级别提高一级，按 2 级建筑物设计；溢洪道、输水隧洞等主要建筑物为 3 级，次要建筑物为 4 级。

根据坝体各部分功能要求，腊姑河水库大坝填筑区从上游至下游分为上游覆盖区、垫层区、过渡层、主堆石区及次堆石区。

2. 工程应用

国家“十二五”科技支撑项目在腊姑河水库工程中的应用主要体现在对工程建设过程中的信息进行了在系统中的分类整理，并按照前面所述的工程建设文档分类系统进行了标准化模块管理。

(1) 水利工程建设信息文档分类编码体系。2012 年上半年，对腊姑河水库工程建设过程中所产生的各种数据进行了较为全面的收集与整理，将收集到的资料按照工程类别等进行了分类整理，并结合腊姑河项目划分、工程建设过程、工程建设类别等方面，进行了水利工程的建设管理文档分类编码研究与建立工作。

根据腊姑河水库工程建设文档建立了相关的工程建设电子化资料管理体系。

(2) 腊姑河水库工程建设信息的标准化、模块化管理。按照建立的水利工程建设管理文档分类编码体系，在建立的水利工程建设管理云平台系统中建立了工程文档管理模块，并利用人工对收集到的腊姑河水库工程建设过程中的相关文档进行了上传，实现了对工程文档的系统管理。

在文档上传过程中，需要定义查询关键字、工程属性、工程位置、提交单位及提交时间等信息，确定好后系统会自动给上传的电子化文档生成管理编号，利用该文档编号就可以方便管理。例如，通过关键字等查询条件可以找到所需要的文档，并可进行查看和下载。

8.3.2　月亮湾水库工程应用

1. 工程简介

月亮湾水库位于昭通市鲁甸县小寨乡小寨河中游，在牛栏江右岸的一级支流上，是鲁甸县兴建的第一座中型水利骨干工程。

月亮湾水库大坝为混凝土面板堆石坝，设计坝高 71.8m，水库死水位 1595.80m，正常蓄水位 1619.10m，设计洪水位 1622.53m，校核洪水位 1626.51m。其主要水工建筑物布置如下。

枢纽工程主要永久建筑物由混凝土面板堆石坝、右岸开敞式河岸溢洪道和输水隧洞组成，临时建筑物为右岸导流隧洞及上、下游围堰。

混凝土面板堆石坝：大坝坝顶长 304.5m，坝顶高程 1627.80m，河床趾板建基面高程 1556.00m，最大坝高 71.8m，最大坝底宽 215.8m。坝顶宽 6m，上游坝坡 1∶1.5，下游坝坡 1∶1.6，坝顶上游侧设置 L 形钢筋混凝土防浪墙，墙顶高出坝顶以上 1.0m。

溢洪道：轴线靠右坝肩布置，全长 401.358m，平面上呈直线布置。

输水隧洞：布置在右岸，距右坝肩 90m，轴线呈直线布置，洞身长 415m，断面为 1.7m×2.15m 圆拱直墙型钢筋混凝土衬砌，洞后接沙坝干渠与龙头山干渠的分水闸。输水隧洞设计流量 $Q_r = 2.25\text{m}^3/\text{s}$。

2. 工程应用

月亮湾水库档案管理的电子化存档和管理：一是实现了对已有的纸质文档的上传、归档和查阅；二是实现了使用本系统进行施工管理过程中产生文件的实时归档。在水利工程建设管理云平台的应用过程中，已上传文档 529 份，施工管理过程中产生文件 304 份。

实现了对月亮湾水库现有纸质文档的上传和编码标识。现有的纸质文件经扫描转化为电子文档后（包括 PDF、JPG、Word、TXT 等格式），可进行上传。进入档案管理模块的文档上传页面，可以选择需要上传的电子文档，如图 8-82 所示。在这里需要填写一张对该文档的必要的属性标识，包括查询关键字、文档类型、提交单位等，定义该文件的查询属性，则会产生一串具有唯一性的数字编码来标识该文件，从而方便了后台数据库的管理及用户对文档的查询，如图 8-83 所示。已经上传的文档需要经过进一步的审核方可入库，文档审核如图 8-84 所示。对于已入库的文档，可以通过关键字等信息进行查询，文档查询如图 8-85 所示。

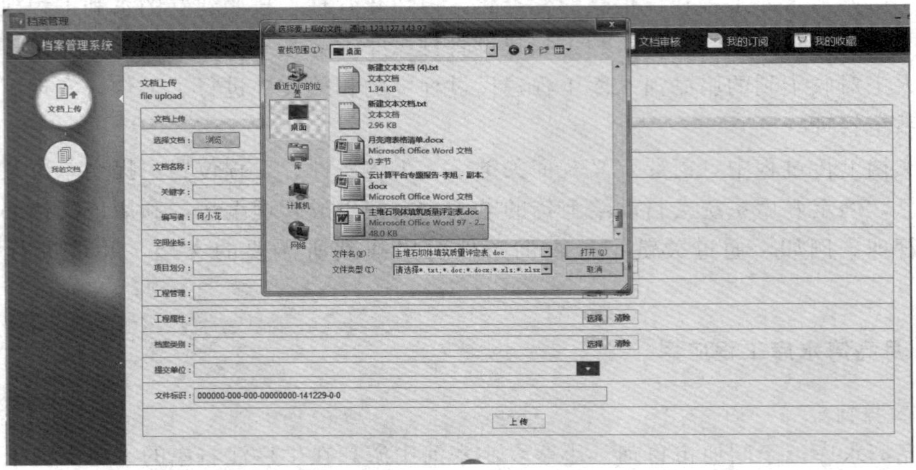

图 8－82　选择需上传的文档

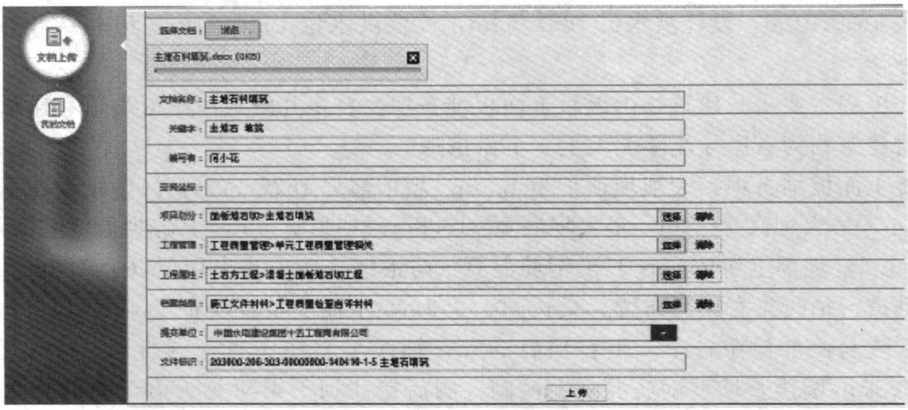

图 8－83　文档上传

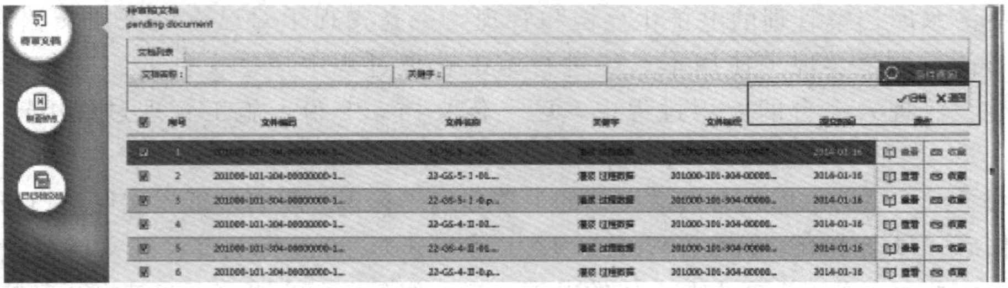

图 8－84　文档审核

在使用系统过程中所产生的一系列表单（如质量评定表、检测表等）都会在填写审核完成后实时自动归档，实现了从传统的纸质文档审签存档到电子文档审签存档的转变，同时这些嵌入在系统中的表单（按规范编制的嵌入在系统中的表单）是相互关联的，从每一张成果表中都能回溯到其每一张过程表单，这将大大提高后期的工程审验效率。

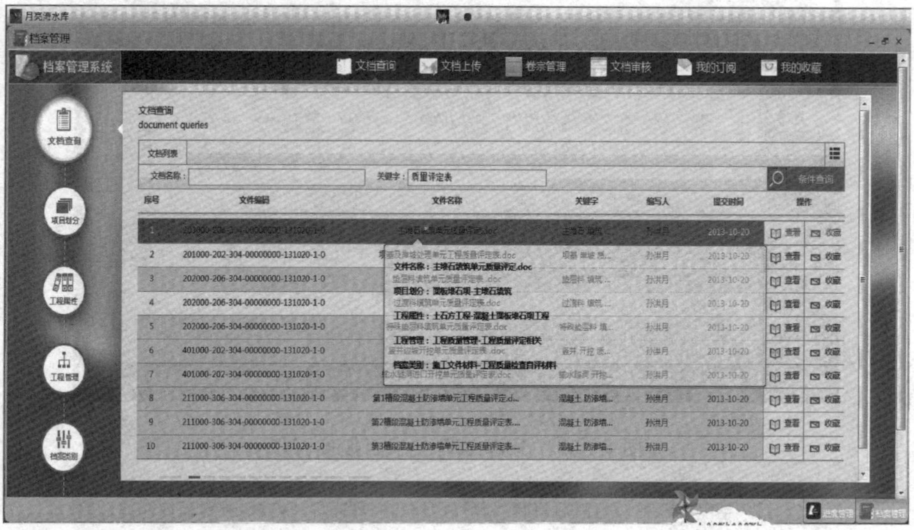

图 8-85 文档查询

如图 8-86～图 8-88 所示，通过月亮湾水库工程划分，从单位工程—分部工程—单元工程，进入到每个质量评定表内，填写相关施工过程数据信息，形成图 8-89 所示的带有实际施工数据的单元质量评定表，通过图 8-90 所示的工程报验环节实现对该单元工程质量评定表的报验，报验过程实行的是施工员—施工班组长—监理员—监理工程师的审批过程，审批通过后，系统将自动执行归档操作，即可存入到系统数据库中，图 8-91 所示为在月亮湾水库工程一张主堆石坝体填筑质量评定表，这些文档都能实现在线查阅和打印等功能。

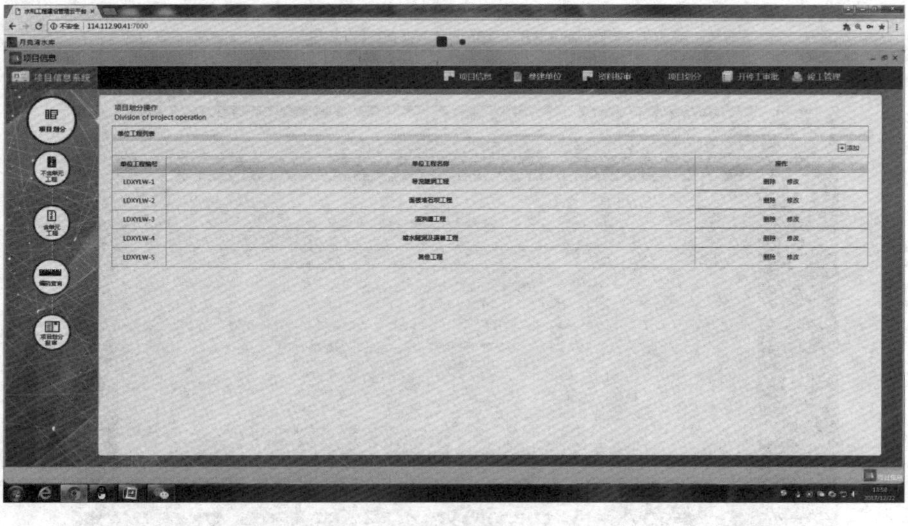

图 8-86 单位工程

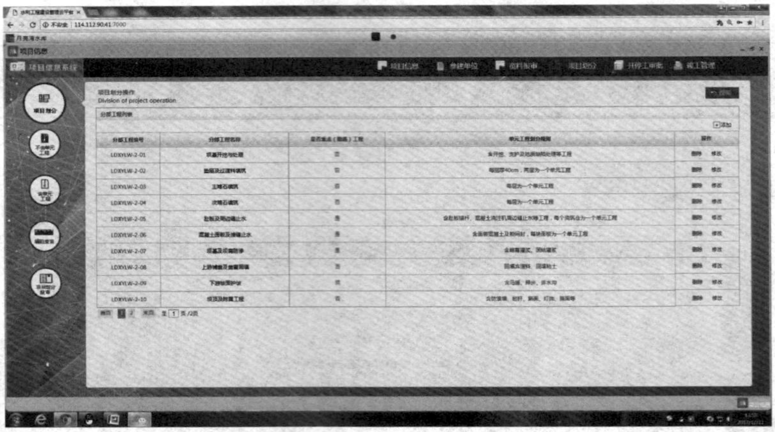

图 8-87　分部工程——面板堆石坝

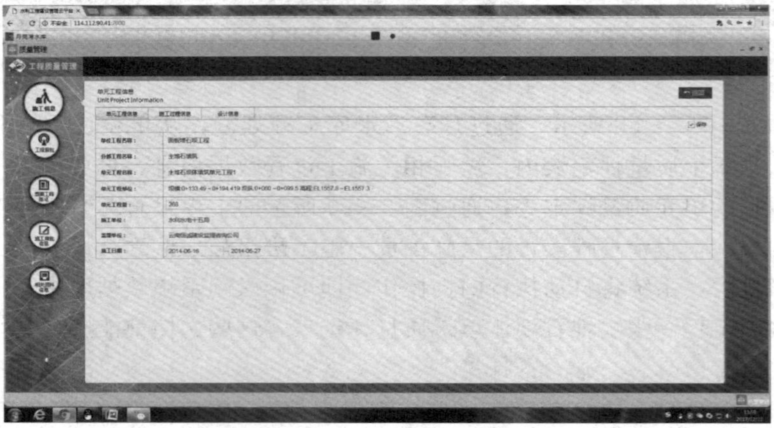

图 8-88　单元工程施工信息

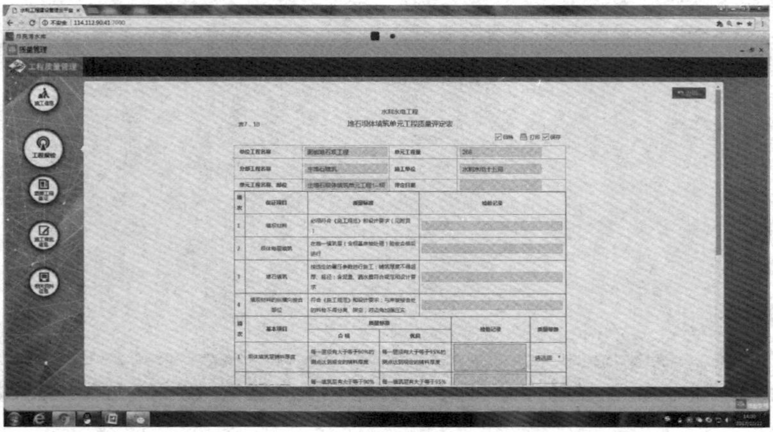

图 8-89　单元工程质量评定表

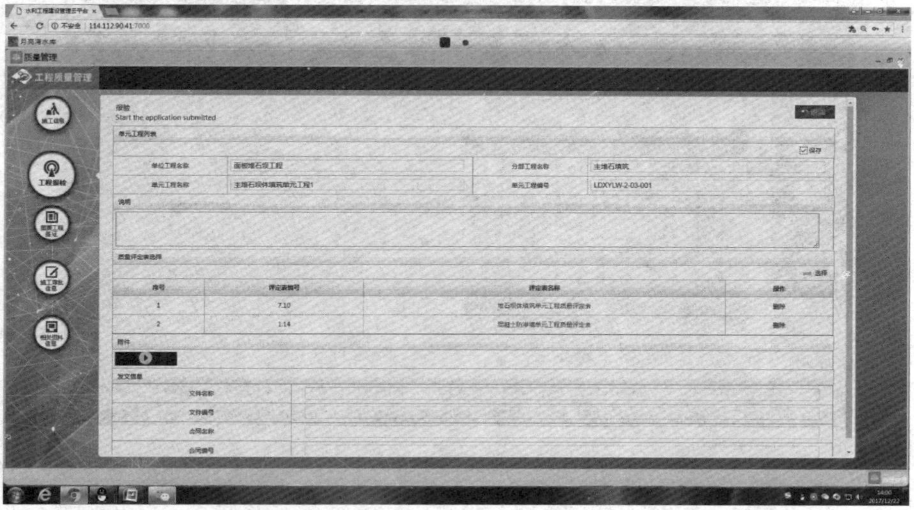

图 8-90 工程报验

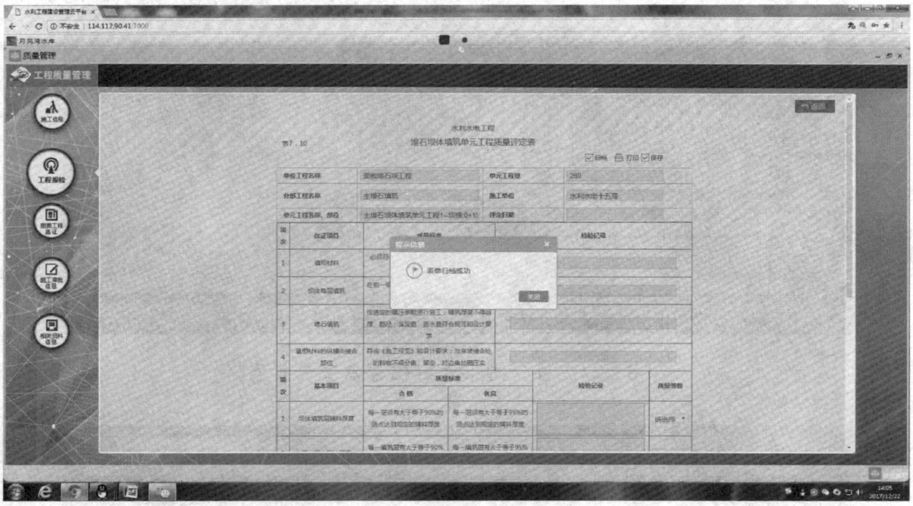

图 8-91 系统嵌入表单归档

结合月亮湾实际工程及水利工程档案管理规范，并按照工程竣工验收档案分类要求，设计了具有可扩展的功能的档案管理盒，如图 8-92 所示。档案管理员对已上传的文档都可按其类别实时对分类归档。这些网络虚拟的档案盒如同真实的档案盒一样，使竣工验收资料查阅更加方便，如图 8-93 所示，单击打开相应档案盒，根据档案盒中的目录，可依次查看本目录中的文件。同时这些档案盒就有可扩展功能，档案管理员可根据项目和工程要求自行编制，如图 8-94 所示。

在文档管理模块中设置了文档订阅及收藏功能。用户可以对某一类型或单位、单元工程的文档进行订阅和收藏，便于以后的查阅等，如图 8-95 和图 8-96 所示。

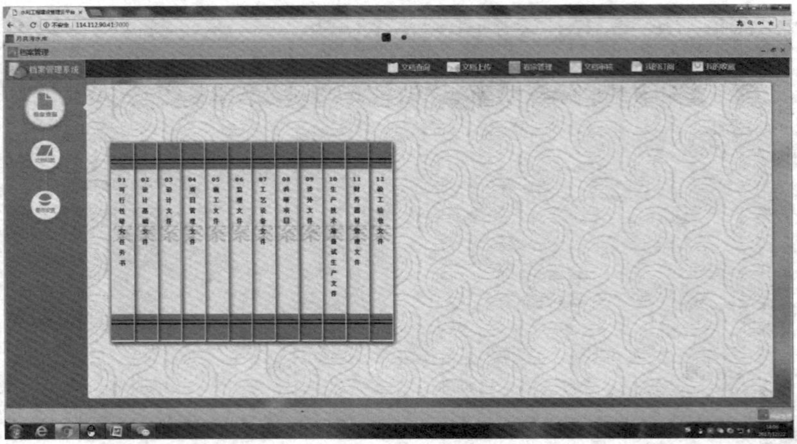

图 8-92　月亮湾水库云档案盒

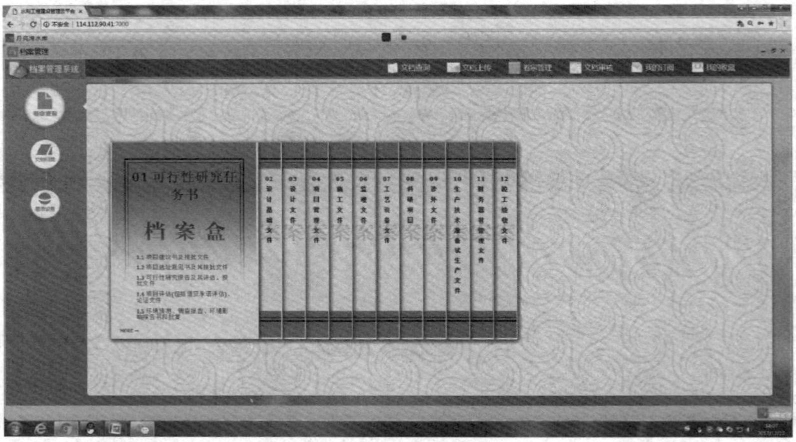

图 8-93　月亮湾水库云档案盒文件查看

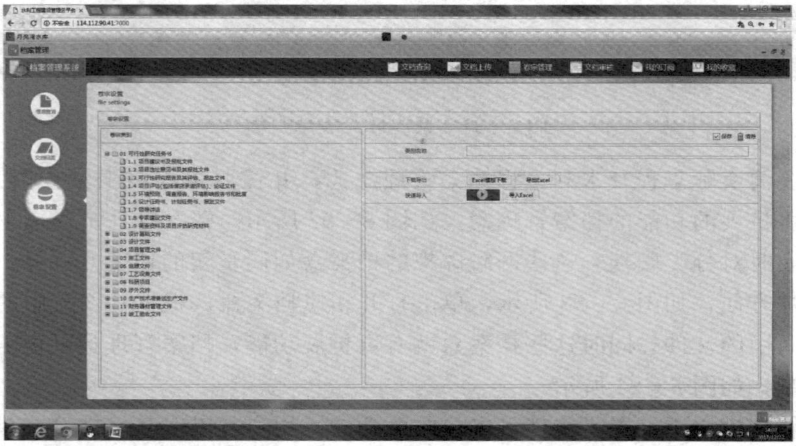

图 8-94　月亮湾水库云档案管理盒设置

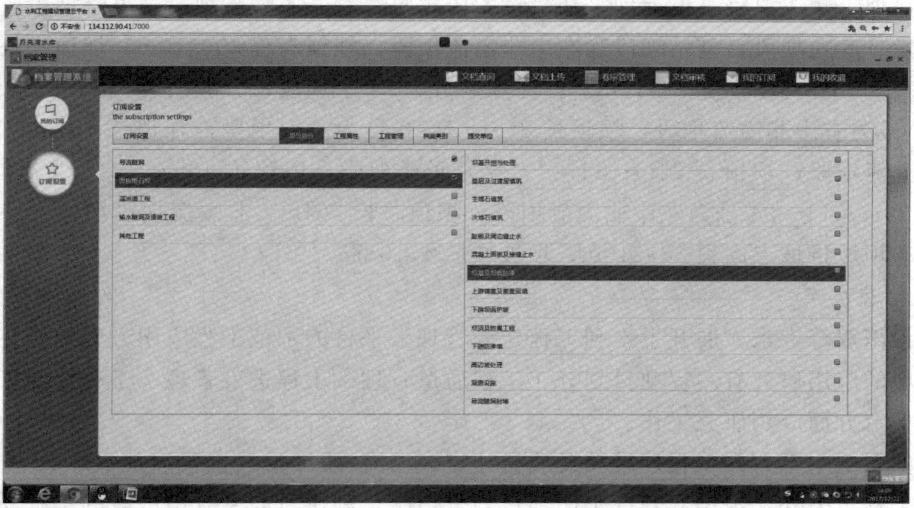

图 8-95 文档订阅

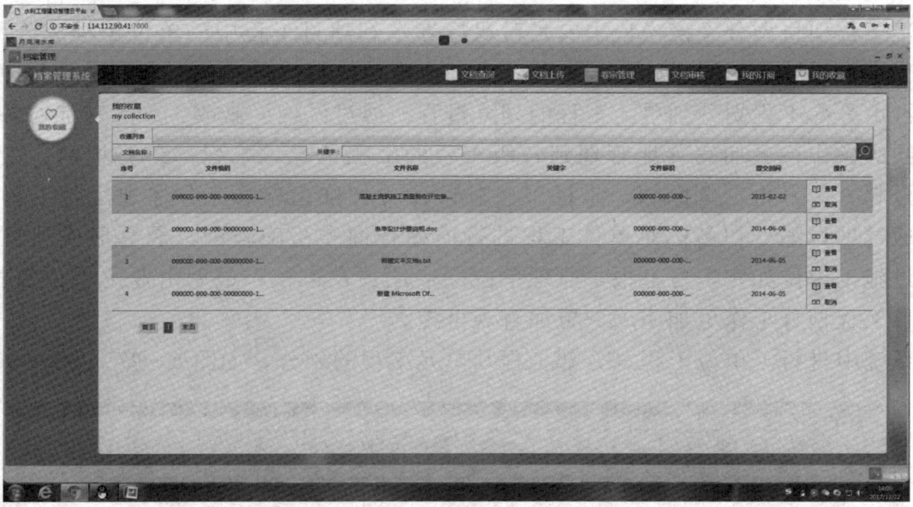

图 8-96 文档收藏

8.3.3 双峰寺水库应用

1. 工程简介

双峰寺水库位于滦河一级支流武烈河干流上，坝址位于承德市双峰寺镇小庙子村附近，距下游承德市区约 12km，水库总库容 1.373 亿 m^3，是一座以防洪为主，结合城市供水，兼顾发电和生态环境供水等综合利用的大（2）型水利枢纽工程。

本枢纽工程主要包括拦河坝和电站，工程等别为Ⅱ等，其主要建筑物拦河坝、泄水建筑物及供水、发电引水建筑物为 2 级，电站厂房为 3 级，底孔消力池和下游防护工程等次要建筑物为 3 级。

拦河坝为碾压混凝土重力坝，从右至左依次布置右岸非溢流坝段、溢流坝段、河床非溢流坝段、底孔坝段、电站坝段和左岸非溢流坝段，坝顶高程 396.10m，坝顶全长 533m，最大坝高 50.1m，坝顶宽 7～15m。拦河坝共分为 24 个坝段，分缝间距为 17.5～24m，其中 1～4 号为右岸非溢流坝段，坝顶长 84m；5～9 号为溢流坝段，坝顶长 101m；10 号为河床非溢流坝段，坝顶长 24m；11～12 号为底孔坝段，坝顶长 40m；13 号为电站坝段，坝顶长 20m；14～24 号为左岸非溢流坝段，坝顶总长 264m。非溢流坝段坝体上游坝坡垂直，下游坝坡折坡点高程 389.10m，坝坡坡比 1∶0.75。

2. 工程应用

在承德双峰寺水库展开了水利工程建设管理云平台的示范工程应用方面的研究，目前主要开展的应用研究有工程项目划分、工程质量管理、工程进度管理、工程检测管理以及工作云平台方面应用研究工作。

目前系统中已有的工程建设单元质量评定表已有 1108 份，主要涉及常规混凝土工程、土石方工程。另外，根据双峰寺水库项目划分情况，利用目前系统中已有的工程项目划分的子模块，建立了双峰寺水库工程划分体系，在此基础上，开展了水利工程建设管理系统云平台应用工作。

（1）工程项目划分。该模块主要是对双峰寺水利项目工程中的单位工程、分部工程、单元工程进行逐层清晰明了的工程划分，更加直观地体现出了单位工程划分到相应的分部工程，再由分部工程划分到单元工程的划分过程。通过添加、修改、删除功能对各工程进行了不同的操作，更加完善地管理到各级工程的工程情况。工程部位：坝横、坝纵、高程、桩号起、桩号止、坐标 X、坐标 Y、坐标 Z 等详细指标，充分体现出各工程的全面性，可通过项目编号和名称对单位工程进行模糊查询和精确查询，最终形成项目划分报审，通过施工单位如实填写上报，监理单位严格把关及审核，最后由业主单位签批通过，促使项目工程划分工作更加明确、更加直观可控。

在系统中进行了单位工程、分部工程及单元工程的划分，如图 8－97～图8－99所示。

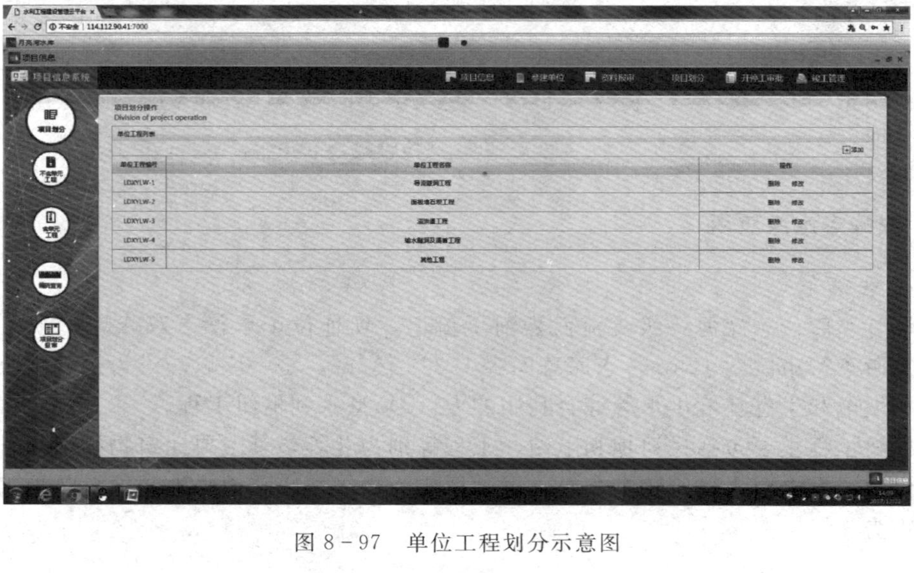

图 8－97　单位工程划分示意图

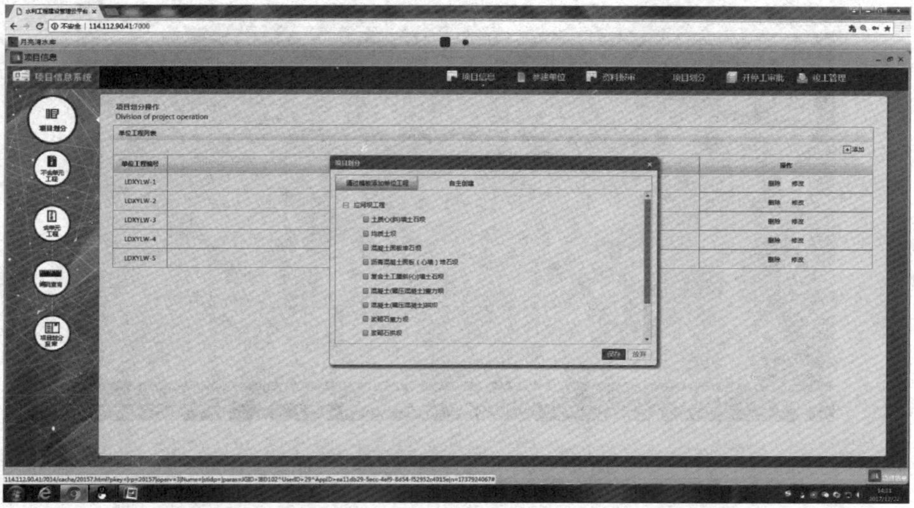

图 8-98　分部工程划分示意图

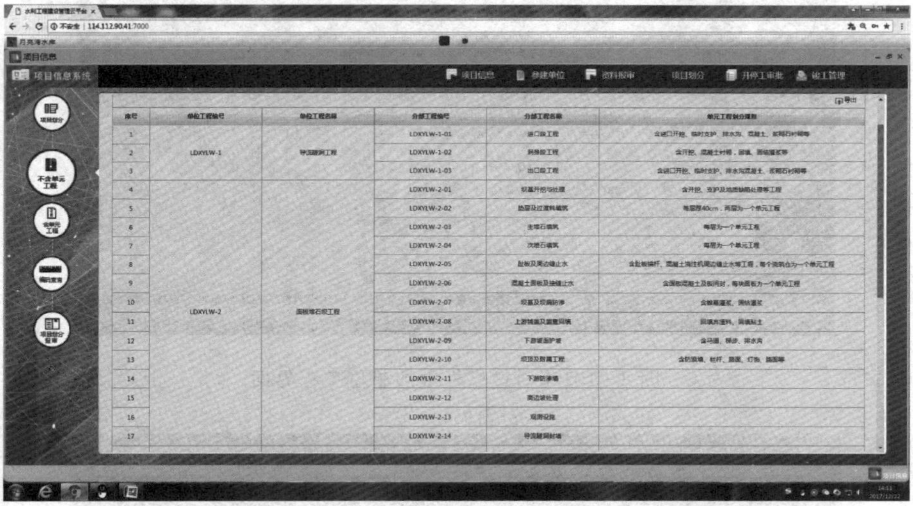

图 8-99　单元工程划分示意图

项目划分的主要流程根据工程实际情况首先划分单位工程，在此基础上再进行分部工程的划分，然后再进行单元工程的划分。在进行工程划分时，可以有两种方法：一种是按照给定的模板进行划分；另一种是根据实际情况自主进行工程划分。图 8-100～图 8-102 分别是利用模板创建与自主创建两种途径进行工程划分。工程划分的相关操作可以根据系统实际的操作手册进行。

在对单元工程划分完成之后，可以利用对已有的工程划分成果进行修改或者删除。在完成单元工程划分之后，可以选择单位工程进行添加该单位工程之下的分部工程，在选择分部工程后可以进行该分部工程之下的单元工程的划分。以此类推，一级一级地对工程进行分解，为信息化的管理提供重要的基础。

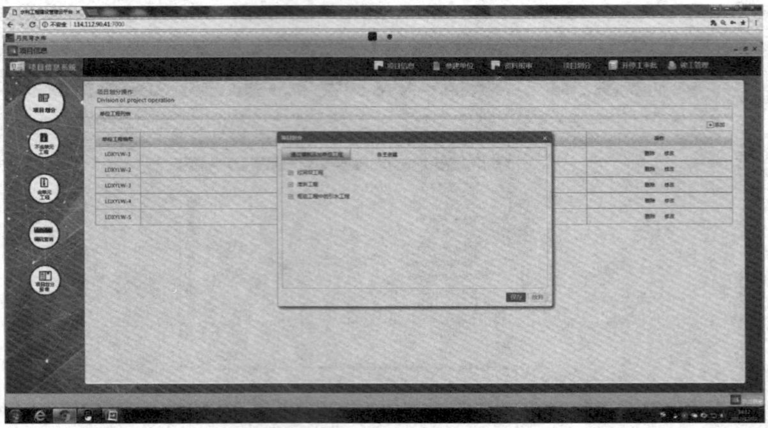

图 8-100　工程划分主要界面

图 8-101　通过模板添加单位工程界面

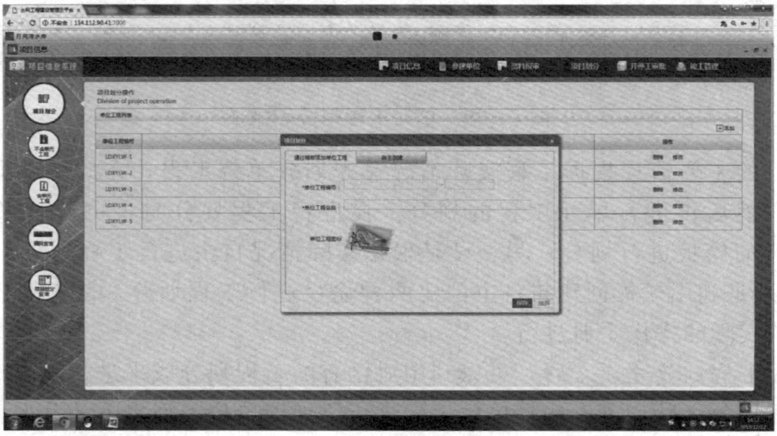

图 8-102　自主进行工程划分界面

在完成工程划分之后，可以利用审核流程对已建立的工程划分结果进行上报审核。在审核流程中可以根据实际工程划分结果选择通过或者驳回，并在相关备注栏中标记审核意见，以便下一级用户进行表单处理。相关操作界面与程序如图 8-103～图 8-105 所示。

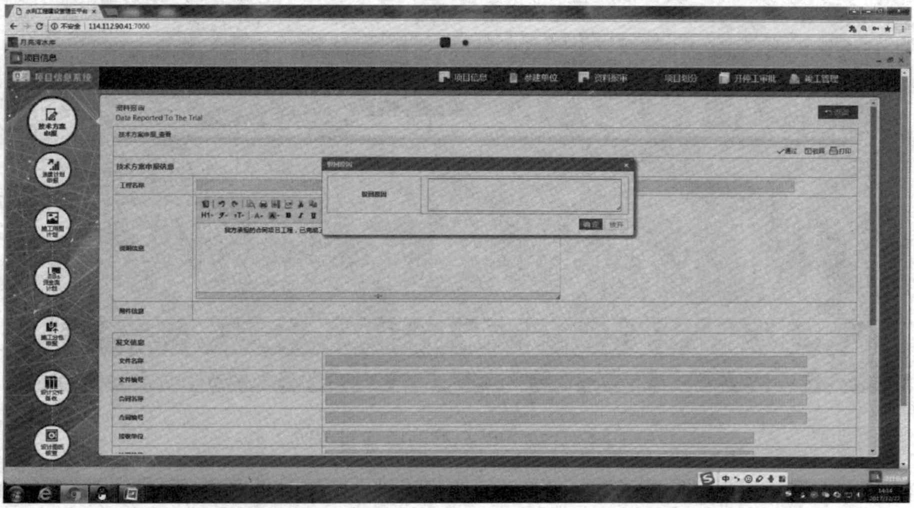

图 8-103　相关表单驳回界面

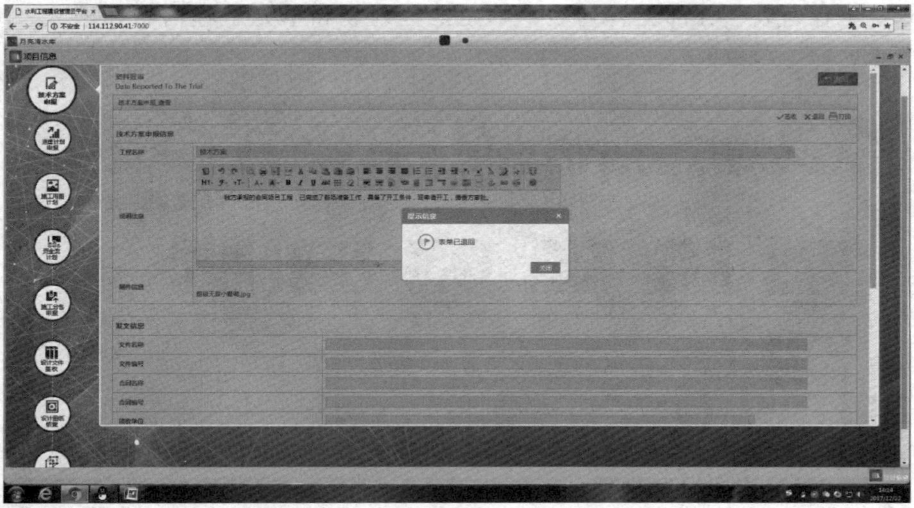

图 8-104　相关表单已退回界面

(2) 施工质量管理应用。该模块是对水利工程项目中的单元工程、分部工程、单位工程逐级进行严格的控制管理，从而实现对项目整体质量的控制与管理。特别关注重要的关键部位以及隐蔽工程的施工工艺与施工方法的跟踪控制与管理，及时发现和处理施工过程出现的施工质量问题与质量事故，通过对施工过程各个阶段完成的工作结果进行严格的质量评定，从而保证整个项目的工程质量达到合格，并对工程质量问题进行通报与及时预警。

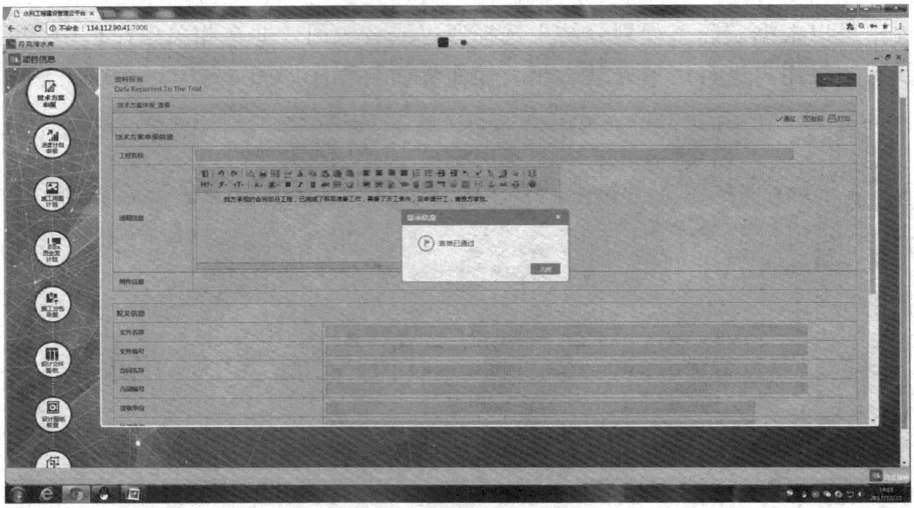

图 8-105　相关表单已通过界面

工程列表：主要显示质量管理中存在的工程项目。它由单位工程、分部工程和单元工程逐级分步显示，可以清楚地显示上级工程项目下的子项目，并可进入单元工程项目中进行施工信息、工程报验、重要工程签证、施工审批信息、相关资料的查看、修改和创建等操作。单位工程列表、分部工程列表、单元工程列表和单元工程信息如图 8-106～图 8-109所示。

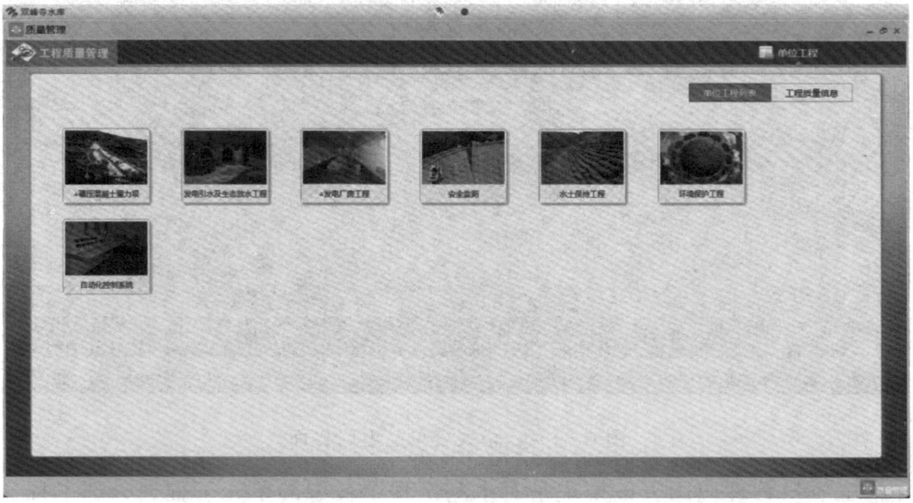

图 8-106　单位工程列表

其中，质量工程报验是由施工队对工程质量评定表进行选择，填报完成后上报给工程部进行审核，在审核过程中可以将评定表驳回，如表单审核通过后，提交给质检部门负责人审批，质检部门负责人审核通过，最终由监理员审批，审批流程如图 8-110 所示。

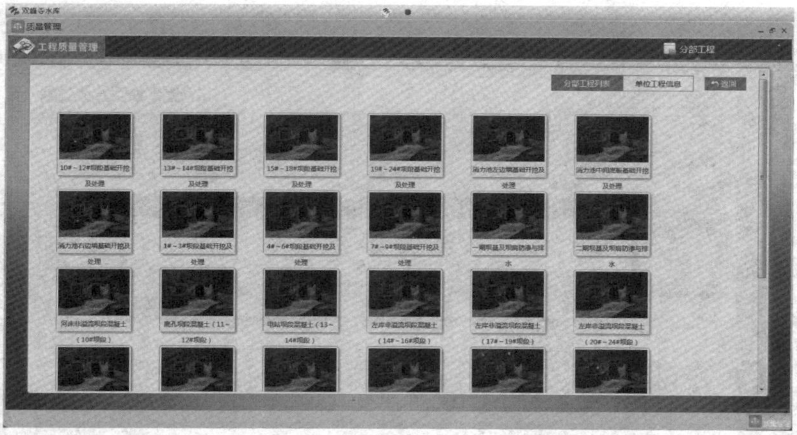

图 8-107 分部工程列表

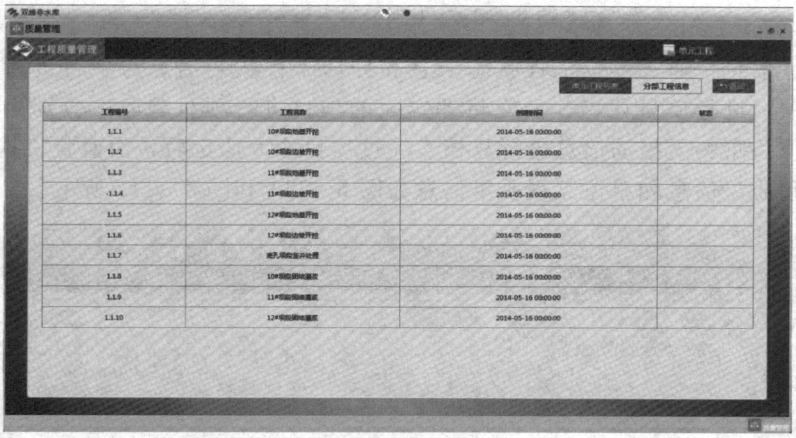

图 8-108 单元工程列表

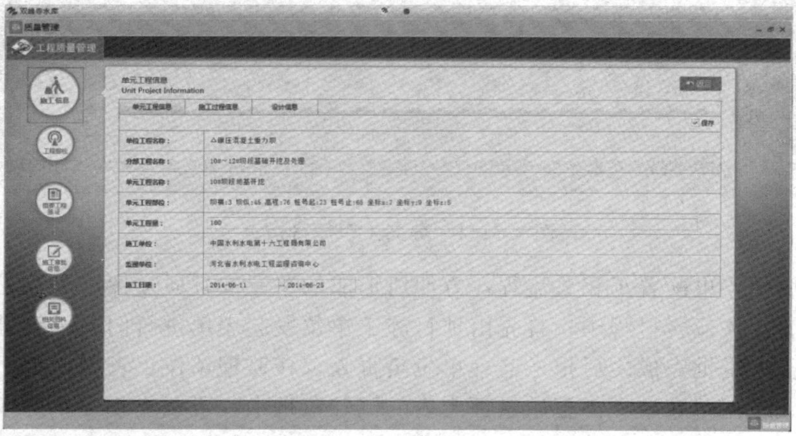

图 8-109 单元工程信息

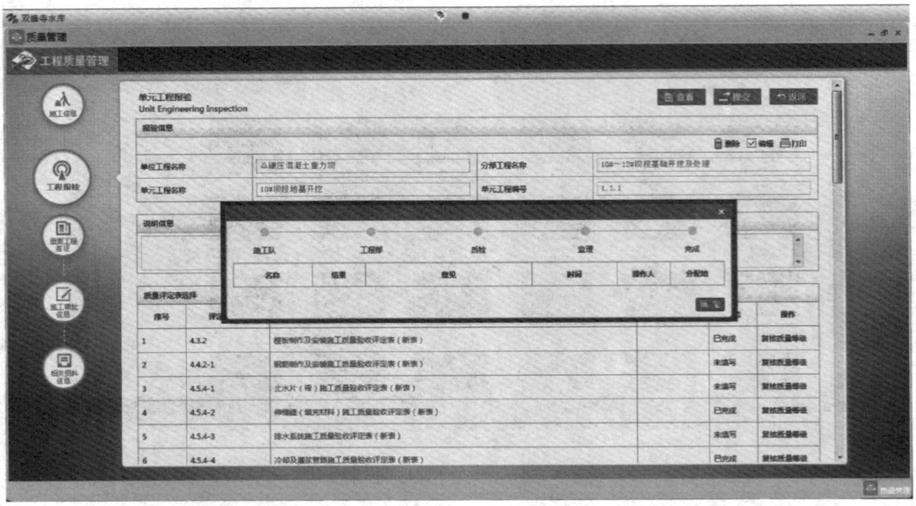

图 8－110　工程报验审批流程

工程质量信息：通过单位工程状态信息和分部工程状态信息对项目进行统计信息查看，从而对项目进行质量评定，最终将评定完的项目进行项目验收，分别由施工单位上报、监理单位负责将上报的信息进行复核、经过项目法人认定后，由监督机构进行最终核定。分部工程质量信息和单位工程质量信息如图 8－111 和图 8－112 所示。

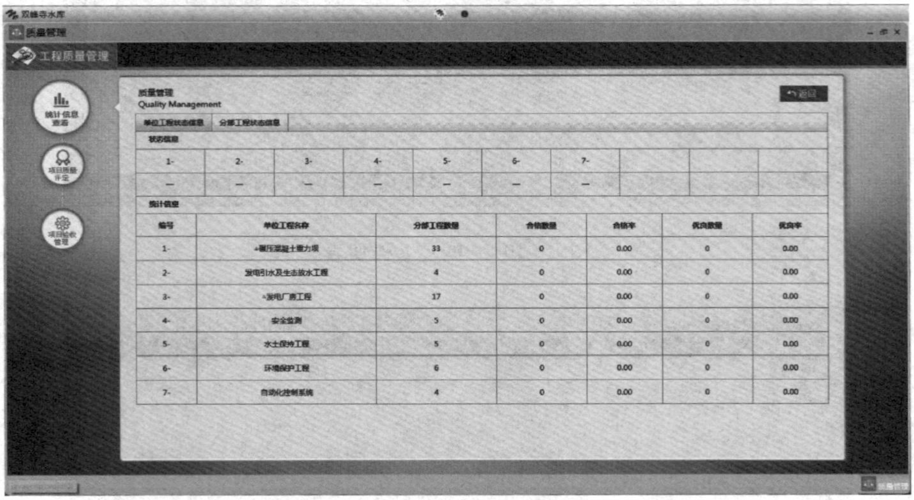

图 8－111　分部工程质量信息

在该模块中，也配置了相关流程，方便所形成的单元工程质量评定表在云平台中实现自动流转审签。在流转过程中，首先由项目施工单位发起表单进行向上一级进行流转，待施工单位负责人审批完成之后报送监理单位负责人，在监理单位负责人审批之后报送水利工程项目法人单位，在单元工程质量评定表的流转审批中，可以实现表单的审批意见批注以及相关表单的驳回修改等操作，系统中的相关表单操作界面基本如图 8－103～图 8－105所示。通过在双峰寺水库建设过程中的应用，验证了该模块的工程适用性。另外，

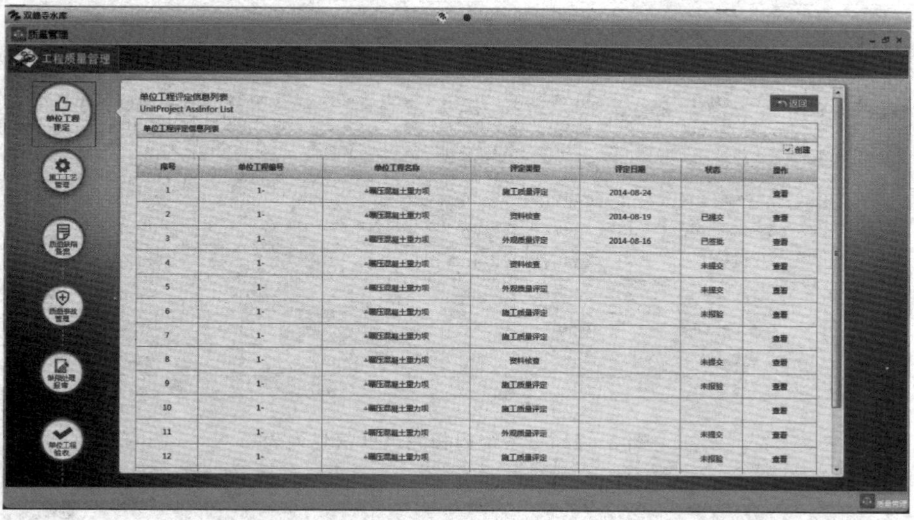

图 8-112　单位工程质量信息

在该模块不断应用反馈与完善中，也完成了工程中消能防冲分部工程的相关工程建设质量表单的录入。

（3）进度管理应用。该模块主要体现出双峰寺水利工程建设中的双峰寺水库碾压混凝土施工形象进度图现状，通过施工进度计划和实际进度信息，充分体现出该项目工程的进度管理情况，分部从整体计划、年度计划、季度计划、月度计划这 4 种计划类型形象地表达出了单位工程、分部工程、单元工程的进度计划详细信息，并通过项目名称、合同工程量、累计完成工程量和计划开始时间、计划结束时间等指标，促使施工进度计划工程信息跟踪情况一目了然，可对项目的施工进度计划中的单位工程、分部工程及单元工程的信息进行编辑、删除和发布等操作。成功完成进度计划的计划开始时间和实际开始时间、计划结束时间和实际结束时间的进度比对，自动完成进度计划中的累计完成工程量和工期核算等。

进度计划中的横道图根据工程项目的计划开始时间和计划结束时间、实际开始时间和实际结束时间，使进度计划形成鲜明的对比，可以进行天、周、月、季度的切换显示，以不同背景条颜色区分图示的方式通过活动列表和时间刻度形象地表示出单位工程、分部工程、单元工程的活动顺序与持续时间。

在进度管理模块中，相关进度信息列表如图 8-113 所示，在图 8-113 中列出了系统中所包含的所有进度计划的相关信息，包括项目建设总进度、项目建设年进度信息、项目建设季度进度信息以及月度进度信息等内容。选择相关进度进行查看，查看进度内的主要相关内容，在此基础上进行相关进度内容的修改与删除，如图 8-114 所示。

系统模块中还可以通过横道图对相关进度信息进行形象展示，并通过不同颜色的进度条进行对比，来表示计划进度与实际进度之间的区别，在此基础上可以根据具体实际进度的情况调整下一阶段的进度计划，为工程决策提供重要的参考依据，如图8-115所示。

利用该模块相关功能，在系统内建立了不同阶段的双峰寺水库工程进度内容，并且可以利用相关的流程管理制定好的相关工程建设进度的不同用户之间的层层审批，最后进行

计划列表

计划名称 [ ] 计划类型 一请选择一 查询

添加

序号	计划名称	计划类型	年份	季度	月份	版本编号	状态	操作
1	双峰寺施工总进度计划	整体计划				1.0	已发布	查看
2	双峰寺水库大坝年度	年度计划	2014			1.0	未发布	查看
3	第4季度计划	季度计划	2014	4		2.0	未发布	查看
4	双峰寺水库大坝季度	季度计划	2014	1		1.0	未发布	查看
5	水科院	月度计划	2014	4	12	1.0	未发布	查看
6	2014年12月度计划	月度计划	2014	4	12	V1.0	未发布	查看
7	2014年11月月度计划	月度计划	2014	4	11	v1.0	未发布	查看
8	双峰寺水库大坝月度	月度计划	2014	1	3	1.0	未发布	查看

图 8－113　系统内相关进度信息列表

返回

整体计划

作废　横道图

工程编号	项目	单位	合同工程量	工期（天）	开始时间	结束时间	操作
	主体工程开工	项	1	10	2013/1/25	2013/8/29	编辑　删除
1	控制工期			1014	2013/8/21	2016/5/30	编辑　删除
1.1	一期围堰填筑开始	项	1	0	2013/8/21	2013/8/21	编辑　删除
1.2	砼纵向围堰浇筑完成	项	1	0	2014/5/31	2014/5/31	编辑　删除
1.3	底孔消力池右导墙及延长段浇筑至EL371.0	项	1	0	2014/5/31	2014/5/31	编辑　删除
1.4	10#坝段浇筑至高程371m	项	1	0	2014/9/15	2014/9/15	编辑　删除
1.5	10#～24#坝段坝体浇筑至高程375m	项	1	0	2014/10/1	2014/10/1	编辑　删除
1.6	泄洪底孔工作闸门安装完成	项	1	0	2014/10/7	2014/10/7	编辑　删除
1.7	二期围堰填筑开始	项	1	0	2014/10/8	2014/10/8	编辑　删除
1.8	1#～9#坝段浇筑至高程371m	项	1	0	2015/8/9	2015/8/9	编辑　删除
1.9	大坝砼浇筑、机电、金结等设备安装完成	项	1	0	2016/5/30	2016/5/30	编辑　删除

图 8－114　对进度内相关信息进行查看与修改

双峰寺施工总进度计划

编制单位：承德市双峰寺　**计划周期：**2013-08-20　至　2016-05-30

工程编号	项目	计划工程量	累计完成工程量	计划开始时间	计划结束时间	实际开始时间	实际结束时间
	主体工程开工	1		2013-1-25	2013-8-29	2013-1-1	2013-5-30
1	控制工期			2013-8-21	2016-5-30	2013-8-21	2013-8-21
1.1	一期围堰填筑开始	1		2013-8-21	2013-8-21	2013-8-21	2013-8-21
1.2	砼纵向围堰浇筑完成	1		2014-5-31	2014-5-31	2014-5-31	2014-5-31
1.3	底孔消力池右导墙及延长段浇筑至EL371.0	1		2014-5-31	2014-5-31	2014-5-31	2014-5-31
1.4	10#坝段浇筑至高程371m	1		2014-9-15	2014-9-15	2014-9-15	2014-9-15
1.5	10#～24#坝段坝体浇筑至高程375m	1		2014-10-1	2014-10-1	2014-10-1	2014-10-1
1.6	泄洪底孔工作闸门安装完成	1		2014-10-7	2014-10-7	2014-10-7	2014-10-7
1.7	二期围堰填筑开始	1		2014-10-8	2014-10-8	2014-10-8	2014-10-8
1.8	1#～9#坝段浇筑至高程371m	1		2015-8-9	2015-8-9	2015-8-9	2015-8-9
1.9	大坝砼浇筑、机电、金结等设备安装完成	1		2016-5-30	2016-5-30	2016-5-30	2016-5-30
2	施工准备			2013-6-1	2014-4-25	2013-6-1	2013-6-1
2.1	风水电布置	1		2013-6-1	2013-11-30	2013-6-1	2013-6-1
2.2	施工道路建设	1		2013-6-1	2013-10-31	2013-6-1	2013-6-1
2.3	营地建设	1		2013-6-1	2013-12-15	2013-6-1	2013-6-1
2.4	砼系统建设	1		2013-8-21	2014-3-20	2013-8-21	2013-8-21

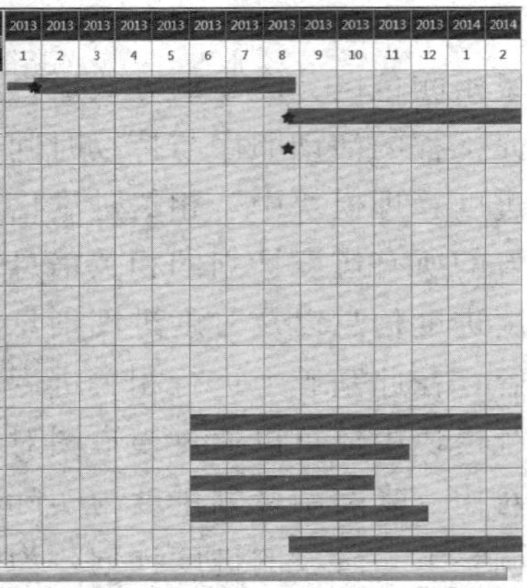

重要任务计划时间：　一般任务计划时间：　实际时间：　超出计划的实际时间：　里程碑：★

图 8－115　进度管理中的横道图的形象展示

进度信息发布，如图 8－116 所示。另外，在该模块中还可以对所建立的进度文件进行存档等一系列的相关操作。

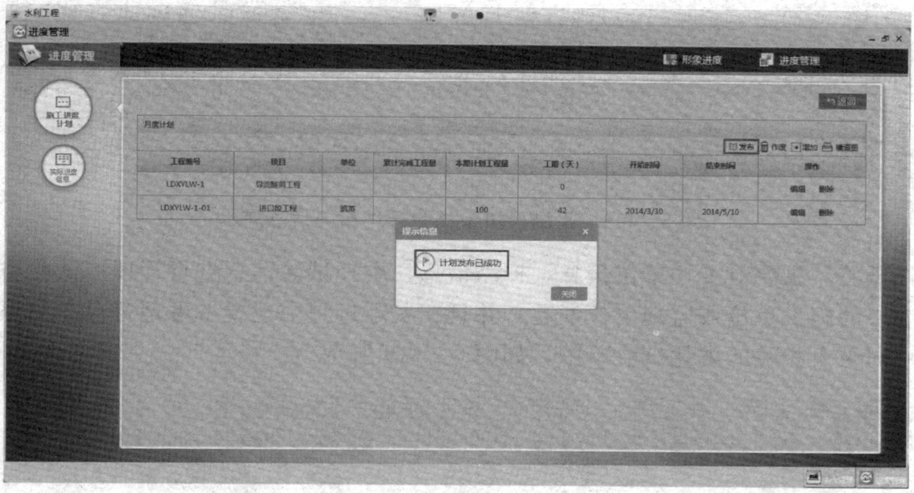

图 8－116　相关进度管理文件发布

（4）检测管理应用。检测试验模块是对水利工程建设过程中使用的原材料、中间产品等的质量进行检测，按照质量管理规范，从来样登记到试验结果的记录与查询。严格区分承包单位、监理单位和监督单位的检验请求及留样，分别记录检验结果和数据，保证了检测项目的准确度、精确度，从而确保检验结果是真实和可靠的。

试样管理：主要用于满足对试样编号、样品类型、样品名称、取样地点、取样时间、取样人员、试验项目、是否留样等一些基本信息的登记进行查看和管理，如图 8－117 所示。

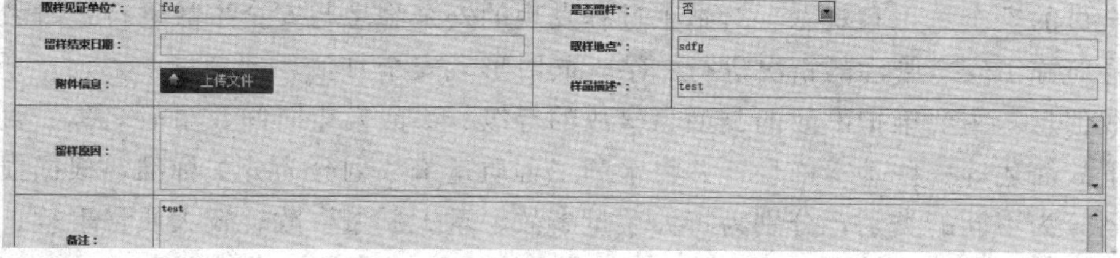

图 8－117　试样管理中相关信息输入

试验管理：主要对试验信息的单元工程信息、检测试验编号和类型、检测试验单位及试验者等一些基本信息进行维护；试验数据的粗筛试样质量和细筛试样质量进行计算；

试验报告所包含的试验编号、试验日期等信息进行记录和汇总累计留筛土质量数据，如图 8－118 所示。

图 8－118　检测模块中试验管理相关信息展示

委托试验：主要对委托单位信息、样品信息、委托试验信息进行管理。试验委托单主要是由下层的施工单位或监理单位发起，并且在实际过程中还要考虑是否存在见证取样等信息，一同录入相关的委托试验单中，如图 8－119 所示。

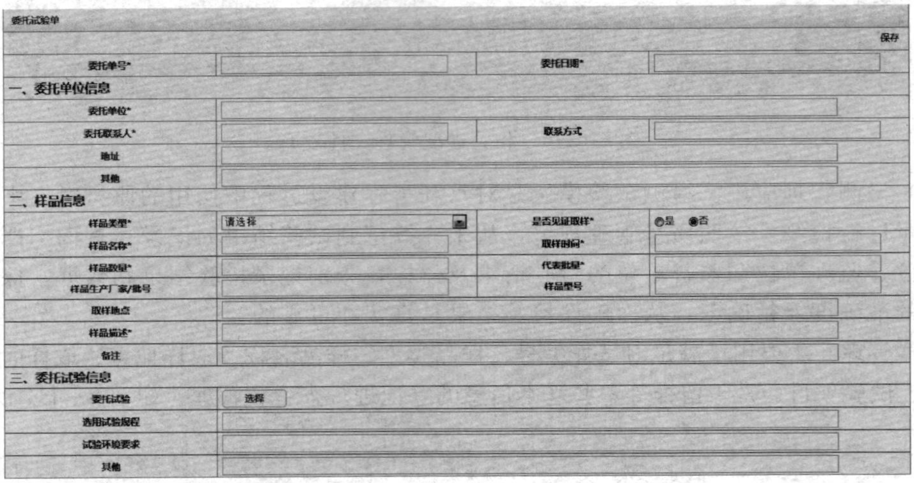

图 8－119　委托试验相关信息录入界面

（5）安全管理应用。安全管理模块包括在建设单位、施工单位、监理单位建立健全的安全管理体系，确保安全责任落实到部门和个人。根据安全计划每月定期进行安全检查，并及时通报安全检查发现的问题。在承担施工任务的施工队定期开展安全的教育和培训，以提高全员的安全意识和观念。对施工过程发现的安全隐患与安全事故进行及时教育和处理。每月对施工安全管理的情况进行总结，同时形成安全月报。

事故信息：主要维护事故的类型、事故的等级、事故发生时间、事故名称、直接损失金额、事故简述等一些基本信息，并将水利工程质量事故划分为分类标准，根据损失情况将事故划分为不同的类别，分别为特大质量事故、重大质量事故、较大质量事故、一般质量事故；事故可以进行自主创建，具有编辑和删除等一些基本操作，如图 8－120 所示。

工程事故列表主要为了呈现出安全事故类型、事故等级、事故发生时间、事故名称等信息，可以新增安全工程事故信息，通过施工单位填报、上报给项目负责人审批，审核通过后，再由监理员进行签批，如图 8－121 所示。

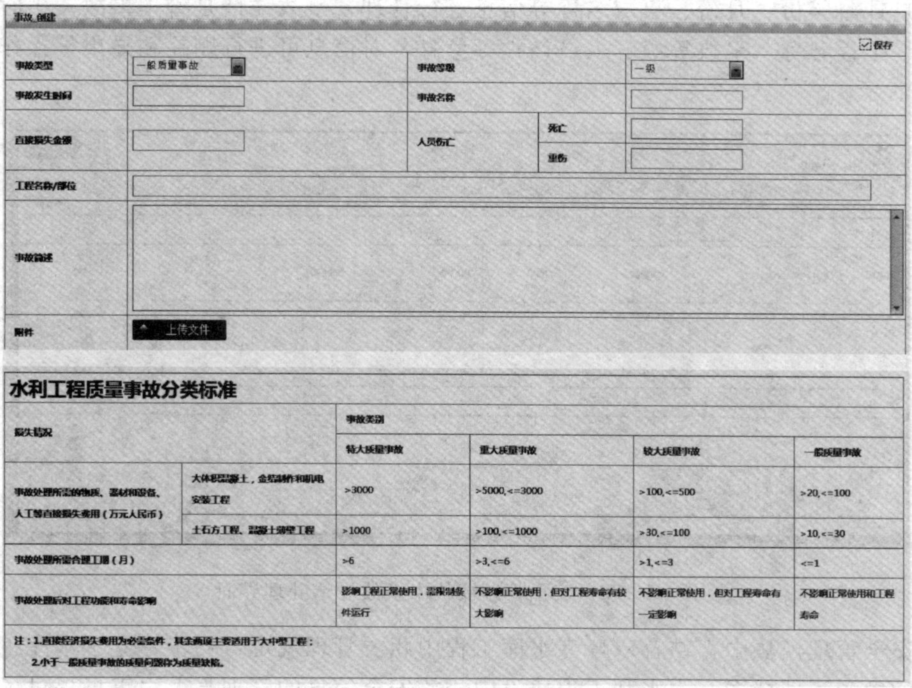

图 8-120　水利工程事故管理模块中信息录入界面

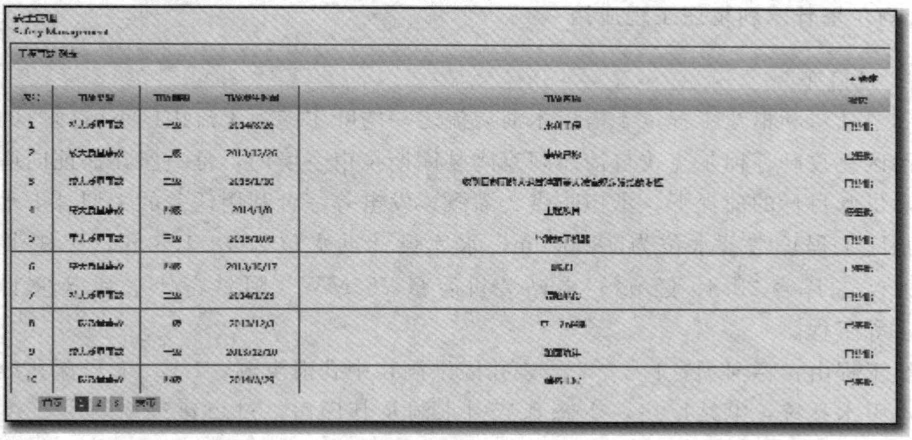

图 8-121　水利工程事故列表以及相关处理意见界面

事故月报：根据年月实现对每月事故的统计和管理，月报管理主要对事故的年份、事故的月份、事故名称和事故发生的状态、事故所编制的单位进行发布和作废等操作，以及记录所有事故的详细情况，根据每月的事故案例进行汇总，以便进行导出查看，主要包含事故发生时间、事故发生地点、工程名称、事故等级，事故发生直接带来的经济损失，事故对人员伤亡中死亡人数和重伤人数进行统计汇总，以及对事故的所有基本情况进行事故分析，进一步进行事故的综述。事故月报是通过月报管理和事故详情进行的管理，月报管理主要是针对年份、月份、事故名称等信息进行管理；事故详情是管理事故发生时间、事故地点、工程名称、事故等级、人员伤亡等信息，对信息可进行删除和导出等操作，如图 8－122 所示。

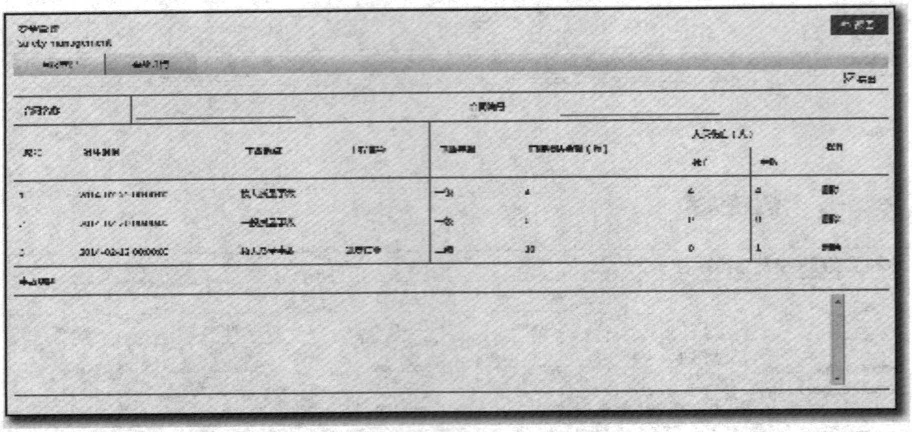

图 8－122　安全管理模块中事故详情处理界面

在安全管理模块中，结合双峰寺水库工程中相关管理规定，初步建立了水库工程建设总的安全生产管理档案，为水利工程建设中相关安全信息的管理与上报审批提供了重要的操作平台。

8.3.4　阿尔塔什水利枢纽工程应用

1. 工程简介

阿尔塔什水利枢纽工程位于塔里木河源流之一的叶尔羌河干流山区下游河段的新疆维吾尔自治区克孜勒苏柯尔克孜自治州阿克陶县库斯拉甫乡境内，是一座在保证向塔里木河干流生态供水目标的前提下，承担防洪、灌溉、发电等综合利用任务的大型骨干水利枢纽工程。水库工程正常蓄水位为 1820.0m，水库设计洪水位为 1821.62m，校核洪水位为 1823.69m，总库容 22.49 亿 m^3；电站装机容量 755MW。阿尔塔什水利枢纽工程为大（1）型Ⅰ等工程。

枢纽工程由：拦河坝，1 号、2 号表孔溢洪洞，中孔泄洪洞，1 号、2 号深孔放空排沙洞，发电引水系统，电站厂房，生态基流引水洞及其厂房，过鱼建筑物等主要建筑物组成。阿尔塔什水库混凝土面板砂砾石堆石坝，坝轴线全长 795.0m，坝顶高程 1825.80m，坝顶宽度为 12m，最大坝高 164.8m，上游坝坡采用 1∶1.7，下游坝坡坡度为 1∶1.6。面板坝直接建造于河床深厚覆盖层上，覆盖层最大厚度 94m。大坝抗震设计烈度为 9 度，100 年超越概率 2％的设计地震动峰值加速度为 320.6gal。

阿尔塔什水库大坝最大坝高 164.8m，覆盖层深度 94m，大坝加上可压缩覆盖层深度，总高度达 258.8m，超过世界上已建成最高 233m 的水布垭面板坝，也超过了目前可研准备收口的坝高 244m 的古水面板坝及坝高 254m 的茨哈峡面板坝，为 300m 级高面板堆石坝，其坝基、大坝及各部位变形协调和控制问题更为突出。

2. 工程应用

阿尔塔什水利枢纽大坝施工坝体分区较多，各区坝料级配不一，碾压质量控制与碾压施工工艺也不同。采用高精度的北斗卫星定位技术、压实度传感器以及无线传输网络，建立和开发阿尔塔什水利枢纽大坝碾压施工质量监控系统。

（1）大坝碾压施工控制参数确定。大坝设计资料中，大坝坝体填筑压实度为90%，因此，在这样的施工质量目标基础上，需要在碾压试验过程中，结合高精度北斗卫星定位系统以及挖坑检测等确定实际施工过程中的施工控制指标，作为实际工程施工过程中利用高精度卫星定位系统与新型压实度传感器进行施工过程实施监控的标准，确保工程建设过程可控、施工质量真实可靠。

（2）大坝碾压质量GNSS施工过程控制关键技术。阿尔塔什水利枢纽大坝为混凝土面板堆石坝库，是整个工程中最重要的水工建筑物。碾压质量控制将严格执行《混凝土面板堆石坝施工规范》及标书文件中的有关规定，施工中严格按设计图纸、设计文件施工。利用目前先进的北斗大坝施工过程控制系统，保证工程施工质量，为阿尔塔什水利枢纽创优质工程提供重要的技术手段与支撑。

利用实时动态定位（RTK）系统（要求由一台基准站和至少一台流动站及相配套的数据通信链组成），建立无线数据通信以保证实时动态测量，通过无线电传输设备接收基准站上的观测数据，随机计算机根据相对定位的原理实时计算显示出流动站的三维坐标和测量精度。

土石坝碾压施工中，大坝坝料的碾压是控制大坝施工质量的关键。本项目中拟采用专用设备对碾压施工过程进行严格的施工过程控制，保证坝料的碾压施工过程中的碾压起振力、振动激振力、碾压设备行走速度、碾压遍数、碾压轨迹等信息，满足相关规程规范要求。

主要的研究与控制方法：在施工区域附近设定基准站，在平仓机械及碾压机械上安装北斗高精度定位接收机作为流动站，另设立一个中央处理系统实时处理基准站和流动站接收的数据，实时精确定位碾压机具的行进轨迹，分析碾压机具在坝体不同区域的碾压遍数和行车速度，及时发现是否存在漏碾或少压现象，实现对施工过程的实时控制。另外，在施工过程数据处理的基础上，对于发现漏碾或少压的区域，可以进行针对性检测和加大检测量，及时发现碾压质量问题及时处理。

通过该部分内容的研究，最终实现坝料碾压轨迹、行车速度、压后高程、压实厚度和激振力以及施工时间等重要施工信息的自动监控，并根据分析成果进行施工过程的实时控制。

（3）大坝施工过程质量控制管理系统。根据阿尔塔什水利枢纽工程中的大坝碾压管理规定以及施工实际情况，建立大坝施工质量管理系统。大坝施工质量管理系统平台由网络层、数据结构层（基础地理数据和基础设施数据等）、技术层（空间信息技术平台、管理信息技术平台和综合信息技术平台等）和保障层（标准与规范、政策与法规等）组成。主要内容如下。

a. 大坝设计信息的展示，主要包括大坝设计平面图以及典型剖面信息等基础信息展示模块开发。

b. 黏土心墙砂卵砾石堆石坝的三维空间设计信息展示功能模块开发。

c. 大坝施工过程中碾压轨迹、碾压遍数、碾压设备行进速度等数据分析与显示功能模块。将施工中通过 GNSS 等设备实时监测到的相关数据通过系统模块进行处理与分析，并利用图形直观地显示出来，输出的图形图像等结果以利于业主、监理方以及建设方及时了解工程施工状况，保证施工工程质量。

d. 大坝施工过程采集到的相关信息分析、整理及输出打印模块开发。

e. 系统网络化技术的开发。

利用建立的阿尔塔什大坝填筑施工过程智能化监控系统，可以实现大坝填筑施工过程的实时监控。施工设备的实时施工状态与施工参数，都可以在系统中进行展示，如图 8－123～图 8－125 所示。

图 8－123　阿尔塔什大坝填筑施工过程智能化监控系统界面

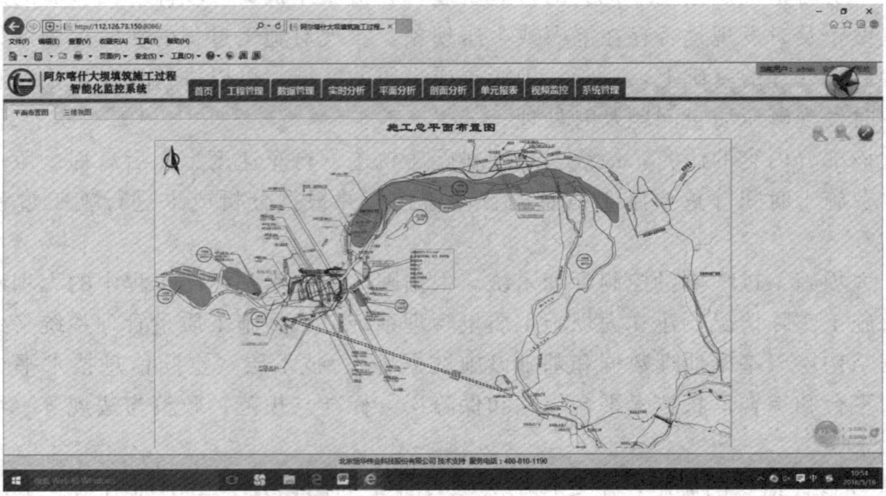

图 8－124　阿尔塔什大坝填筑施工过程智能化监控系统首页

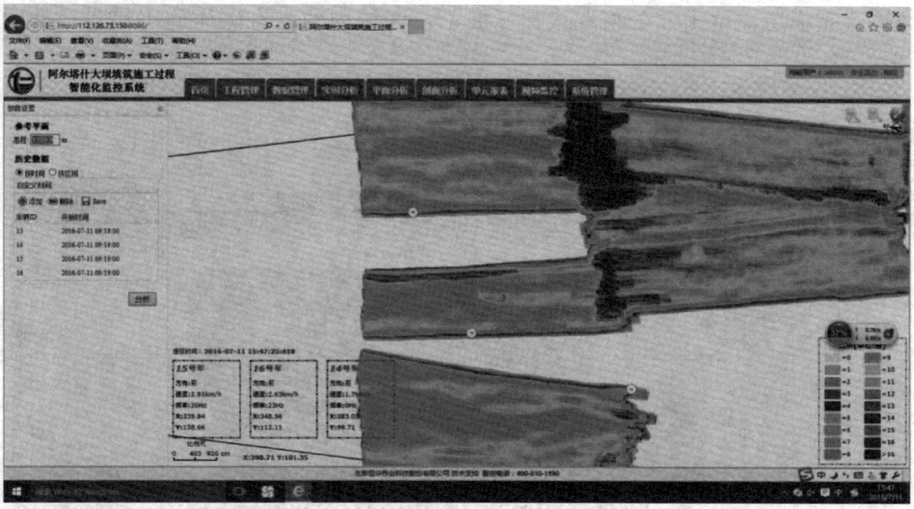

图 8-125 阿尔塔什大坝填筑施工过程智能化监控系统中施工信息实时展示

1）大坝碾压施工实时分析。利用大坝碾压实时分析，可以得到当前状态下施工区域内每一台碾压设备的实时碾压信息，包括在界面上实时显示各碾压设备的碾压施工过程，如图 8-126 所示。

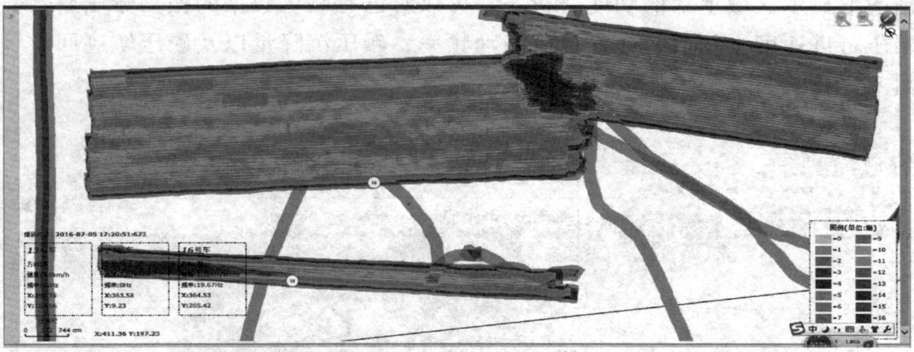

图 8-126 阿尔塔什大坝碾压施工过程智能化监控系统中施工信息实时展示

左下角的方框中是每一台碾压机械的实时施工信息，主要包括设备的行进速度、碾压设备的振动频率、碾压设备的行驶方向，碾压设备的实时坐标等参数，在展示界面中用一个带有编号的圆圈代表不同的碾压设备。

在图 8-126 中右下角是对坝料碾压不同遍数所对应的颜色标识，可以根据此标识了解目前的施工区域内大坝坝料的碾压遍数。

2）大坝已有碾压历史数据的分析。在平面分析界面中，输入需要分析的区域范围，主要有以下几个参数，包括高程、层厚、桩号范围等，如图 8-127 所示。

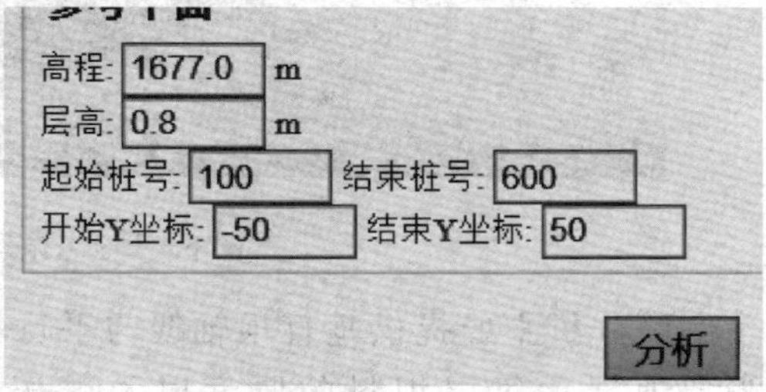

图 8-127 平面分析参数输入界面

参数输入完毕后，单击“分析”按钮，展示该区域内的已有碾压施工信息，如图 8－128 所示。

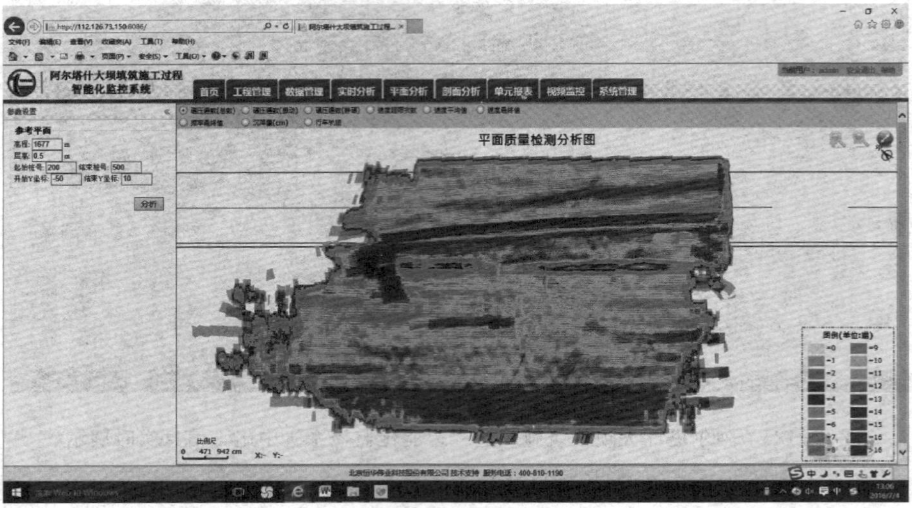

图 8－128　平面分析界面示意图

根据图形显示区域上部的功能分析条，可以对已有碾压数据的振动碾压遍数、静碾压遍数、碾压行进速度平均值、碾压机械振动频率、碾压沉降量以及碾压轨迹回放等进行分析，如图 8－129～图 8－134 所示。

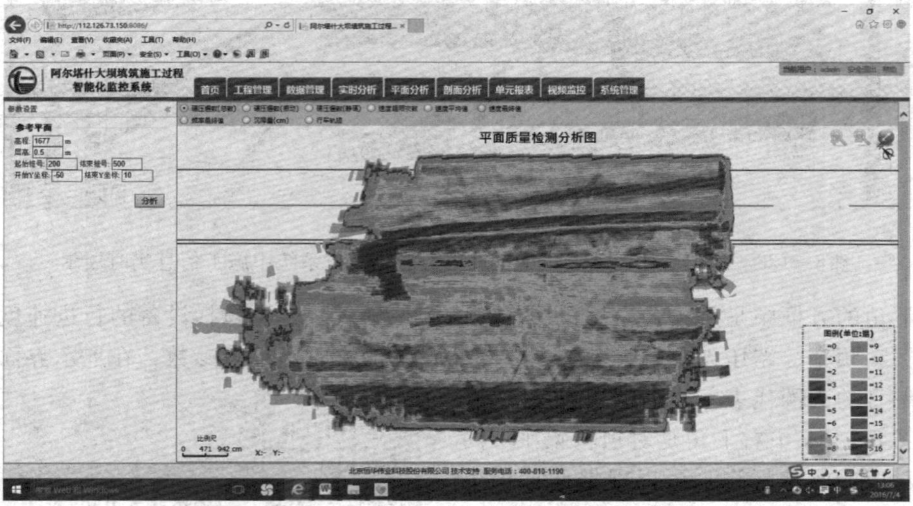

图 8－129　振动碾压遍数分析界面

剖面分析主要提供垂直坝轴线与平行坝轴线的任意剖面的生成，在生成的剖面上可以形象地展示每层坝料的厚度以及碾压遍数等施工参数，如图 8－135～图 8－137 所示。

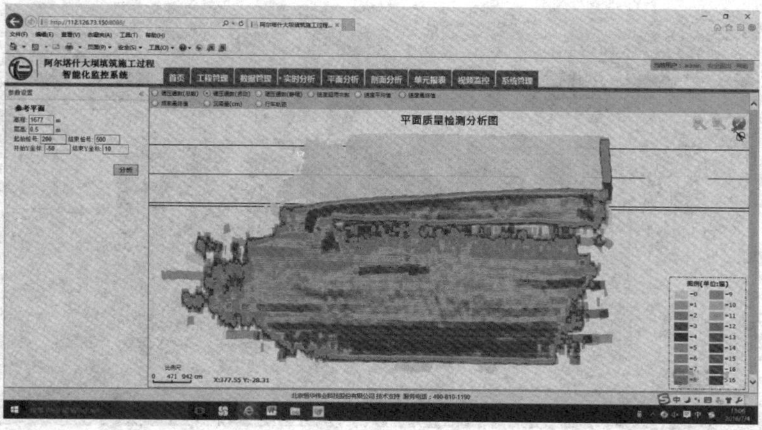

图 8-130 振动碾压遍数分析界面

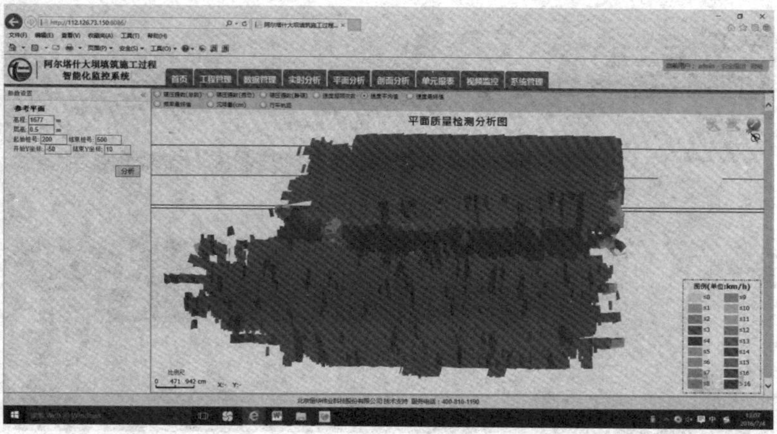

图 8-131 碾压行进速度分析界面

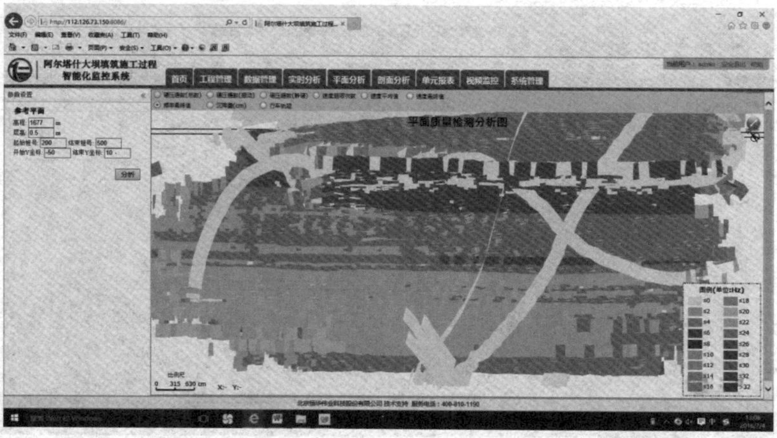

图 8-132 碾压机械振动频率分析界面

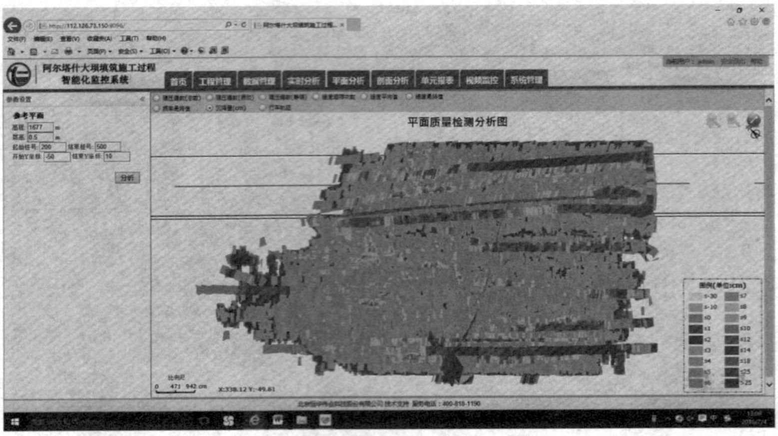

图 8－133　碾压沉降置分析界面

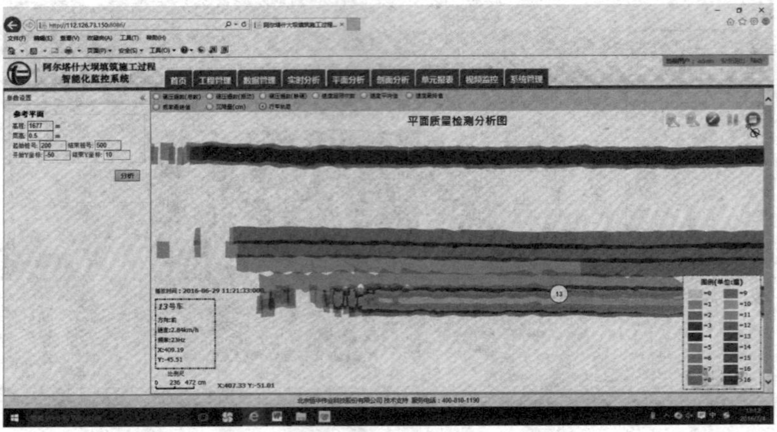

图 8－134　碾压轨迹回放分析界面

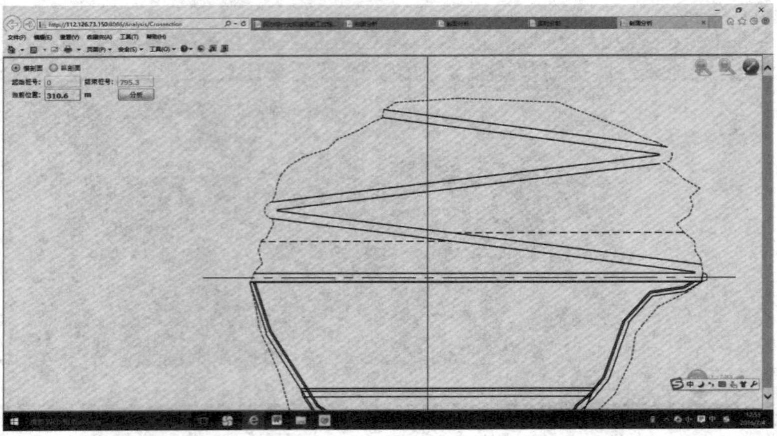

图 8－135　剖面分析中剖面确定界面

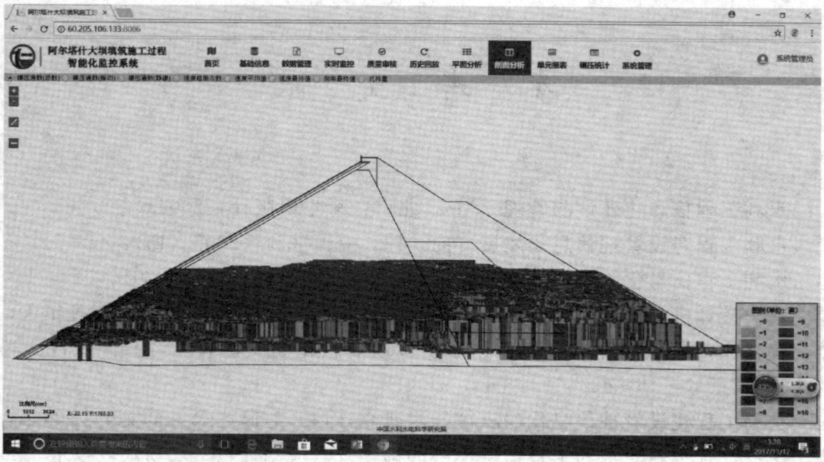

图 8-136 剖面分析示例（一）

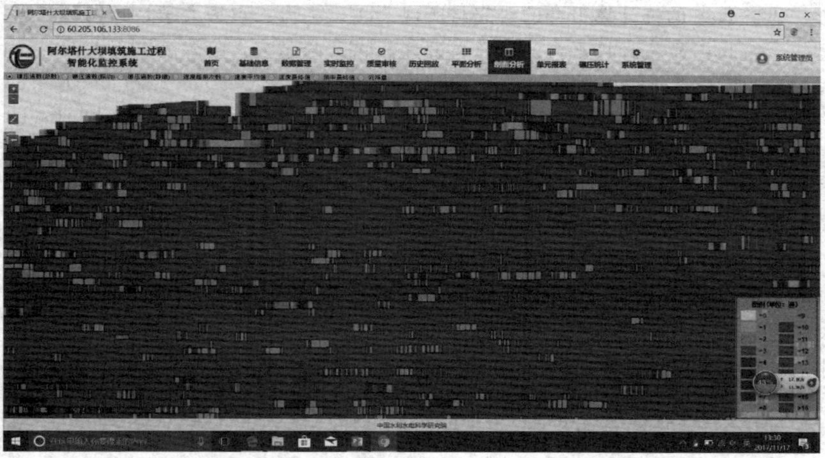

图 8-137 剖面分析示例（二）

参考文献

[1] 王建武. 水利工程信息化建设与管理 [M]. 北京：科学出版社，2004.
[2] 王建武. 水利工程建设管理信息化发展方向 [J]. 中国水利，2005 (16)：45-47.
[3] 刘婷婷. 水利工程信息化管理的应用研究 [J]. 工程技术（引文版），2016 (1)：169.
[4] 吴苏琴. 基于计算机技术的水利工程管理信息化系统研究 [D]. 西安：西安理工大学，2010.
[5] 吴苏琴，解建仓，马斌，等. 水利工程建设管理信息化的支撑技术 [J]. 武汉大学学报（工学版），2009，42 (1)：46-49.
[6] 王劲松. 水利工程建设管理信息化的支撑技术研究 [J]. 工程技术（全文版），2016 (2)：247.
[7] 赵继伟，魏群，张国新. 水利工程信息模型的构建及其应用 [J]. 水利水电技术，2016，47 (4)：29-33.
[8] 杜成波. 水利水电工程信息模型研究及应用 [D]. 天津：天津大学，2014.
[9] 周水清. 基于IaaS的云计算平台的研究与实现 [D]. 上海：东华大学，2016.
[10] 初媛媛. 一种IaaS层云计算平台的研究与设计 [D]. 哈尔滨：哈尔滨工程大学，2014.
[11] 李艳华. 云计算技术研究现状综述 [J]. 电脑知识与技术，2009，5 (22)：6314-6315.
[12] 张江涛. 分布式云计算资源配置技术研究 [D]. 哈尔滨：哈尔滨工业大学，2016.
[13] 李佳鑫. 云计算环境下的资源弹性调度技术研究 [D]. 长沙：国防科学技术大学，2013.
[14] 闫文亮. 云计算环境下分布式的虚拟机资源分配模式研究应用 [D]. 北京：北京邮电大学，2015.
[15] 江新兰. 云计算环境下水坝安全监测模型组合方法研究 [D]. 北京：中国农业大学，2016.
[16] 郭阳. 基于云平台的水利工程项目信息管理系统研究与设计 [D]. 郑州：华北水利水电大学，2016.
[17] 赵继伟. 水利工程信息模型理论与应用研究 [D]. 北京：中国水利水电科学研究院，2016.
[18] 周明. 物联网应用若干关键问题的研究 [D]. 北京：北京邮电大学，2014.
[19] 黄迪. 物联网的应用和发展研究 [D]. 北京：北京邮电大学，2011.
[20] 曾峰. 我国水利信息化建设研究 [D]. 长春：吉林大学，2009.
[21] 刘君强. 海量数据挖掘技术研究 [D]. 杭州：浙江大学，2003.
[22] 孙芬芬. 海量数据并行挖掘技术研究 [D]. 北京：北京交通大学，2014.
[23] 刘刚. 数据挖掘技术与分类算法研究 [D]. 郑州：中国人民解放军信息工程大学，2004.
[24] 赵钢. 面向海量数据库的并行数据挖掘算法研究 [D]. 北京：北京大学，2008.
[25] 陈名辉. 基于YARN和Spark框架的数据挖掘算法并行研究 [D]. 长沙：湖南师范大学，2016.
[26] 李力. 面向大数据的云搜索引擎设计及并行 *K* 均值聚类算法研究 [D]. 重庆：重庆大学，2015.
[27] 王玉雷. 面向大数据的聚类挖掘算法研究 [D]. 南京：南京邮电大学，2015.
[28] 刘少龙. 面向大数据的高效数据挖掘算法研究 [D]. 北京：华北电力大学，2016.
[29] 毛国君. 数据挖掘技术与关联规则挖掘算法研究 [D]. 北京：北京工业大学，2003.
[30] 周景涛. GPS/北斗定位导航终端系统的设计与应用 [D]. 济南：山东大学，2016.
[31] 赵家宏，陈录根，刘强，等. 基于北斗导航定位系统的挖掘机通信终端设计 [J]. 木工机床，2013 (2)：24-27.
[32] 周齐家. 基于北斗卫星的车载定位与通信系统设计 [D]. 长沙：湖南大学，2014.
[33] 鲍骏. 基于北斗定位的车辆监控系统的研究 [D]. 南京：南京理工大学，2014.

[34] 唐金元，于潞，王思臣．北斗卫星导航定位系统应用现状分析［J］．全球定位系统，2008，33（2）：26-30．

[35] 袁满，冯明．有关北斗卫星导航定位系统应用现状研究［J］．中国科技财富，2012（13）．

[36] 杨学超．基于GPS远程实时监控的公路路基碾压施工质量监控理论与应用研究［D］．西安：长安大学，2008．

[37] 吴斌平，崔博，任成功，等．龙开口碾压混凝土坝浇筑碾压施工质量实时监控系统研究与应用［J］．水利水电技术，2013，44（1）：62-65．

[38] 钟登华，刘东海，崔博．高心墙堆石坝碾压质量实时监控技术及应用［J］．中国科学：技术科学，2011，41（8）：1027-1034．

[39] 马洪琪．糯扎渡高心墙堆石坝坝料特性研究及填筑质量检测方法和实时监控关键技术［J］．中国工程科学，2011，13（12）：9-14．

[40] 周浪，钟登华，刘军，等．堆石坝填筑碾压轨迹实时监控系统：CN204256455U［P］．2015．

[41] 黄声享，刘经南，曾怀恩．水布垭大坝碾压质量GPS实时监控系统的研制与应用［C］//堆石坝国际研讨会，2009．

[42] 马志峰．官地大坝浇筑过程质量监控研究与应用［D］．北京：清华大学，2014．

[43] 陈祖煜，杨峰，赵宇飞，等．水利工程建设管理云平台建设与工程应用［J］．水利水电技术，2017，48（1）：1-6．

[44] 荆俊志．压实机械工作状态远程监控系统［D］．西安：长安大学，2014．

[45] 陈祖煜，程耿东，杨春和．关于我国重大基础设施工程安全相关科研工作的思考［J］．土木工程学报，2016（3）：1-5．

[46] 吴浩，王乾坤，陈沁，等．基于GPS/GIS集成大坝碾压施工监控平台研究［J］．武汉理工大学学报，2009（15）：45-48．

[47] 李臣明，曾焱，王慧斌，等．全国水利信息化“十三五”建设构想与关键技术［J］．水利信息化，2015（1）：9-13．

[48] 张建云．水利信息化的发展思路和建设任务［J］．中国水利，2000（9）：81-82．

[49] 胡建东，段铁城，石建华，等．土样含水量快速测定传感技术研究［J］．仪器仪表学报，2003，24（2）：142-145．

[50] 吴月茹，王维真，晋锐，等．TDR测定土壤含水量的标定研究［J］．冰川冻土，2009，31（2）：262-267．

[51] 陈赟，陈伟，陈仁朋，等．TDR联合监测土体含水量和干密度的传感器的设计及应用［J］．岩石力学与工程学报，2011，30（2）：418-426．

[52] 陈海波，冶林茂，范玉兰，等．基于FDR原理的土壤水分测量技术［C］//中国气象学会2008年年会干旱与减灾——干旱气候变化与减灾学术研讨会分会场，2008．

[53] 陈伟．TDR探头设计及含水量和干密度的联合监测技术［D］．杭州：浙江大学，2010．

[54] 江朝晖，檀春节，支孝勤，等．基于频域反射法的便携式土壤水分检测仪研制［J］．传感器与微系统，2013，32（1）：79-82．

[55] 张宪，姜晶，王劲松．基于FDR技术的土壤水分传感器设计［J］．自动化技术与应用，2011，30（11）：61-65．

[56] 柳育刚．心墙坝料压实质量实时评估理论方法及应用［D］．天津：天津大学，2012．